はじめての光学

Beginner's Guide to OPTICS

[著]
川田善正
Yoshimasa Kawata

講談社

まえがき

 大学での教員生活が長くなるにつれ,「光学の基礎」についての講義を依頼されたり,解説の執筆を依頼されたりする機会が多くなってきた。21世紀は「光の時代」と呼ばれ,光を中心とした新産業の発展が期待されており,実際に多くの光デバイス,システム,評価手法などが開発され,さまざまな応用技術への展開,新規分野への適用などが進められている。これらの光産業の進展にともない,これまであまり光学に関わってこなかった方も,光学に関連した仕事を行うようになり,光学の基本的な理論を理解したいとの要求がますます高まっているものと考える。

 このような方々の要望に応えるために,できるだけわかりやすく光学の基礎を講義しようとすると,通常の光学の本では,少し高度で難しいように感じる。数学的に厳密に取り扱ってはいるものの,物理的なイメージがつかみにくく,直感的に理解できない場合も多い。光波の伝搬,干渉,回折などを直感的に理解するのであれば,厳密な数学的取り扱いよりも物理的イメージがわかりやすい定式化で十分である。

 本書では,光の性質を数学的に厳密に記述することは多くの専門書に譲ることとして,物理的イメージを理解することを目的とし,より実用的な定式化にとどめた。そのため,できるだけ多くの図を用いて,さまざまな現象をわかりやすく記述することを心がけた。その一方で,無理に数式を減らすことはせず,導出過程を明らかにしながら,必要な数式をできるだけ記載した。数学的な裏付けがあった方が理解が容易である場合も多いからである。なお,特に重要な数式については網かけを施してある。

 本書で光学の基礎の物理的なイメージを理解し,より高度な専門書に挑まれることを期待したい。本書が光学を学び始める方の入門書としてお役に立てることを願っている。

本書を執筆するにあたって多くの方のご協力をいただいた。静岡大学電子工学研究所 居波 渉 先生，小野 篤史 先生には，光学の基礎について議論させていただくとともに，数多くのアドバイスを頂戴した。静岡大学博士課程 名和靖矩氏，黄川田昌和氏，益田有里子氏には図の作成をお手伝いいただいた。図の作成および文章の校正においては，静岡大学 藤森みどり氏，鶴薗朋子氏，森永結実氏にご協力いただいた。ここに深く感謝申し上げます。本の執筆の機会をいただき，辛抱強くご協力くださった講談社サイエンティフィク 五味研二氏に深く感謝申し上げます。最後に心から支えてくれた家族に感謝します。

2014 年 2 月

川田 善正

目　次

第1章　光の基礎　　1
- 1.1 電磁波としての光 1
- 1.2 波としての光 4
- 1.3 正弦波状の波を表す式 6
- 1.4 光波の複素数表示 7
- 1.5 光波の強度 8
- 1.6 粒子としての光 10

第2章　電磁波としての光　　14
- 2.1 マクスウェルの方程式 14
- 2.2 発散と回転の物理的意味 17
- 2.3 波動方程式 20
- 2.4 屈折率の物理的イメージ 23
- 2.5 原子の振動による屈折率 27

第3章　光の伝搬　　31
- 3.1 平面波と波数ベクトル 31
- 3.2 平面波の伝搬 33
- 3.3 球面波の伝搬 34
- 3.4 ガウスビームの伝搬 35
- 3.5 媒質中の光波の伝搬 36
- 3.6 金属中の光波の伝搬 37
- 3.7 偏光 38
- 3.8 光の反射・屈折 46

第4章　干渉の光学　　59
- 4.1 反平行に伝搬する光波の干渉 59

4.2	2つの平面波の干渉	63
4.3	球面波の干渉	65
4.4	ヤングの干渉縞	66
4.5	空間コヒーレンスと時間コヒーレンス	68
4.6	等厚の干渉	71
4.7	等傾角の干渉	74
4.8	多光束干渉	77
4.9	干渉計	79
4.10	ホログラフィー	81

第5章　回折の光学　　83

5.1	光波の回折	83
5.2	ホイヘンス—フレネルの原理	84
5.3	厳密な取り扱いとの違い：傾斜因子	86
5.4	フラウンホーファー回折	87
5.5	単一スリットによる回折	89
5.6	2つのスリットによる回折	90
5.7	多数のスリットによる回折	92
5.8	矩形の開口による回折	94
5.9	円形の開口による回折	95
5.10	レンズによる回折	99
5.11	レンズによるフーリエ変換	101
5.12	薄い回折格子による回折と波数ベクトル	106
5.13	厚みある回折格子による回折	110

第6章　結像系の光学　　113

6.1	物体の結像	113
6.2	アッベの正弦条件	116
6.3	レーリーの分解能	118
6.4	空間周波数分布	119
6.5	アッベの結像理論	120
6.6	任意の構造をもつ物体の結像と空間フィルタリング	123
6.7	正弦条件と波数ベクトル	125
6.8	吸収物体と位相物体の結像	126
6.9	光学的伝達関数	128

- 6.10 瞳関数の自己相関による光学的伝達関数の導出 130
- 6.11 点像分布関数と光学的伝達関数の関係 132
- 6.12 レンズの収差 132
- 6.13 ザイデルの5収差と試料の厚みにより生じる球面収差 134
- 6.14 三次元結像理論——厚い試料の結像理論 137

第7章 顕微光学   141

- 7.1 光学顕微鏡の特徴 141
- 7.2 光学顕微鏡の原理 143
- 7.3 対物レンズの種類と利用方法 145
- 7.4 蛍光顕微鏡 148
- 7.5 位相差顕微鏡 153
- 7.6 微分干渉顕微鏡 154
- 7.7 レーザー走査顕微鏡 155
- 7.8 共焦点レーザー走査光学顕微鏡 159
- 7.9 共焦点レーザー走査蛍光顕微鏡の三次元結像特性 161
- 7.10 非線形光学顕微鏡 162

第8章 近接場光学   176

- 8.1 近接場光と応用 176
- 8.2 微小開口によるエバネッセント波の発生 177
- 8.3 近接場光学顕微鏡 179
- 8.4 表面プラズモン 181
- 8.5 表面プラズモンの分散関係 183
- 8.6 表面プラズモンの励起 188
- 8.7 局在プラズモン 193
- 8.8 深紫外域での表面プラズモン 195

付録A フーリエ変換の意味   200

付録B 集光スポットの数値計算   205

付録C 集光スポットのベクトル成分   209

付録D 多層膜からの反射率の計算   213

索引   215

第1章
光の基礎

本章では，光の基本的な性質として，以下のことを述べる。
- 光の特徴
- 光の波としてのふるまいと数学的表示
- 光の粒子としてのふるまいと光子のエネルギー

1.1 電磁波としての光

図 1.1 に**電磁波**（electromagnetic wave）の周波数および波長を示す。電磁波は波長の長いものから短いものへ，**マイクロ波**（microwave），**光**（light），**X 線**（X ray），**ガンマ線**（gamma ray）などの領域に大きく分けることができる。電磁波の波長域は広いが，人間の目に見える範囲は非常に狭く，およそ 380 nm～780 nm である。この波長領域を**可視域**（visible region）と呼び，この領域の光を**可視光**（visible light）と呼ぶ。可視光より波長の短い領域は**紫外域**（ultra-violet region），波長の長い領域は**赤外域**（infrared region）と呼ばれる。一般的には，可視域付近の赤外域，紫外域を含めて光と呼ばれる。

光の特徴

光の特徴としては，次のものをあげることができる。これらの特徴により，さまざまな分野において光への期待が高まっているものと考えられる。

(1) 高分解能

光の波長は可視域で数百 nm であるので，光を用いることにより高分解能計測

第1章 光の基礎

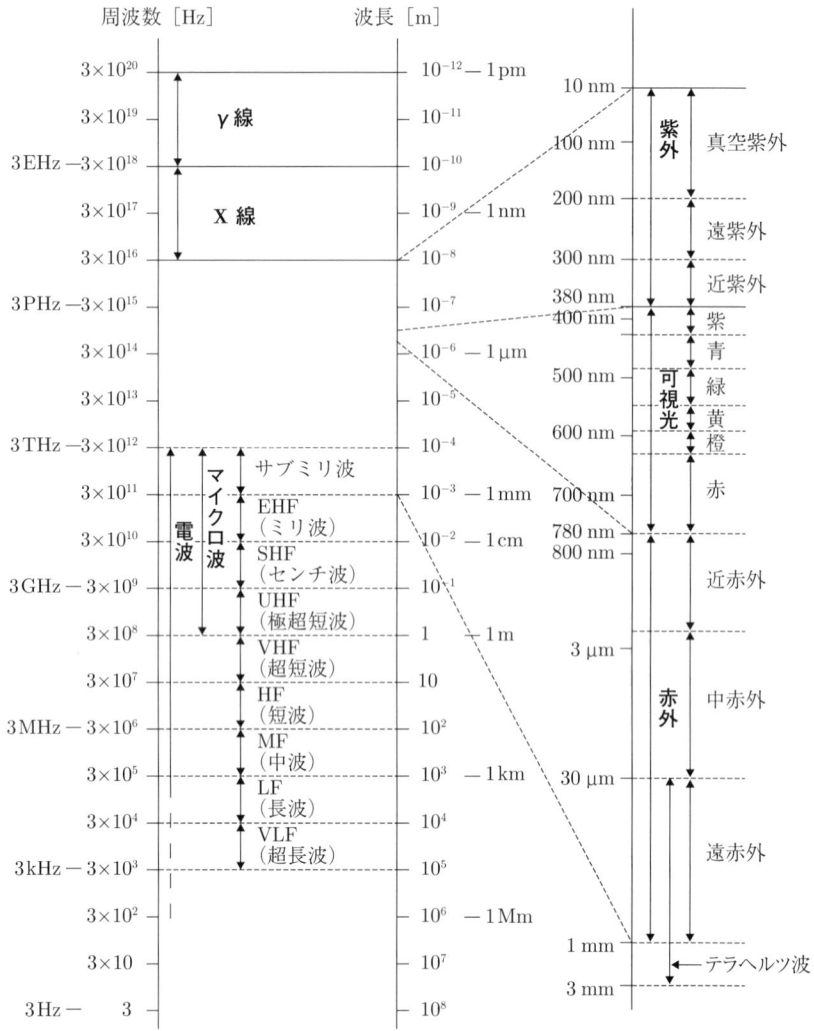

図 1.1 電磁波の周波数と波長

を実現することができる。面内であれば 200 nm 程度，段差であれば 1 nm 以下の分解能で検出することが可能である。この特徴により，微小物体の観察に光学顕微鏡が広く使用され，光ディスクでは高密度記録が実現可能となっている。

(2) 高周波数

光の周波数は可視域で数百 THz であるため，携帯電話などに使用されているマイクロ波に比べれば圧倒的に周波数が高い。そのため，電磁誘導によるノイズの影響を受けにくい。通信分野では，単位時間あたりに大量のデータを送受信することが可能である。現在，世界を結ぶメインの通信網には，光ファイバーを利用した光通信が利用されている。

(3) 非接触・非侵襲

物体に光を照射してもそれほど大きなダメージを与えない。これは，生物分野で細胞などを生きたまま観察するために，光学顕微鏡がもっとも有効なツールとして利用されている理由となっている。もちろん非侵襲性は程度の問題であり，非常にパワーの大きな光を照射すれば，試料に損傷を与え，加工に用いることも可能である。紫外光はその強度が弱くても生物試料にダメージを与える場合も多い。

(4) リモート性，直進性

光の波長を適当に選択すれば，大気中や水中，真空中を伝搬させることが可能である。そのため，例えば大気や海の汚染物質を計測する際は，その大気や海水をサンプルとして取りに行かなくても，光を照射し，散乱光を検出することでその状態を分析することが可能である。また光は直進性が高いため，地形の三角測量などに幅広く利用されている。

(5) 光デバイスの発展

最近になって，光を制御可能なさまざまなデバイスの開発が進められ，光を利用しやすい状況となってきた。多種多様なレーザーが開発され，コンパクト，高出力，広帯域，短パルスなどさまざまな機能を有する光源を利用することが可能となってきている。また，発光ダイオード（LED）も開発され，色の三原色を自由に利用可能となっている。検出器においても，光電子増倍管，フォトダイオード，高精細 CCD および CMOS カメラなどが開発されており，高感度および低ノイズで光を検出できるようになっている。この他，光ファイバー，空間光変調器などさまざまなデバイスが開発され，自由に光を発生，検出，伝搬，制御することが可能となってきている。

> ○コラム　目に見える可視光
>
> 　人間の目に見える範囲の電磁波を可視光と呼ぶ。波長にしておよそ 380 nm～780 nm である。なぜこの領域の電磁波が見えるのだろうか？「可視光だから」という答えでは議論が堂々めぐりで説明したことにならない。
> 　地球には太陽や宇宙からさまざまな周波数の電磁波がふり注ぐが，それらの中には地球の大気によって吸収あるいは反射されてしまい地表まで届かないものも多い。ちょうど「可視光」にあたる周波数の電磁波は，**大気の窓（atmospheric window）** と呼ばれ，大気による吸収が少なく地表まで届く。したがって，生物は地表に十分ふり注がれる電磁波が見えるように進化してきたのである。生物の環境への順応によって「可視光」が目に見えるようになったといえる。

　光がもつ特徴を有効に利用できるさまざまなデバイスが開発されてきたために，光はより身近で利用しやすいものとなっている。光デバイスの発展により，「光の時代」が到来したといえる。

1.2　波としての光

伝搬する波を表す式

　波が伝わっていく様子としてイメージしやすいものは，例えば水面を伝わる波紋であろう。図 1.2 (a) に示すように水面上に隆起した波が，形を変えずに伝搬する場合を考える。時刻 $t=0$ に存在した波が z 軸の正の方向に，速度 v で伝搬するものとする。縦軸 $u(z,t)$ は，水面の波の場合には水面の平均的な高さからの変位分布を表しており，音波の場合には媒質内の圧力分布，電磁波の場合には電場または磁場の大きさを表す。

　時刻 $t=0$ の波の形状を表す関数を $f(z)$ とすると，その関数がそのまま波の振幅分布を表すので，

$$u(z,0) = f(z) \tag{1.1}$$

となる。この波が形状を変えずに，速度 v で $+z$ 方向に伝搬するとすると，時刻 t には $z=vt$ の距離だけ平行移動した位置に存在する。したがって，任意時刻 t における波の変位の大きさ $u(z,t)$ は次式で表すことができる。

$$u(z,t) = f(z-vt) \tag{1.2}$$

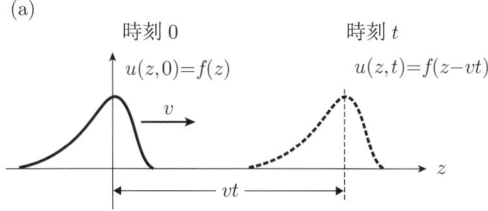

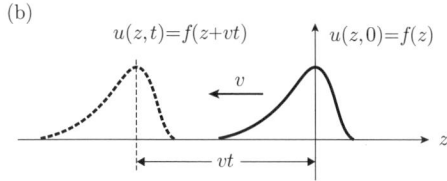

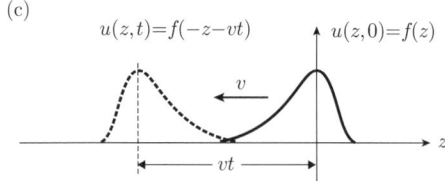

図 1.2 波の伝搬
（a）$+z$ 方向に速度 v で伝搬する波。(b) $-z$ 方向に速度 v で伝搬する波。(c) 反転して $-z$ 方向に伝搬する波。

つまり，$+z$ 方向に伝搬する波は，一般的に式 (1.2) で表すことができる。同様に考えると，$-z$ 方向に伝搬する光は，$z = -vt$ だけ平行移動すればよいので，$u(z,t) = f(z+vt)$ となる（図 1.2 (b)）。したがって波の式において，空間を表す変数 z と時間を表す変数 t の符号が異なるか一致しているかで，$\pm z$ 方向のどちらに伝搬するかが表現されることになる。空間または時間に関するどちらかの変数を省略して表記している場合には，一方の変数の符号しかわからないため，その波がどの方向に伝搬しているか注意が必要である。

また，図 1.2 (c) に示したように $z = 0$ に対して非対称な波が左右反転して伝搬する場合は，式 (1.2) において z を $-z$ で置き換えればよいので，

$$u(z,t) = f(-z-vt) \tag{1.3}$$

となる。この場合も空間変数 z と時間変数 t が同符号であるため，$-z$ 方向に伝搬する波を表していることになる。

1.3 正弦波状の波を表す式

次にもっとも標準的な波として，図 1.3 に示す正弦波状の波について考えよう。隣あう波の変位の最大値（山の部分）または最小値（谷の部分）間の距離を**波長**（**wavelength**）と呼び，通常は λ で表される。正弦波状の波であるので，位置を表す変数 z が波長 λ 変化するごとに，同じ変位の値をとる。時刻 $t = 0$ に変位の最大値と z 軸の原点が一致したとすると，波を表す式 $u(z,0)$ は，

$$u(z,0) = A \cos\left(\frac{2\pi}{\lambda} z\right) \tag{1.4}$$

と表される。ここで，A は変位の最大値であり，**振幅**（**amplitude**）と呼ばれる。横波の場合，波の変位の方向をベクトルで表すと，振幅はベクトル量で表される。この正弦波が速度 v で $+z$ 方向に伝搬する場合，任意時刻 t における波を表す $u(z,t)$ は，式(1.2)より変数 z を $(z - vt)$ で置き換えればよいので，

$$u(z,t) = A \cos\left\{\frac{2\pi}{\lambda}(z - vt)\right\} \tag{1.5}$$

$$= A \cos(kz - 2\pi\nu t) \tag{1.6}$$

$$= A \cos(kz - \omega t) \tag{1.7}$$

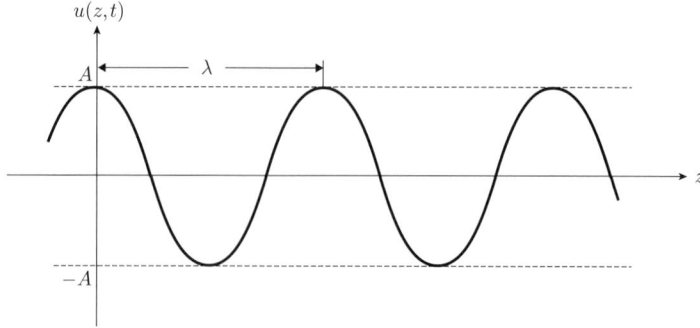

図 **1.3** 正弦波状の波

で与えられる。ν は**周波数**（**frequency**）または**振動数**と呼ばれ，単位時間あたりに波が振動する回数を表し，速度 v と波長 λ を用いて $\nu = v/\lambda$ となる。ここで，$k = 2\pi/\lambda$，$\omega = 2\pi\nu$ とおいた。新しく定義した値 k は**波数**（**wave number**）と呼ばれ，ω は**角周波数**（**angular frequency**）または**角振動数**と呼ばれる値である。また，周波数の逆数を**周期**（**period**）と呼び，波が 1 回振動するのに必要な時間を表す。周期 T は $T = 1/\nu$ で定義される。

余弦関数の括弧内の部分は，正弦波の**位相**（**phase**）と呼ばれる量であり，この場合では $t = 0$ のときに $z = 0$ で振幅が最大になるよう定義されている。必ずしも $t = 0$ のときに $z = 0$ で位相が 0 になるとはかぎらないので，より一般的な定式化では位相ずれの項を加え，

$$u(z,t) = A\cos(kz - \omega t + \phi) \tag{1.8}$$

となる。ここで，ϕ は**初期位相**（**initial phase**）と呼ばれ，時間および空間の原点のとり方で決まる定数である。式(1.8)が正弦波状に速度 v で伝搬する波を表す一般式となる。時間および空間の原点を任意に決定できる場合には，初期位相が 0 になるように時間および空間軸の原点を定義するのがよい。

正弦波は，空間および時間軸上で無限に続く理想的な波であるが，その特性を理解することは，任意形状の波の特性を理解するうえで非常に重要である。任意形状の波は，**フーリエ変換**（**Fourier transform**）（付録 A を参照）の関係により正弦波状の波の重ね合わせで表すことができるからである。

1.4　光波の複素数表示

式(1.8)で示した正弦波の一般式では，余弦関数の中に時間と空間に関する変数が入っており，計算が複雑になる場合が多い。そこで**オイラーの公式**（**Euler's formula**）

$$e^{i\theta} = \cos\theta + i\sin\theta \tag{1.9}$$

を用いて，波を表す式を

$$u(z,t) = Ae^{i(kz - \omega t + \phi)} = A \times e^{ikz} \times e^{-i\omega t} \times e^{i\phi} \tag{1.10}$$

と表記する。ここで，i は**虚数単位**（**imaginary unit**）である。この表記を**光波**

の複素数表示（complex representation of wave）と呼ぶ．複素数表示を用いると，振幅 A，空間の変数 z，時間の変数 t，初期位相 ϕ を変数分離して，それぞれの積で表現することが可能となる．そのため，時間と空間を別々に扱うことが可能となり，計算を行ううえで，非常に見通しがよくなる．例えば，初期位相の部分を振幅に含めて表記すると，式(1.8) は

$$u(z,t) = Ae^{i(kz-\omega t)} \tag{1.11}$$

となる．この場合，振幅 A は複素数となるので，**複素振幅**（complex amplitude）と呼ばれる．

式(1.8)と式(1.10)とを比較すると，虚数部分の値が異なることがわかる．そのため，複素数表示を用いた場合でも，物理的に意味をもつのは実数成分であることを約束しておけば，複素数表示を用いて計算を行うことができる．複素数表示を用いる場合，波の和，差，微分，積分などの計算では，最後に実数部分をとれば問題はない．一方，波の式の積やべき乗などが必要な場合には，実数部分と虚数部分との積が必要となるため，注意が必要である．その場合は，実数成分のみを表す式として，

$$u(z,t) = \frac{1}{2}\left\{Ae^{i(kz-\omega t+\phi)} + A^*e^{-i(kz-\omega t+\phi)}\right\} \tag{1.12}$$

を用いなければならない．ここで，A^* は振幅 A の複素共役を表し，A が複素振幅の場合も考慮した表記とした．

1.5 光波の強度

光波の強度は，単位時間あたりの平均エネルギーで定義される．波のもつエネルギーは振幅の 2 乗で与えられるため，1 周期分の平均エネルギーは，式(1.8)を用いて

$$I = \frac{A^2}{T}\int_{-\frac{T}{2}}^{\frac{T}{2}} \cos^2(kz-\omega t+\phi)dt = \frac{A^2}{2} \tag{1.13}$$

から求めることができ，その値は $A^2/2$ となる．この計算には余弦関数の 2 乗の積分が必要である．一方，式(1.10)の絶対値 2 乗を強度と定義すると，指数関数の部分は絶対値をとることにより $|e^{i\theta}|=1$ となるので，

●コラム 複素数表示

波を表す式(1.8)を複素数を用いて式(1.10)で表した。このような表記は交流回路においても信号を表現するために用いられる。複素数表示は**フェーザー（phasor）表示**とも呼ばれる。

本文でも述べたとおり、複素数表示を用いると時間と空間の変数を分離して議論することができるため、計算が非常に容易になる。例えば、空間に関する変数のみに興味がある場合には、時間に関する項 $e^{-i\omega t}$ を省略して計算してもよく、必要なら最後に時間項 $e^{-i\omega t}$ をかければよい。微分や積分に関しても変数 t に関する計算なら $-i\omega$ をかけ算または割り算するだけでよい。

式(1.10)を実部を横軸に、虚部を縦軸にとる座標軸で表示することを考える。簡単のため、$t=0$ および $\phi=0$ の場合について考えよう。式(1.10)は半径 A の円周上の点 P で表示され（図(a)）、z が大きくなるにつれて反時計回りに回転することがわかるだろう。原点 O から点 P に向かうベクトル $\overrightarrow{OP}$ を定義し、ベクトルの実軸方向の成分 z を軸に表記すると図(b)のようになる。これは式(1.8)をグラフ化したものとなる。したがって、波の位相は、図(a)でベクトル $\overrightarrow{OP}$ が実軸となす角で表される。波の位相がシフトする場合は、その位相量だけベクトルを回転させればよい。したがって、複素数表示を用いて虚部を導入することによって、波の位相変化がイメージしやすく、理解が容易になる。

また時間変数 t を考える場合は、$z=0$ として (kz) を $(-\omega t)$ に置き換えればよい。フーリエ変換などでは負の周波数が定義されるが、実数表示では (ωt) と $(-\omega t)$ では違いが現れない。しかし複素数表示では図(a)の点 P の回転方向が異なることになる。複素数表示を用いることにより、負の周波数の意味を理解できるのである。

実験などにおいて実際に測定可能な値は、点 P の実軸への射影のみであり、点 P の回転を直接観察することはできない。したがって、複素数表示を用いた場合には、物理的に観測可能な量として、$\overrightarrow{OP}$ の実軸方向の成分のみをとる。

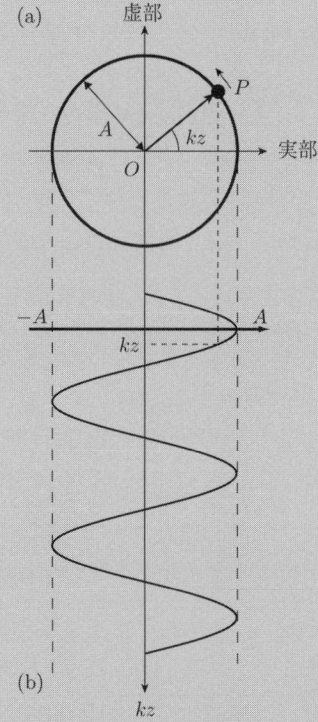

図　光波の複素数表示
(a) 複素数を実軸と虚軸上で表示すると点 P が半径 A の円を回転する。(b) 光波を実数で表示したものは、点 P の移動を実軸上に射影したものである。

$$I = |u(z,t)|^2 = u(z,t)u^*(z,t) = A^2 \tag{1.14}$$

となり，式(1.13)に対して 2 倍大きい値となる．この値の違いは，相対強度を議論する場合には問題とならない．そのため，複素数表示した光波の絶対値の 2 乗で光強度を定義する．複素数表示を用いると指数関数部分の絶対値が 1 となるため，簡単に強度を求めることができる場合が多い．

1.6 粒子としての光

　光は波としての性質をもつと同時に粒子としての性質ももつ．**光の二重性**（duality of light）である．光を粒子としてとらえたときの最小単位（つまり 1 つの粒子）を**光子**（photon）と呼ぶ．粒子としての光の性質は，物質と相互作用してエネルギーを伝達する場合に顕著に現れる．

　その一例として，図 1.4（a）に示すように光源から出た光の強度を光検出器を用いて測定する場合を考えよう．雑音などの影響を考えない場合，光源からの光量が一定であれば，検出器により得られる電気信号ももちろん一定である．そこ

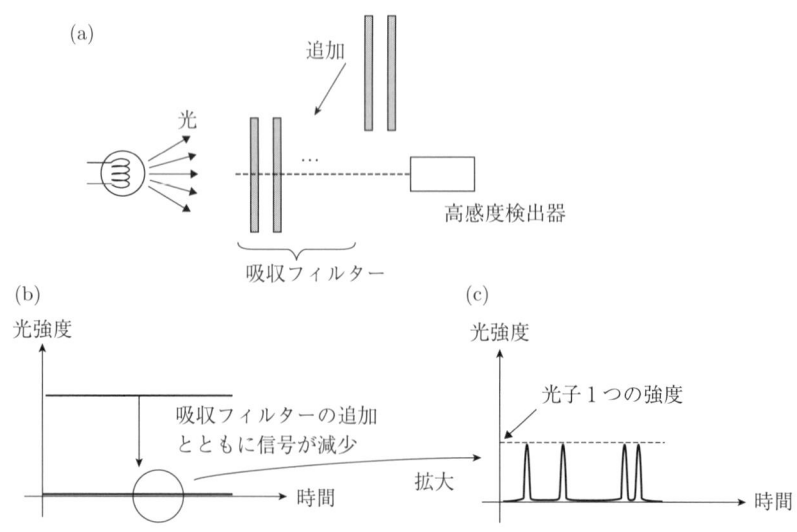

図 1.4 光の粒子性
（a）光強度の測定システム．(b)光強度の検出信号．(c)個々の光子による光パルス．

で，光源と光検出器の間に光の一部を吸収するフィルターを挿入すると，検出器に届く光強度が小さくなるため，電気信号も小さくなる（図 1.4 (b)）。

挿入するフィルターの枚数を増やして検出器に届く光量をどんどん小さくしていくと，得られる電気信号は徐々に減少していく。光量が非常に小さくなると，時間的にランダムに現れるパルス状の信号が検出される（図 1.4 (c)）。これは，光源からたくさん放射された光子の数が吸収フィルターにより減少し，1つ1つの光子が時間的に区別できるようになって光検出器に届くためである。さらに吸収フィルターを追加しても，1つのパルスの強度が小さくなるわけではなく，パルスの個数が減少することになる。この1つのパルス信号の示す強度が，光子1つがもつエネルギーに相当する。このパルスの数を数えることによって，光検出器に届いている光子数を数えることができ，光の粒子性を実験的に観察することが可能となる。

光子1つのもつエネルギー E_{ph} は，**プランク定数**（Planck constant）h を用いて，

$$E_{\text{ph}} = h\nu = h\frac{c}{\lambda} \tag{1.15}$$

$$h = 6.6260755 \times 10^{-34} \quad [\text{J} \cdot \text{s}] \tag{1.16}$$

で与えられる。ν は光の周波数，c は真空中の光の伝搬速度（**光速**（light velocity））である。例えば，波長 $\lambda = 500$ nm の緑色光の周波数は，光速 c を用いて，

$$c = 2.99792458 \times 10^8 \quad [\text{m/s}] \tag{1.17}$$

$$\nu = \frac{c}{\lambda} = 6.00 \times 10^{14} \quad [\text{Hz}] = 600 \quad [\text{THz}] \tag{1.18}$$

となる。単位にはテラ [T]（$= 10^{12}$）を用いた。式(1.15)を用いて光子のエネルギーを求めると，

$$E_{\text{ph}} = h\nu = 3.98 \times 10^{-19} \quad [\text{J}] = 2.48 \quad [\text{eV}] \tag{1.19}$$

となる。ここでは，**電気素量**（elementary electric charge）を e として，

$$e = 1.60217733 \times 10^{-19} \quad [\text{C}] \tag{1.20}$$

の値を用いた。式(1.15)より波長 1 μm の光子のもつエネルギーは，波長 500 nm

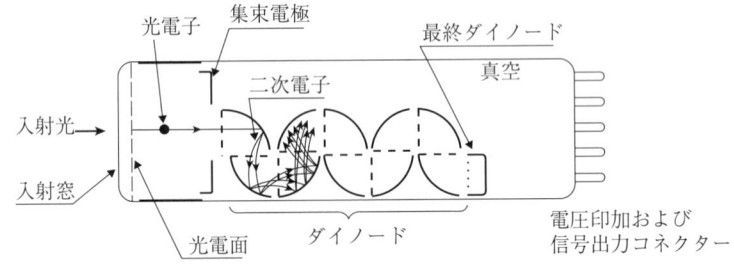

図 1.5　光電子増倍管の構成

の光子の半分のエネルギーなので，

$$\text{波長 } 1\,\mu\text{m の光子のエネルギー } E_{\text{ph}} = 1.24 \quad [\text{eV}] \approx 1 \quad [\text{eV}] \quad (1.21)$$

となることを知っておくと，波長からおよそのエネルギーを見積もることができる。

波長 500 nm の光子 1 つがもつエネルギーは，人間から見ると 3.98×10^{-19} J と非常に小さいが，電子から見ると 2.5 V 程度の電位差を移動できる程度のエネルギーをもち，それほど小さな値ではない。例えば，ナトリウム原子の第一イオン化エネルギーは 5.14 eV であり，それと比較すると光子のエネルギーはまだ小さいものの，オーダー的には同程度である。つまり，光子 1 つは原子や分子に吸収されると，それらをイオン化できる程度のエネルギーをもつことがわかる。

光源の光強度が大きい場合には，非常にたくさんの光子が光検出器に入射するため，光強度はほぼ一定値となる。しかしながら，実際の光源からは，**ポアソン分布**（Poisson distribution）に従ってランダムに光子が発生する。したがって，単位時間あたりに検出器に入射する光子数は一定にはならず，検出信号のばらつきが生じる。これは**ショット雑音**（shot noise）と呼ばれ，光子の発生過程に起因する根源的なノイズとなる。

図 1.4 に示したような実験を行うには，高感度な検出器が必要であり，通常は**光電子増倍管**（フォトマルチプライヤー：photomultiplier）が用いられる。光電子増倍管では，光電変換面に入射した光子エネルギーを用いて電子を放出させ，その電子を加速して**ダイノード**（dynode）と呼ばれる二次電子増倍電極に衝突させる。ダイノードからさらに多くの電子を放出させて信号を増倍させることにより，計測可能な電流量を得る（図 1.5）。このデバイスを用いれば，入射する光が微弱光の場合に検出器に入射した光子の数を数えることが可能となる。この計測法は**フォ**

トンカウンティング（photon counting）**法**と呼ばれる。1つの光子により得られるパルス信号が，光が入射していないときの雑音（**暗電流**（dark current））より十分大きければ，検出器に入射した光子数を数えることにより，雑音の影響を受けずに高精度な計測を行うことが可能である。フォトンカウンティング法は，蛍光の強度および寿命測定などに広く用いられている。

第2章
電磁波としての光

前章では光が電磁波の一つであることを述べた。本章では，電磁波の性質を記述し，以下のことについて述べる。
- マクスウェルの方程式：電磁気学の基本方程式
- 波動方程式：空間を伝搬する光を記述する式
- 屈折率の物理的意味

2.1 マクスウェルの方程式

光は電磁波の一種であり，その基本的な性質は電磁気学の基本方程式である**マクスウェルの方程式**（Maxwell equation）によって記述される。マクスウェルの方程式は次の4つの式からなる。

$$\mathrm{div}\bm{D}(\bm{r},t) = \rho(\bm{r},t) \tag{2.1}$$

$$\mathrm{div}\bm{B}(\bm{r},t) = 0 \tag{2.2}$$

$$\mathrm{rot}\bm{E}(\bm{r},t) = -\frac{\partial \bm{B}(\bm{r},t)}{\partial t} \tag{2.3}$$

$$\mathrm{rot}\bm{H}(\bm{r},t) = \bm{j}(\bm{r},t) + \frac{\partial \bm{D}(\bm{r},t)}{\partial t} \tag{2.4}$$

ここで，$\bm{E}(\bm{r},t)$, $\bm{D}(\bm{r},t)$, $\bm{H}(\bm{r},t)$, $\bm{B}(\bm{r},t)$ はそれぞれ，**電場**（electric field），**電束密度**（electric flux density），**磁場**（magnetic field），**磁束密度**（magnetic flux density）を表し，SI単位系ではそれぞれ，[V/m], [C/m^2], [A/m], [T] (=[Wb/m^2]) の単位をもつ。$\rho(\bm{r},t)$ は**電荷密度**（charge density）[C/m^3]

であり，単位体積あたりの電荷量を表す．$j(r,t)$ は**電流密度**（electric current density）$[\mathrm{A/m^2}]$ で，単位面積の断面を垂直に通過する電流量を表す．r は位置ベクトルであり，x-y-z 座標系では $r = (x, y, z)$ の成分で表される．また div は **発散**（divergence），rot は**回転**（rotation）と呼ばれるベクトル演算子であり，それぞれ任意のベクトル $A = (A_x, A_y, A_z)$ に対して（ここでの A は振幅とは無関係），

$$\mathrm{div}A = \frac{\partial A_x}{\partial x} + \frac{\partial A_y}{\partial y} + \frac{\partial A_z}{\partial z} \tag{2.5}$$

$$\mathrm{rot}A = \left(\frac{\partial A_z}{\partial y} - \frac{\partial A_y}{\partial z}, \frac{\partial A_x}{\partial z} - \frac{\partial A_z}{\partial x}, \frac{\partial A_y}{\partial x} - \frac{\partial A_x}{\partial y}\right) \tag{2.6}$$

と定義される．3つの空間微分を形式的に，

$$\boldsymbol{\nabla} = \left(\frac{\partial}{\partial x}, \frac{\partial}{\partial y}, \frac{\partial}{\partial z}\right) \tag{2.7}$$

と記述して，ベクトルの内積の記号（·）と外積の記号（×）を用いて発散および回転を次のように表す場合も多い．

$$\mathrm{div}A = \boldsymbol{\nabla} \cdot A \tag{2.8}$$

$$\mathrm{rot}A = \boldsymbol{\nabla} \times A \tag{2.9}$$

$\boldsymbol{\nabla}$ は**ナブラ**（nabla）と呼ばれ，ベクトルの微分を表す演算子である．また回転を curl$A$ と表記する場合もある．

電場と電束密度，磁場と磁束密度，電流密度と電場との関係は，物質の**誘電率**（dielectric constant）を ε，**透磁率**（magnetic permeability）を μ，**電気伝導率**（electric conductivity）を σ とすると，それぞれ次の関係式で与えられる．

$$D(r,t) = \varepsilon(r)E(r,t) \tag{2.10}$$

$$B(r,t) = \mu(r)H(r,t) \tag{2.11}$$

$$j(r,t) = \sigma(r)E(r,t) \tag{2.12}$$

誘電率 ε と透磁率 μ は，一般的にはテンソルで与えられるが，等方性の物質の場合は，スカラー量となる．真空中での誘電率と透磁率をそれぞれ ε_0, μ_0 とおくと，

第 2 章 電磁波としての光

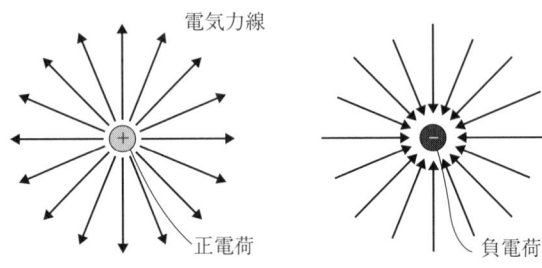

図 2.1 ガウスの法則
正の電荷から電気力線が発生する。

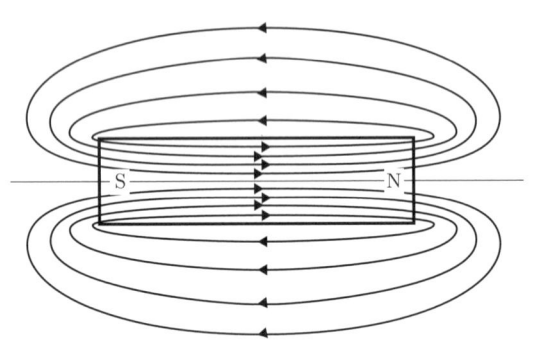

図 2.2 磁場に関するガウスの法則
磁力線は常に閉曲線になる。

$$\varepsilon_0 = 8.85418782 \times 10^{-12} \quad [\mathrm{C}^2/(\mathrm{N} \cdot \mathrm{m}^2)] \tag{2.13}$$

$$\mu_0 = 4\pi \times 10^{-7} \quad [\mathrm{N}/\mathrm{A}^2] \tag{2.14}$$

の値をもつ。

式(2.1)は電場に関する**ガウスの法則**（**Gauss law**）を表しており，電荷 $\rho(\boldsymbol{r},t)$ から，電束密度 $\boldsymbol{D}(\boldsymbol{r},t)$ つまり電場 $\boldsymbol{E}(\boldsymbol{r},t)$ が湧き出していることを意味している（図 2.1）。電荷密度が負の場合は，電束密度がその点で減少することを表す。電束密度の方向と大きさを矢印線で表したものを**電気力線**（**line of electric force**）という。電気力線は正の電荷から発生し，負の電荷で消滅する。

式(2.2)は，**磁場に関するガウスの法則**を表している。磁束密度 $\boldsymbol{B}(\boldsymbol{r},t)$ の場合には，電束密度 $\boldsymbol{D}(\boldsymbol{r},t)$ とは異なり，湧き出す場所がなく，磁力線が常に閉曲線

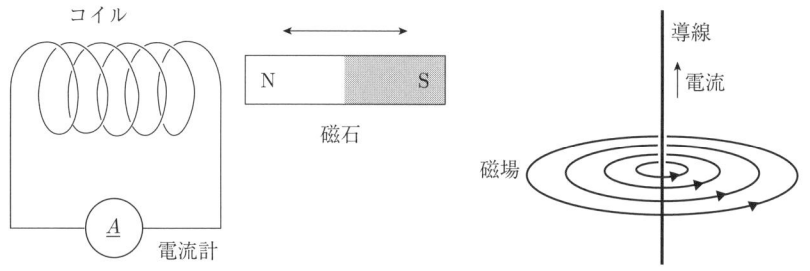

図 2.3 ファラデーの電磁誘導の法則
磁束の変化でコイルに電流が流れる。

図 2.4 アンペール・マクスウェルの法則
電流のまわりに磁場が発生する。

になることを意味している。これは永久磁石を N 極と S 極の中心で分割しても，その分割した場所にそれぞれ S 極と N 極が現れ，N 極だけの磁石や S 極だけの磁石を作ることができないことに対応している。

式(2.3)は，**ファラデーの電磁誘導の法則**（Faraday law of electromagnetic induction）を定式化したものである。ファラデーの電磁誘導は，磁束密度が時間的に変化すると，その変化を妨げる方向に電流が流れる現象である（図 2.3）。コイルに磁石を近づけたり，遠ざけたりすると，コイル内の磁束密度が時間的に変化するため，この変化を妨げる方向にコイルに電流が流れる。この原理は，発電に応用されている。

式(2.4)は**アンペール・マクスウェルの法則**（Ampere-Maxwell law）を表している。導線に電流を流すとそのまわりに磁場が発生することを定式化したものである（図 2.4）。式(2.4)の右辺の第 2 項は，**変位電流**（displacement current）または**電束電流**と呼ばれ，電磁場が時間的に変動する場合に，アンペールの法則が成り立つようにマクスウェルが導入したものである。マクスウェルはこの項を導入することにより，1864 年に電磁波が存在することを予言し，その後 1888 年に**ヘルツ**（H. R. Hertz）によって電磁波の存在が実験的に証明された。

2.2　発散と回転の物理的意味

マクスウェルの方程式は，式(2.5)，(2.6)で定義されるベクトル演算子の発散（div）と回転（rot）で表される。それらの演算の意味するところを考えてみよう。まず，図 2.5 に示すように (x, y, z) 方向の大きさがそれぞれ $(1, 1, \Delta z)$ で与えら

第 2 章 電磁波としての光

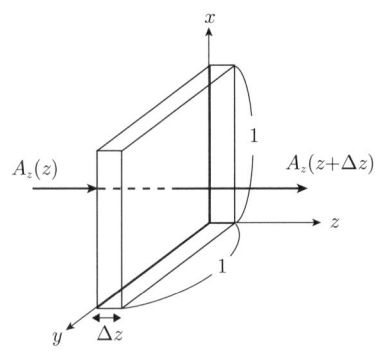

図 2.5 微小直方体でのベクトル $\boldsymbol{A}(\boldsymbol{r})$ の流れ

れる微小な直方体の領域を考え，そこにベクトル $\boldsymbol{A}(\boldsymbol{r})$ で表される物理量が流れ込んでいる場合を考える．例えば物理量 $\boldsymbol{A}(\boldsymbol{r})$ は，水の流れを表しているとするとわかりやすいだろう．

簡単のため水（物理量 $\boldsymbol{A}(\boldsymbol{r})$ ）は z 軸方向にのみ流れていると仮定すると，ベクトル $\boldsymbol{A}(\boldsymbol{r})$ は z 成分 A_z のみをもつ．もし考えている領域で水量が単位体積あたり $a(\boldsymbol{r})$ だけ増加するとすると，この領域に入ってくる水の量と出ていく水の量の差は

$$A_z(x,y,z+\Delta z) - A_z(x,y,z) = a(\boldsymbol{r})\Delta z \tag{2.15}$$

となる．式(2.15)において両辺を Δz で割って $\Delta z \to 0$ の極限を考えると，

$$\lim_{\Delta z \to 0}\left\{\frac{A_z(x,y,z+\Delta z) - A_z(x,y,z)}{\Delta z}\right\} = \frac{\partial A_z(x,y,z)}{\partial z} = a(\boldsymbol{r}) \tag{2.16}$$

となる．x 方向，y 方向に流れが存在する場合でも同様に考えればよい．したがって，ベクトル $\boldsymbol{A}(\boldsymbol{r})$ の発散を求めると，位置 $\boldsymbol{r}$ から物理量 $\boldsymbol{A}(\boldsymbol{r})$ が湧き出して増えている場合は，その増加量に対応する正の値をとり，逆に減少している場合は負の値をとる．位置 $\boldsymbol{r}$ において流れ込んできた物理量 $\boldsymbol{A}$ が増えも減りもせず，すべてその位置から流れ出ていく場合には，発散の値は 0 となる．つまり発散は，位置 $\boldsymbol{r}$ における物理量 $\boldsymbol{A}(\boldsymbol{r})$ の湧き出しを表すことになる．

回転（rot）は，微小領域を回転させるための力がどれぐらい働くかを表してい

2.2 発散と回転の物理的意味

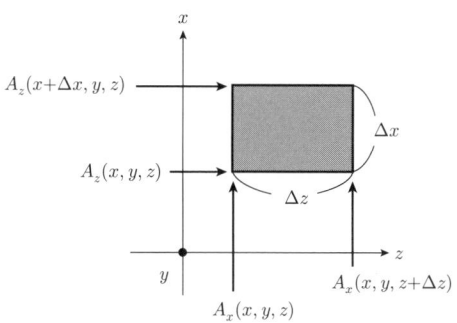

図 2.6 微小領域に働く回転力

る。いま，大きさ $(\Delta x \times \Delta y \times \Delta z)$ の微小領域の流れを考える。簡単のため，y 軸回りの流れのみが存在するものとする。

単位長さあたりの回転力は右ねじの進行方向を正にとると，図 2.6 に示すように x 方向と z 方向でそれぞれ，

$$x\,方向:\ \frac{A_x(x,y,z+\Delta z) - A_x(x,y,z)}{\Delta z} \tag{2.17}$$

$$z\,方向:\ -\frac{A_z(x+\Delta x,y,z) - A_z(x,y,z)}{\Delta x} \tag{2.18}$$

となる。これらを合わせたものが y 軸回りでの回転力になるので，$\Delta x \to 0$, $\Delta z \to 0$ の極限をとると，

$$\begin{aligned}
&\lim_{\Delta z \to 0} \left\{ \frac{A_x(x,y,z+\Delta z) - A_x(x,y,z)}{\Delta z} \right\} \\
&\qquad - \lim_{\Delta x \to 0} \left\{ \frac{A_z(x+\Delta x,y,z) - A_z(x,y,z)}{\Delta x} \right\} \\
&= \frac{\partial A_x(x,y,z)}{\partial z} - \frac{\partial A_z(x,y,z)}{\partial x}
\end{aligned} \tag{2.19}$$

となる。したがって，rot により位置 $\boldsymbol{r}$ で物理量 $\boldsymbol{A}(\boldsymbol{r})$ が渦を発生しているかどうかを調べられることがわかる。式(2.6)の演算が回転と呼ばれる理由が理解できるだろう。

さらに，回転（rot）の演算結果の意味を考えるために，図 2.7 に示すような x 方向の流れが z の値に比例する場合を仮定する。つまりこの場合のベクトル $\boldsymbol{A}(\boldsymbol{r})$ の成分は，a を比例定数とすると，$\boldsymbol{A}(\boldsymbol{r}) = (az, 0, 0)$ となる。このベクトル $\boldsymbol{A}(\boldsymbol{r})$

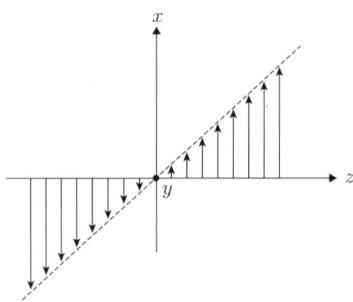

図 2.7　x 方向の流れ

に対して rot をとると，

$$\mathrm{rot}\boldsymbol{A}(\boldsymbol{r}) = (0, a, 0) \tag{2.20}$$

となる．ここで，この右辺のベクトルの表す意味を考えてみよう．いま，ベクトル $\boldsymbol{A}(\boldsymbol{r})$ が水の流れを表しているものと仮定し，原点の位置に自由な方向に回転可能なボールを置くことを考える．ボールは水の流れを受けて回転することが予想できる．図 2.7 において $+y$ 方向から $-y$ 方向をみたとき（つまり紙面に対して垂直な方向から紙面をみたとき），ボールは時計と逆方向に回転していることが観察できるだろう．この回転に合わせて右ねじの進む方向を考えると，右ねじは $+y$ 方向に進む．したがって，ベクトルの演算子 rot を適用したときに得られるのは，物理量 $\boldsymbol{A}(\boldsymbol{r})$ の流れによって回転する物体があるとき，その回転軸の方向を表すベクトルとなることがわかる．ベクトルの大きさが回転の速さを表すのである．

2.3　波動方程式

空間を伝搬する光は**波動方程式**（**wave equation**）によって記述され，マクスウェルの方程式(2.1)〜(2.4)から導出することができる．まず，真空中を伝搬する電磁波について考えよう．真空中では，電荷密度 $\rho(\boldsymbol{r})$ と電流密度 $\boldsymbol{j}(\boldsymbol{r})$ が存在しないため 0 となる．つまり，真空中でのマクスウェルの方程式は

$$\mathrm{div}\boldsymbol{D}(\boldsymbol{r}, t) = 0 \tag{2.21}$$

2.3 波動方程式

$$\mathrm{div}\boldsymbol{B}(\boldsymbol{r},t) = 0 \qquad (2.22)$$

$$\mathrm{rot}\boldsymbol{E}(\boldsymbol{r},t) = -\frac{\partial \boldsymbol{B}(\boldsymbol{r},t)}{\partial t} \qquad (2.23)$$

$$\mathrm{rot}\boldsymbol{H}(\boldsymbol{r},t) = \frac{\partial \boldsymbol{D}(\boldsymbol{r},t)}{\partial t} \qquad (2.24)$$

となる．式(2.23)の両辺の rot をとり，任意のベクトル $\boldsymbol{A}$ について成立する公式

$$\mathrm{rot}\cdot\mathrm{rot}\boldsymbol{A} = \mathrm{grad}\cdot\mathrm{div}\boldsymbol{A} - \nabla^2\boldsymbol{A} \qquad (2.25)$$

を適用する．ここで，grad は**傾き**（**gradation**）と呼ばれ，任意のスカラー量 $\phi(\boldsymbol{r})$ に対して，

$$\mathrm{grad}\ \phi(\boldsymbol{r}) = \left(\frac{\partial \phi(\boldsymbol{r})}{\partial x}, \frac{\partial \phi(\boldsymbol{r})}{\partial y}, \frac{\partial \phi(\boldsymbol{r})}{\partial z}\right) \qquad (2.26)$$

の計算を行う演算子である．また ∇^2 は任意のベクトル $\boldsymbol{A}$ に対して下記の演算を行う演算子である．

$$\nabla^2\boldsymbol{A} = \left(\frac{\partial^2 A_x}{\partial x^2} + \frac{\partial^2 A_x}{\partial y^2} + \frac{\partial^2 A_x}{\partial z^2}, \frac{\partial^2 A_y}{\partial x^2} + \frac{\partial^2 A_y}{\partial y^2} + \frac{\partial^2 A_y}{\partial z^2}, \right.$$
$$\left. \frac{\partial^2 A_z}{\partial x^2} + \frac{\partial^2 A_z}{\partial y^2} + \frac{\partial^2 A_z}{\partial z^2}\right) \qquad (2.27)$$

式(2.23)の両辺の rot をとり式(2.25)を適用すると，式(2.10)および式(2.21)より左辺は，

$$\mathrm{rot}\cdot\mathrm{rot}\boldsymbol{E}(\boldsymbol{r},t) = \mathrm{grad}\cdot\mathrm{div}\boldsymbol{E}(\boldsymbol{r},t) - \nabla^2\boldsymbol{E}(\boldsymbol{r},t)$$
$$= -\nabla^2\boldsymbol{E}(\boldsymbol{r},t) \qquad (2.28)$$

となる．一方，右辺は rot と時間微分の順番を入れ替えて，式(2.11)および式(2.24)を適用すると，

$$-\mathrm{rot}\left(\frac{\partial \boldsymbol{B}(\boldsymbol{r},t)}{\partial t}\right) = -\frac{\partial}{\partial t}(\mathrm{rot}\boldsymbol{B}(\boldsymbol{r},t))$$
$$= -\mu_0\frac{\partial}{\partial t}(\mathrm{rot}\boldsymbol{H}(\boldsymbol{r},t))$$
$$= -\varepsilon_0\mu_0\frac{\partial^2 \boldsymbol{E}(\boldsymbol{r},t)}{\partial t^2} \qquad (2.29)$$

第 2 章 電磁波としての光

となる。式(2.28)および式(2.29)より微分方程式

$$\nabla^2 \boldsymbol{E}(\boldsymbol{r},t) = \varepsilon_0\mu_0 \frac{\partial^2 \boldsymbol{E}(\boldsymbol{r},t)}{\partial t^2} \tag{2.30}$$

が得られる。この微分方程式は空間中を電磁波が伝搬することを表し，**電場に関する波動方程式**と呼ばれる。同様に，磁場に関しても微分方程式を導出することができ，

$$\nabla^2 \boldsymbol{H}(\boldsymbol{r},t) = \varepsilon_0\mu_0 \frac{\partial^2 \boldsymbol{H}(\boldsymbol{r},t)}{\partial t^2} \tag{2.31}$$

と表される。

第 1 章で示した $+z$ 方向に速度 v で伝搬する波に関する式(1.2)を $\boldsymbol{E}(\boldsymbol{r},t) = u(z,t)$ または $\boldsymbol{H}(\boldsymbol{r},t) = u(z,t)$ とおいて，式(2.30)および式(2.31)に代入すると，式(1.2)が波動方程式の解になっていることが確認できる。また，$-z$ 方向に伝搬する波 $u(z,t) = f(z+vt)$ も同じ微分方程式を満たす。

実際に式(1.2)を式(2.30)に代入し，電磁波が真空中を伝搬する速度 v を改めて c_0 とおくと，

$$c_0 = v = \frac{1}{\sqrt{\varepsilon_0\mu_0}} = 2.99792458 \times 10^8 \quad [\text{m/s}] \tag{2.32}$$

と求められる。光波の速度は真空中の誘電率および透磁率によって決定される。

光波が単一の角周波数 ω からなる**単色光**（monochromatic light）であるとすると，その光波 $u(\boldsymbol{r},t)$ は，一般的に複素振幅 $\boldsymbol{A}(\boldsymbol{r})$ を用いて，

$$u(\boldsymbol{r},t) = \boldsymbol{A}(\boldsymbol{r})e^{-i\omega t} \tag{2.33}$$

と表されるので，波動方程式(2.30)および式(2.31)に代入すると，

$$\nabla^2 \boldsymbol{A}(\boldsymbol{r}) + \frac{\omega^2}{c_0^2}\boldsymbol{A}(\boldsymbol{r}) = 0 \tag{2.34}$$

となり，時間に依存しない微分方程式となる。この方程式は，**ヘルムホルツの方程式**（Helmholtz equation）と呼ばれる。

また，式(2.3)と磁場 $\boldsymbol{H}$ とのスカラー積 $\boldsymbol{H}\cdot(\mathrm{rot}\boldsymbol{E})$ と，式(2.4)と電場 $\boldsymbol{E}$ とのスカラー積 $\boldsymbol{E}\cdot(\mathrm{rot}\boldsymbol{H})$ の差をとり，ベクトルの公式

$$\mathrm{div}(\boldsymbol{A}\times\boldsymbol{B}) = \boldsymbol{B}\cdot(\mathrm{rot}\boldsymbol{A}) - \boldsymbol{A}\cdot(\mathrm{rot}\boldsymbol{B}) \tag{2.35}$$

を適用すると，エネルギー保存則

$$\mathrm{div}(\boldsymbol{E} \times \boldsymbol{H}) = -\frac{1}{2}\frac{\partial}{\partial t}(\varepsilon_0 \boldsymbol{E} \cdot \boldsymbol{E} + \mu_0 \boldsymbol{H} \cdot \boldsymbol{H}) - \boldsymbol{j} \cdot \boldsymbol{E} \quad (2.36)$$

が得られる。真空中では，$\boldsymbol{j} = \boldsymbol{0}$ であるので，右辺第2項は0となる。式(2.36)は電磁場のもつエネルギーの時間変化が

$$\boldsymbol{S} = \boldsymbol{E} \times \boldsymbol{H} \quad (2.37)$$

の発散と等しく，エネルギーが $\boldsymbol{S}$ 方向に伝搬することを示している。この電場 $\boldsymbol{E}$ と磁場 $\boldsymbol{H}$ の外積で定義されるベクトル $\boldsymbol{S}$ は**ポインティングベクトル**（Poynting vector）と呼ばれ，単位時間あたり，それに直交する単位面積を横切って伝搬するエネルギーを表す。ポインティングベクトルの次元は $[\mathrm{W/m^2}]$ である。

電磁波の存在は，マクスウェルが導入した変位電流（式(2.4)）から導き出された。マクスウェルは，波動方程式から電磁波の存在を予言するとともに，その伝搬速度が光の伝搬速度と同じであることを導き，その結果から，光も電磁波の一種であるとの結論を導いた。これにより，それまでまったく別の現象として考えられていた，電荷が発生したり電流が流れたりする現象と，光が伝搬する現象とが同一のマクスウェルの方程式で記述できることを示したのである。

2.4 屈折率の物理的イメージ

式(2.21)〜(2.24)に真空中でのマクスウェルの方程式を示した。透明で異方性をもたない一様な誘電体中でも，真空中の誘電率 ε_0 や透磁率 μ_0 を媒質中の誘電率 ε と透磁率 μ に置き換えれば，真空中と同じ定式化が可能である。誘電体中でも真空中の場合と同様に，電荷や電流が生じないと考えてよいからである。

媒質の誘電率および透磁率は，それぞれ**比誘電率**（relative dielectric constant）ε_r と**比透磁率**（relative permeability）μ_r を用いて，

$$\varepsilon = \varepsilon_r \cdot \varepsilon_0 \quad (2.38)$$
$$\mu = \mu_r \cdot \mu_0 \quad (2.39)$$

と与えられる。透明な誘電体の場合，光の周波数領域では $\mu \approx \mu_0$，つまり $\mu_r \approx 1$ と考えてよい場合が多い。

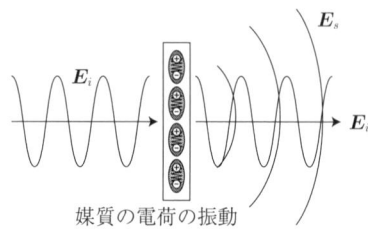

図 2.8 入射波 E_i と物質中の電荷の振動による放射波 E_s

誘電体媒質中での波動方程式を導出し,その光波の速度 c を求めると,媒質中の誘電率 ε を用いて,

$$c = \frac{1}{\sqrt{\varepsilon\mu}} = \frac{c_0}{\sqrt{\varepsilon_r\mu_r}} \tag{2.40}$$

となる.したがって,比誘電率 ε_r,透磁率 μ_r の媒質中を伝搬する光波の速度は,真空中を伝搬する光に比べて,その速度が $1/\sqrt{\varepsilon_r\mu_r}$ 倍に遅くなっている.この $\sqrt{\varepsilon_r\mu_r}$ を**屈折率**(**refractive index**)と呼び n とおくと,

$$n = \sqrt{\varepsilon_r\mu_r} \simeq \sqrt{\varepsilon_r} \tag{2.41}$$

で与えられる.屈折率 n の媒質中でも光の周波数は変化しないため,光の伝搬速度が遅くなることは,

$$c = \frac{c_0}{n} = \nu\left(\frac{\lambda}{n}\right) \tag{2.42}$$

から,媒質中では光の波長が $1/n$ 倍に短くなることを意味する.

ここで屈折率の物理的意味について考えてみよう.媒質中に光が入射すると,その電場 E_i により媒質中の電荷が振動し,放射波 E_s を発生する(図 2.8).厳密に考えると,媒質中の電荷が振動して生じる放射波はとても複雑なものになる.ある特定の位置の電荷は入射光の電場 E_i のみで振動するわけではなく,そのまわりにある多数の電荷が振動したために生じた放射波の電場の影響も受けるからである.しかし,周囲の電荷の振動による電場の効果は小さく,平均化されるため,外から入射した電磁波によって,媒質内の電荷の振動が決まると考えてよい.

図 2.9 に示すように,薄い一様な媒質に光が入射し,媒質から十分離れた位置 P に届くとする.媒質と点 P との距離は z とする.点 P で観測される光波の位

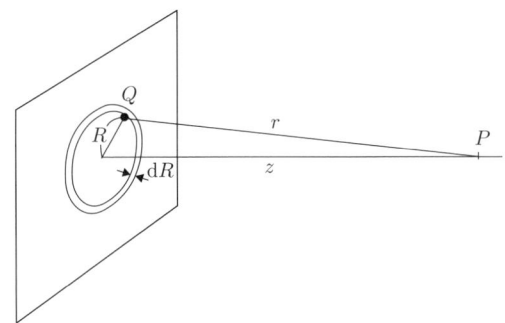

図 2.9 入射波と放射波が点 P につくる電場

相は，媒質を透過するため，屈折率に依存してシフトしている。

点 P での光波は，入射光が媒質を透過して点 P に到達した光波と媒質上で振動しているすべての電荷からの放射波の重ね合わせとなる。したがって，点 P での光波の電場 $\bm{E}(P)$ は媒質上の点 Q から点 P に届く放射波を $\bm{E}_s(Q)$ とすると，

$$\bm{E}(P) = \bm{E}_i + \Sigma \bm{E}_s(Q) \tag{2.43}$$

で与えられる。媒質に入射する光の振幅を $\bm{E}_0$ とすると，入射波を表す式は，z 軸の原点を媒質の平面上にとることにより，

$$\bm{E}_i(z,t) = \bm{E}_0 e^{i(kz-\omega t)} \tag{2.44}$$

とおくことができる。この電場によって揺さぶられた点 Q の電荷が発生する放射波の振幅は，電荷の振動の加速度に比例する。したがって，比例定数を α とすると，点 Q で生じる光波は

$$-\alpha\omega^2 \bm{E}_0 e^{-i\omega t} \tag{2.45}$$

で与えられる。比例定数 α は，透明媒質のように入射光との相互作用が大きくない場合には，小さな値となる。点 Q で生じた放射波は，球面波として点 Q から点 P まで伝搬する。点 Q と点 P との距離を r とすると，点 Q から点 P に届く放射波 $\bm{E}_s$ は，その伝搬による位相変化を考慮し，球面波の式（第 3 章 3.3 節を参照のこと）を用いて，

$$\bm{E}_s(Q) = -\alpha\omega^2 \frac{\bm{E}_0}{r} e^{i(kr-\omega t)} \tag{2.46}$$

と表される。点 P には媒質上で振動しているすべての電荷からの放射波が届くため，それらの重ね合わせとなる。放射波の足し合わせには電場のベクトル和を求める必要があるが，点 P と媒質との距離が十分大きいときには，スカラー量として考えても大きな違いにはならない。

平面上に極座標をとり，その動径方向を R とすると，媒質上から点 P に届く電場は

$$\Sigma E_s(Q) = -\alpha\omega^2 E_0 \int_0^\infty \frac{e^{i(kr-\omega t)}}{r} 2\pi R \cdot dR \tag{2.47}$$

で与えられる。ここで，$r^2 = R^2 + z^2$ であり，この式の両辺の微分をとると，$2r \cdot dr = 2R \cdot dR$ となるので，式(2.47)は

$$\begin{aligned}\Sigma E_s(Q) &= -2\pi\alpha\omega^2 E_0 \int_z^\infty e^{i(kr-\omega t)} dr \\ &= -i\frac{2\pi\alpha\omega^2}{k} E_0 e^{i(kz-\omega t)}\end{aligned} \tag{2.48}$$

となる。式(2.48)の積分の ∞ に関する項は，被積分関数の実数部分が cos，虚数部分が sin で表され，正負に振動する関数であるので，その値は無視してよく 0 としてよい。点 P に届く光波は式(2.43)より，

$$\begin{aligned}E(P) &= E_i + \Sigma E_s(Q) \\ &= E_0 e^{i(kz-\omega t)} - i\frac{2\pi\alpha\omega^2}{k} E_0 e^{i(kz-\omega t)}\end{aligned} \tag{2.49}$$

となる。この式より，媒質への入射波 E_i と媒質の電荷によって生じる電磁波の総和 $\Sigma E_s(Q)$ とは，位相が 90°（または 270°）ずれていることがわかる。

入射光の電場と媒質中の電荷との相互作用が大きくないときは，式(2.45)で定義した比例定数 α は小さな値をもつ。そのため，式(2.49)の第 2 項の係数は 1 に比べて小さな値となる。その係数を改めて $i\phi$ とおくと，式(2.49)は

$$\begin{aligned}E &= (1-i\phi)E_0 e^{i(kz-\omega t)} \\ &\simeq e^{-i\phi} E_0 e^{i(kz-\omega t)} \\ &= E_0 e^{i(kz-\omega t-\phi)}\end{aligned} \tag{2.50}$$

と与えられ，媒質を透過することにより入射波から位相がずれた光波が点 P で観

察されることがわかる。これが屈折率をもつ透明媒質を通過することにより位相ずれが生じることの本質である。

式(2.50)の導出の過程が，位相ずれ ϕ を算出するための意図的なものと感じられるかもしれない。その場合は，次のように考えてもよい。点 P において入射光の振動が $A\cos(\omega t)$ で表されるとすると，式(2.49)より薄い媒質からの放射光の位相が $90°$ ずれているので，比例定数を ϕ とおいて，

$$A\phi \sin(\omega t) \tag{2.51}$$

と表される。したがって，点 P の振動は

$$A\cos(\omega t) + A\phi\sin(\omega t) = A\{\cos(\omega t) + \phi\sin(\omega t)\} \tag{2.52}$$

となる。式(2.52)は単振動の合成を用いると，

$$A\sqrt{1+\phi^2}\cos(\omega t + \theta) \tag{2.53}$$

$$\cos\theta = \frac{1}{\sqrt{1+\phi^2}} \tag{2.54}$$

$$\sin\theta = -\frac{\phi}{\sqrt{1+\phi^2}} \tag{2.55}$$

となる。ϕ は 1 に比べて十分小さいので，$\sqrt{1+\phi^2} \simeq 1, \cos\theta \simeq 1, \sin\theta \simeq \theta \simeq -\phi$ とおくことができる。したがって，平面媒質を透過することにより位相ずれ $-\phi$ が生じていることがわかる。

媒質を通過した入射光と媒質内の電荷が振動することによって生じる放射光の位相は $90°$ ずれており，入射光と放射光が重ね合わされることにより，透過光の位相ずれが生じるのである。

2.5 原子の振動による屈折率

次に媒質の屈折率について，電荷の動きとともにもう少し詳細に検討してみよう。ここでも前節の議論と同様に十分薄い媒質に光が入射する場合を考える。入射光 $\boldsymbol{E}_i$ も前節と同様に式(2.44)で表されるものとする。媒質内に光が入射すると，光の電場により電気的な力が作用し，原子核のまわりの電子が変位する。つまり**分極**（**polarization**）が生じる。分極により生じる電荷量を q とすると，入

射波が電荷に作用する力は，$q\boldsymbol{E}_i$ で与えられ，光の周波数で振動する。その振動変位は，線形なバネと同じように扱うことが可能である。

電荷振動の変位をベクトル $\boldsymbol{x}$ で表すと，等方性媒質では入射電場 $\boldsymbol{E}_0$ の方向と一致する。分極を生じる電子の質量を m とし，線形なバネを仮定したときの共鳴周波数を ω_0 とすると，その運動方程式は

$$m\left(\frac{d^2\boldsymbol{x}}{dt^2} + \omega_0^2 \boldsymbol{x}\right) = q\boldsymbol{E}_0 e^{-i\omega t} \tag{2.56}$$

となる。この方程式の一般解として，$\boldsymbol{x} = \boldsymbol{x}_0 e^{-i\omega t}$ を仮定して，式(2.56)に代入することにより，

$$\boldsymbol{x}_0 = \frac{q\boldsymbol{E}_0}{m(\omega_0^2 - \omega^2)} \tag{2.57}$$

が得られる。したがって，媒質内の電子の運動は

$$\boldsymbol{x} = \frac{q\boldsymbol{E}_0}{m(\omega_0^2 - \omega^2)} e^{-i\omega t} \tag{2.58}$$

で与えられる。

微視的に見ると，電荷が振動することにより電流が流れることになる。電流密度 $\boldsymbol{j}$ は，単位体積あたりの原子数を N，電子の移動速度を $\boldsymbol{v}$（$= d\boldsymbol{x}/dt$）とすると，

$$\begin{aligned}\boldsymbol{j} &= qN\boldsymbol{v} \\ &= -i\frac{q^2 N\omega}{m(\omega_0^2 - \omega^2)} \boldsymbol{E}_0 e^{-i\omega t}\end{aligned} \tag{2.59}$$

で与えられる。したがって，マクスウェルの方程式(2.4)より

$$\begin{aligned}\mathrm{rot}\boldsymbol{H} &= \boldsymbol{j} + \frac{\partial \boldsymbol{D}}{\partial t} \\ &= -i\omega\left(\varepsilon_0 + \frac{q^2 N}{m(\omega_0^2 - \omega^2)}\right) \boldsymbol{E}_0 e^{-i\omega t}\end{aligned} \tag{2.60}$$

が得られる。

一方，巨視的な物理量として媒質中の誘電率 ε を用いた場合は，式(2.4)は媒質中で，

$$\mathrm{rot}\boldsymbol{H} = -i\omega\varepsilon \boldsymbol{E}_0 e^{-i\omega t} \tag{2.61}$$

と与えられる。したがって，式(2.60)と式(2.61)を比較すると，誘電率 ε は

$$\varepsilon = \varepsilon_0 \left\{ 1 + \frac{q^2 N}{m\varepsilon_0(\omega_0^2 - \omega^2)} \right\} \tag{2.62}$$

となる。したがって，比誘電率と屈折率との関係から屈折率 n は

$$n^2 = \varepsilon_r = 1 + \frac{q^2 N}{m\varepsilon_0(\omega_0^2 - \omega^2)} \tag{2.63}$$

と求められる。ここで，

$$\omega_p = \sqrt{\frac{q^2 N}{m\varepsilon_0}} \tag{2.64}$$

とおくと，式(2.63)から角周波数に依存する物質の屈折率 $n(\omega)$ は

$$n(\omega)^2 = 1 + \frac{\omega_p^2}{\omega_0^2 - \omega^2} \tag{2.65}$$

と書き直すことができる。式(2.64)で与えられる ω_p を**プラズマ周波数**（plasma frequency）と呼び，式(2.65)を**分散公式**（dispersion relation）と呼ぶ。**分散**（dispersion）とは，媒質の屈折率が光の周波数によって異なることであり，式(2.65)はその関係を示したものである。この式により，媒質の屈折率と原子密度との関係を求めることが可能となる。

可視域での屈折率を考えると，媒質の共鳴周波数 ω_0 が可視域より大きい場合と小さい場合では，それぞれ図 2.10 (a)と(b)に示すように，周波数の増大とともに屈折率が大きくなることがわかる。これを**常分散**（normal dispersion）と呼ぶ。一方，共鳴周波数 ω_0 が可視域内に存在する場合（図 2.10 (c)）は，光の周波数によって屈折率が大きく変化し，低周波数の方が屈折率が大きくなる場合も存在する。これは**異常分散**（anomalous dispersion）と呼ばれる。

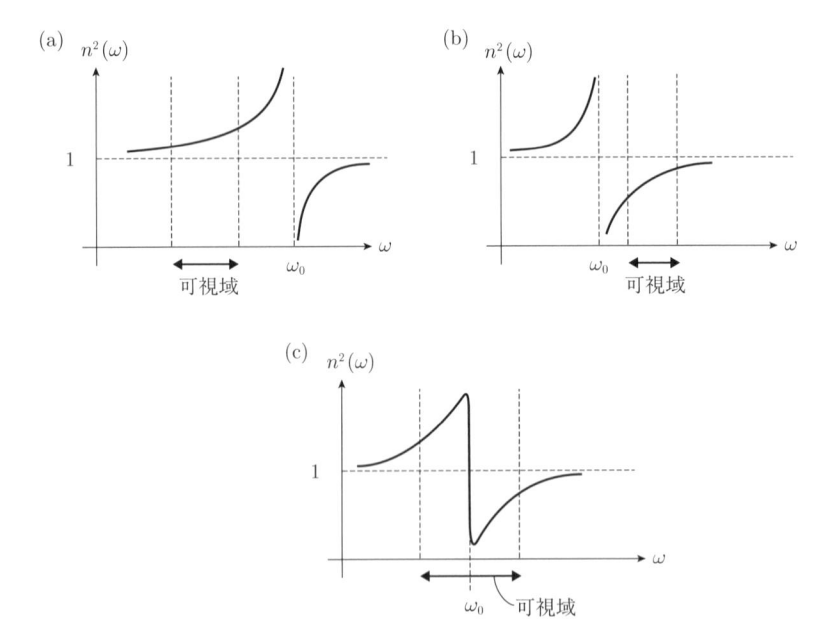

図 2.10 屈折率の分散関係

（a）共鳴周波数 ω_0 が可視域よりも大きい場合（常分散）。(b)共鳴周波数 ω_0 が可視域よりも小さい場合（常分散）。(c)共鳴周波数 ω_0 が可視域内に存在する場合（異常分散）。

第3章
光の伝搬

　第1章および第2章では電磁波として伝搬する光の定式化を行った。そこでは，おもに光波が z 軸に沿って一次元方向にのみ伝搬するものとして扱った。本章ではより一般的な波の伝搬として以下のことについて述べる。
- 平面波と波数ベクトル：任意の方向に伝搬する波
- 偏光
- 反射と屈折
- 全反射とエバネッセント波：境界面に局在する波
- フレネル係数：境界面での反射率と透過率を求める式

3.1　平面波と波数ベクトル

　正弦波状に振動する波が z 軸方向に伝搬する場合（図 3.1 (a)）の式は，複素数表示を用いて，式(1.10)で与えられることを示した。それでは，図 3.1 (b)に示すように x-z 平面内を，z 軸に対して角度 θ の方向に伝搬する波はどのように定式化すればよいだろうか。

　図 3.1 (b)の場合，波の進行方向に新しい軸 l を定義すると，これは z 軸に伝搬する波と同じであるので，式(1.10)の座標 z を l に置き換えて，

$$u(l,t) = Ae^{i(kl-\omega t+\phi)} \tag{3.1}$$

と表すことができるであろう。ここで新しく定義した l 軸と (x,z) との関係を考えると，幾何学的な関係を示した図 3.1 (b)より，

第 3 章　光の伝搬

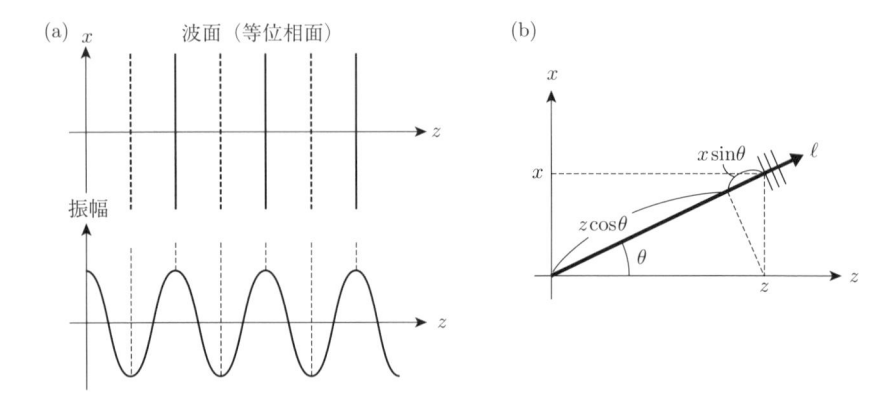

図 3.1　正弦波状に伝搬する波
(a) z 軸方向に伝搬する波。(b) x–z 平面内を ℓ 方向に伝搬する波。

$$l = x\sin\theta + z\cos\theta \tag{3.2}$$

となることがわかる。式(3.2)を式(3.1)に代入し，変数を (x, y, z) で表すと，

$$u(x, y, z, t) = Ae^{i(kx\sin\theta + kz\cos\theta - \omega t + \phi)} \tag{3.3}$$

となる。これが z 軸に対して角度 θ の方向に伝搬する波を表す式である。

式(3.3)において，x の係数 $k\sin\theta$ と z の係数 $k\cos\theta$ の意味を考えてみよう。波の進む方向に長さ $|\boldsymbol{k}| = k = 2\pi/\lambda$ のベクトルを考えると，その成分は

$$\boldsymbol{k} = (k_x, k_y, k_z) = (k\sin\theta, 0, k\cos\theta) \tag{3.4}$$

となる。したがって，座標を表す位置ベクトルを $\boldsymbol{r} = (x, y, z)$ とおくと，式(3.3)の指数の空間軸に関する部分は，ベクトル $\boldsymbol{k}$ と位置ベクトル $\boldsymbol{r}$ の内積

$$\boldsymbol{k} \cdot \boldsymbol{r} = k_x x + k_y y + k_z z \tag{3.5}$$

となっていることがわかる。$\boldsymbol{k}$ は**波数ベクトル**（**wave vector**）と呼ばれ，向きを光波の進行方向にとり，大きさを $|\boldsymbol{k}| = k = 2\pi/\lambda$ と定義する。波数ベクトルを用いることによって，波数ベクトル $\boldsymbol{k}$ の方向に伝搬する光波は

$$u(\boldsymbol{r}, t) = Ae^{i(\boldsymbol{k}\cdot\boldsymbol{r} - \omega t + \phi)} \tag{3.6}$$

と表すことができる。式(1.8)ではスカラー量として波数 k を定義したが，光の進行方向を含めたベクトル量 $\boldsymbol{k}$ に拡張することによって，三次元空間の任意の方向に伝搬する光の定式化が可能になる。式(3.6)は，より一般的な光波を表す式となる。

3.2 平面波の伝搬

式(3.6)で表される光波では，**波面**（wave front，等位相面）が平面となる。このような波は**平面波**（plane wave）と呼ばれる（図 3.2）。平面波は，波動方程式を満たす解の中でもっとも基本的な波である。光の進行方向と (x,y,z) 軸とのなす角をそれぞれ (α,β,γ) とすると，波数ベクトル $\boldsymbol{k}$ の成分 (k_x,k_y,k_z) は，次式で与えられる。

$$\boldsymbol{k} = (k_x, k_y, k_z) = (k\cos\alpha, k\cos\beta, k\cos\gamma) \tag{3.7}$$

波数ベクトル $\boldsymbol{k}$ は電場 $\boldsymbol{E}$ と磁場 $\boldsymbol{H}$ に直交し，光波の進行方向を表すため，等方性媒質ではポインティングベクトル $\boldsymbol{S}$ の方向と一致する（図 3.3）。

波数ベクトル $\boldsymbol{k}$ と電場 $\boldsymbol{E}$ および磁場 $\boldsymbol{H}$ が直交することは，マクスウェルの方程式のうちのガウスの法則（式(2.1)）から導出することができる。時間的に振動する電場 $\boldsymbol{E}(\boldsymbol{r},t)$ は振幅を $\boldsymbol{E}_0$ とすると，

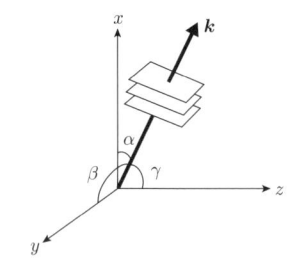

$$\boldsymbol{E}(\boldsymbol{r},t) = \boldsymbol{E}_0 e^{i(\boldsymbol{k}\cdot\boldsymbol{r}-\omega t)} \tag{3.8}$$

図 3.2 平面波の波面と伝搬方向

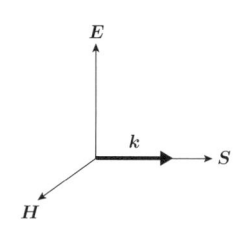

図 3.3 波数ベクトル $\boldsymbol{k}$ と電場 $\boldsymbol{E}$ および磁場 $\boldsymbol{H}$ の関係
等方性媒質では波数ベクトルの方向はポインティングベクトル $\boldsymbol{S}$ と一致する。

とおける．真空中では電荷密度 ρ を 0 と考えてよいので，ガウスの法則（式(2.1)）に $\bm{D} = \varepsilon_0 \bm{E}$ の関係を用いて，

$$\mathrm{div}\bm{D}(\bm{r},t) = \varepsilon_0 \mathrm{div}\left(\bm{E}_0 e^{i(\bm{k}\cdot\bm{r}-\omega t)}\right) = \varepsilon_0(\bm{k}\cdot\bm{E}_0)e^{i(\bm{k}\cdot\bm{r}-\omega t)} = 0 \tag{3.9}$$

となり，波数ベクトル $\bm{k}$ と電場の振動方向 $\bm{E}_0$ が直交することがわかる．同様に磁場に関するガウスの法則（式(2.2)）を用いれば波数ベクトル $\bm{k}$ と磁場の振動方向 $\bm{H}_0$ が直交することも導出できる．したがって，光波を含め電磁波は**横波**（transverse wave）であることがわかる．

　平面波は，等位相面が無限に大きい平面である理想的な光波であり，実際には存在しない．しかし，光波の伝搬特性を理解するうえで非常に重要である．任意形状の波面をもつ光波は，フーリエ変換（付録 A を参照）の関係を用いることにより，平面波の重ね合わせで表すことができるからである．したがって，線形な応答をもつ光学系では，平面波の伝搬特性を調べることによって，任意の光波についてその伝搬特性を理解することができる．

3.3　球面波の伝搬

　もう一つの基本的な光波の例は，等位相面が球形状の形で表される**球面波**（spherical wave）である（図 3.4）．原点から発散される球面波，および原点に集光する球面波は，それぞれ次式で与えられる．

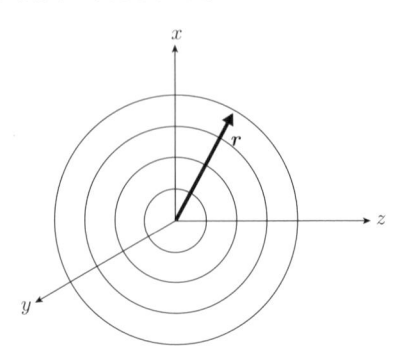

図 3.4　球面波の波面
波面（等位相面）が球形状になっている．

$$u(r,t) = \frac{A}{|\boldsymbol{r}|}e^{i(k\cdot|\boldsymbol{r}|-\omega t)} = \frac{A}{r}e^{i(kr-\omega t)} \tag{3.10}$$

$$u(r,t) = \frac{A}{|\boldsymbol{r}|}e^{-i(k\cdot|\boldsymbol{r}|+\omega t)} = \frac{A}{r}e^{-i(kr+\omega t)} \tag{3.11}$$

ここで，r は原点からの距離を表し，$|\boldsymbol{r}| = r = \sqrt{x^2+y^2+z^2}$ である。球面波では，その振幅の大きさが中心からの距離に反比例して小さくなる。球面波では等位相面上で全エネルギーを積分すると，常に一定値となる。これは波のエネルギーが振幅の 2 乗で与えられるため $1/r^2$ に比例し，半径 r に拡がった波面の面積が r^2 に比例するからである。球面波は，レンズで集光した場合や蛍光分子からの発光などの際にみられる波面形状となる。

3.4 ガウスビームの伝搬

レーザー光源から得られる光波は，進行方向に垂直な断面の強度がガウス分布となっており，**ガウスビーム**（Gauss beam）と呼ばれる。ガウスビームを表す式は，波動方程式の近似解として導出される。光波が z 軸方向に伝搬するとして，解の形に，次のものを仮定する。

$$u(\boldsymbol{r},t) = u(\boldsymbol{r})e^{i(kz-\omega t)} \tag{3.12}$$

式(3.6)を波動方程式(2.30)に代入し，$u(\boldsymbol{r})$ は z 軸方向に対して緩やかに変化すると仮定して z に関する 2 階微分 $\partial^2 u/\partial z^2$ を無視すると，波動方程式の解として次式が求まる。

$$\begin{aligned}u(\boldsymbol{r}) =& A\frac{w_0}{w(z)}\exp\left[i\left\{kz - \tan^{-1}\left(\frac{\lambda z}{\pi w_0^2}\right)\right\}\right.\\ & \left.-(x^2+y^2)\left(\frac{1}{w(z)^2} + \frac{ik}{2R(z)}\right)\right]\end{aligned} \tag{3.13}$$

ここで，

$$w(z)^2 = w_0^2\left\{1 + \left(\frac{\lambda z}{\pi w_0^2}\right)^2\right\} \tag{3.14}$$

$$R(z) = z\left\{1 + \left(\frac{\pi w_0^2}{\lambda z}\right)^2\right\} \tag{3.15}$$

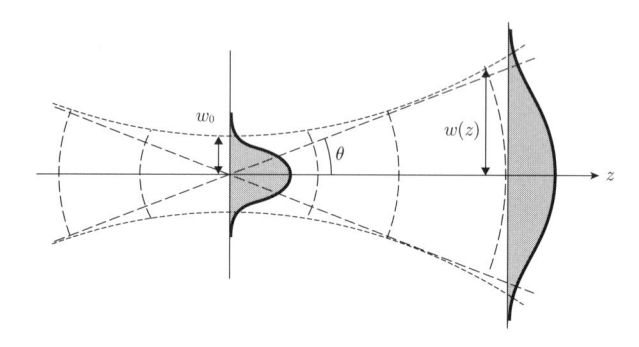

図 3.5 ガウスビームの伝搬
z 軸に垂直な断面での振幅分布がガウス分布となる。

であり，$w(z)$ はビームの振幅が z 軸上の値の $1/e$ 倍になるまでの距離を表し，$R(z)$ は波面の曲率半径を表している（図 3.5）。式(3.13)から z 軸に垂直な断面では，光波の振幅はガウス分布になっている。$w(z)$ は**ビーム半径**（**beam radius**）と呼ばれ，$z = 0$ で最小値 w_0 をとる。これを**ビームウエスト**（**beam waist**）と呼ぶ。

3.5 媒質中の光波の伝搬

等方性透明媒質中のマクスウェルの方程式は，真空中のマクスウェルの方程式において，誘電率 ε_0 を媒質の誘電率 ε に置き換えることで，同様に定式化を行うことができる。したがって，媒質中を伝搬する光波の波動方程式は，式(2.30)および式(2.31)の波動方程式において，ε_0 を ε に，μ_0 を μ に置き換えたものである。媒質中を伝搬する光波の速度 c は，真空中での光速であることを明示するために添え字 0 を付けて c_0 と表すと，式(2.32)から

$$c = \frac{1}{\sqrt{\varepsilon\mu}} = \frac{c_0}{\sqrt{\frac{\varepsilon}{\varepsilon_0}\frac{\mu}{\mu_0}}} \tag{3.16}$$

$$= \frac{c_0}{\sqrt{\varepsilon_r}} = \frac{c_0}{n} \tag{3.17}$$

となる。ここでは，比誘電率 $\varepsilon_r = \varepsilon/\varepsilon_0$ と比透磁率 $\mu_r \approx 1$（つまり $\mu \approx \mu_0$）を用いた。$n\,(=\sqrt{\varepsilon_r})$ は屈折率で，媒質中での光波の性質の決める値となる（第 2 章 2.4 節を参照のこと）。式(3.17)から屈折率 n の透明媒質を伝搬する光波の速

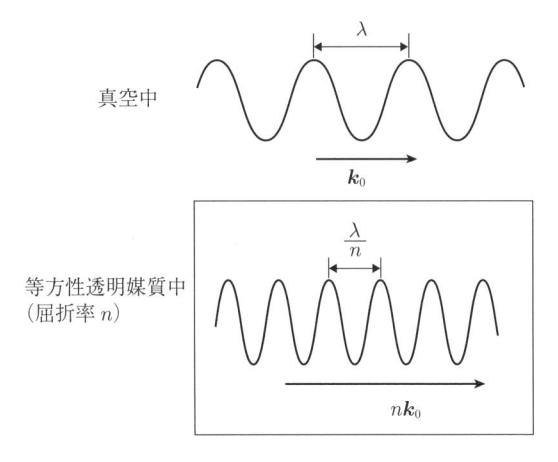

図 3.6 等方性透明媒質中での光波の伝搬
屈折率 n の媒質中では波長が $1/n$ 倍に短くなる。

度は，真空中に比べて $1/n$ 倍に遅くなることがわかる（図 3.6）。これに対応して，媒質中でも光の周波数 ν は変化しないので，光波の波長が $1/n$ 倍に短くなる。また波数ベクトル $\bm{k}$ は真空中での波数ベクトルを $\bm{k}_0$ とおくと $\bm{k} = n\bm{k}_0$ となり，n 倍に長くなる。

3.6 金属中の光波の伝搬

媒質が金属の場合には真空中とは異なり，マクスウェルの方程式において電荷密度 ρ と電流密度 $\bm{j}$ が 0 となるとはかぎらない。しかし，金属内部に電荷密度 ρ が存在する場合，その電荷を打ち消すように金属内の自由電子が移動する。金属では電気伝導度 σ が十分大きいので，自由電子の移動によって電荷が打ち消されるまでの時間は短く，金属中の電荷 ρ は 0 と考えてよい。

電流密度 $\bm{j}(\bm{r}, t)$ については，次のように考えることができる。光波が単色光であると仮定し，複素振幅を $\bm{E}_0$ とすると，入射光は $\bm{E} = \bm{E}_0 e^{i(\bm{k}\cdot\bm{r} - \omega t)}$ と表され，

$$\frac{\partial \bm{E}}{\partial t} = -i\omega \bm{E} \tag{3.18}$$

が成り立つ。式(2.12)から，

$$\bm{j} = \sigma \bm{E} = i\frac{\sigma}{\omega}\frac{\partial \bm{E}}{\partial t} \tag{3.19}$$

と表すことが可能である．この式をマクスウェルの方程式の中の式(2.4)に代入すると，

$$\mathrm{rot}\boldsymbol{H}(\boldsymbol{r},t) = \left(\varepsilon + i\frac{\sigma}{\omega}\right)\frac{\partial \boldsymbol{E}(\boldsymbol{r},t)}{\partial t}$$
$$= \varepsilon_0\left(\varepsilon_r + i\frac{\sigma}{\varepsilon_0\omega}\right)\frac{\partial \boldsymbol{E}(\boldsymbol{r},t)}{\partial t} \tag{3.20}$$

となる．ここで，右辺の電場 $\boldsymbol{E}(\boldsymbol{r},t)$ の時間微分の係数を新しく ε_c とおくと，真空中のマクスウェルの方程式の ε_0 を ε_c に置き換えたものに等しくなる．したがって，真空中と同様の定式化が可能である．金属の場合では，式(3.20)に示すように誘電率 ε_c が複素数となり，**複素誘電率**（**complex dielectric constant**）と呼ばれる．金属媒質中では，誘電率が複素数となるため，屈折率も複素数となる．

複素屈折率 n_c を $n_c = n + i\kappa$ とおくと，$\varepsilon_c/\varepsilon_0 = n_c^2$ の関係から，n と κ は次のように求まる．

$$n^2 - \kappa^2 = \frac{\varepsilon}{\varepsilon_0} = \varepsilon_r \tag{3.21}$$

$$2n\kappa = \frac{\sigma}{\varepsilon_0\omega} \tag{3.22}$$

ここで，κ は**消光係数**（**extinction coefficient**）と呼ばれる．

金属中を伝搬する平面波の波数ベクトル $\boldsymbol{k}_c$ は，$\boldsymbol{k}_c = n_c\boldsymbol{k}_0$ で与えられるので，複素数の値をもつ．伝搬方向を z 軸とすると，

$$\boldsymbol{u}(\boldsymbol{r},t) = \boldsymbol{A}e^{i(\boldsymbol{k}_c\cdot\boldsymbol{r}-\omega t)}$$
$$= \boldsymbol{A}e^{-\kappa k_0 z}e^{i(nk_0 z-\omega t)} \tag{3.23}$$

となる．式(3.23)は z 方向に光波が伝搬するにつれて，その振幅が指数関数的に減少することを示している（図 3.7）．振幅が $1/e$ になる距離を D とすると，

$$D = \frac{1}{k_0\kappa} = \frac{\lambda}{2\pi\kappa} \tag{3.24}$$

で与えられる．この距離は**表皮厚さ**（**skin depth**）と呼ばれる．金属中には表面から距離 D 程度までしか光は伝搬しない．金属の表皮厚さは数十 nm である．

3.7 偏光

すでに 3.2 節で説明したように，光波は横波であり，進行方向と電場および磁

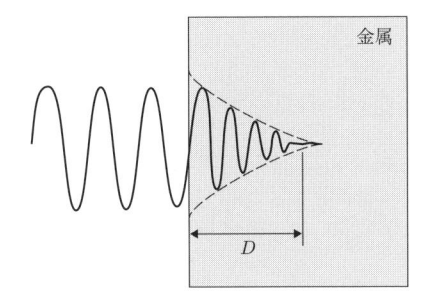

図 3.7 金属中の光波の伝搬
金属中では振幅が指数関数的に減衰する。

場は直交する。平面波の進行方向を z 軸にとると，電場の x 成分および y 成分は，それぞれ電場の実数部分のみを考え，

$$E_x = A_x \cos(k_0 z - \omega t + \phi_x) \tag{3.25}$$
$$E_y = A_y \cos(k_0 z - \omega t + \phi_y) \tag{3.26}$$

と表すことができる。式(3.25)と(3.26)から時間 t を消去して，E_x と E_y が描く軌跡を表す式を求めると，

$$\left(\frac{E_x}{A_x}\right)^2 + \left(\frac{E_y}{A_y}\right)^2 - 2\left(\frac{E_x}{A_x}\right)\left(\frac{E_y}{A_y}\right)\cos\delta = \sin^2\delta \tag{3.27}$$

となる。ここで，$\delta = \phi_y - \phi_x$ とおいた。式(3.27)は楕円を表す式であり，光波の電場ベクトルの先端は楕円の軌跡を描きながら，伝搬することがわかる。これを**楕円偏光**（elliptical polarization）という（図 3.8）。

楕円の特殊な場合として $\delta = 0$ または π のときは，式(3.27)は直線を表す式となり，この場合の偏光を**直線偏光**（linear polarization）と呼ぶ。また，位相差が $\delta = \pi/2$ または $3\pi/2$ で，かつ $A_x = A_y$ のとき，式(3.27)は円を表す式となる。この場合の偏光を**円偏光**（circular polarization）と呼ぶ。

光波の偏光状態を制御するには，方解石などの**一軸性結晶**（uniaxial crystal）が用いられる。一軸性の複屈折媒質に適当な方向から光を入射させると，直交する2つの偏光成分に分かれて結晶内を伝搬し（図 3.9），その2つの偏光成分に対して屈折率の値が異なる。そのため，2つの偏光成分の結晶内の伝搬速度が異なることになる。より遅く伝搬する偏光成分に対する屈折率を n_e，より速く伝搬す

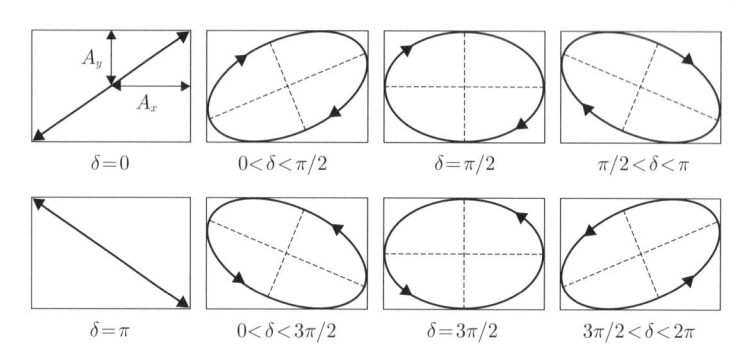

図 3.8　光波の偏光

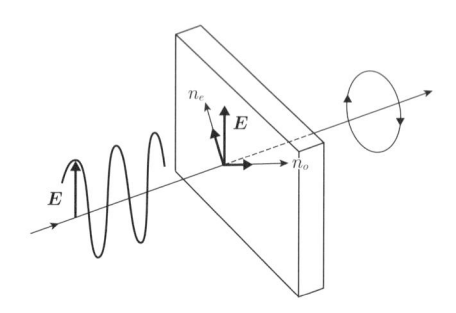

図 3.9　一軸性結晶による偏光状態の制御

る偏光成分の屈折率を n_o（$n_e > n_o$），複屈折媒質の厚みを d とすると，複屈折媒質を透過した 2 つの偏光成分の位相差は

$$\Delta = \frac{2\pi}{\lambda}(n_e - n_o)d \tag{3.28}$$

で与えられる。この位相差 Δ を**リタデーション**（retardation）と呼ぶ。また，伝搬速度の速い偏光方向（つまり屈折率の小さい方）を**進相軸**（fast axis），遅い偏光方向（屈折率の大きい方）を**遅相軸**（slow axis）と呼ぶ。進相軸と遅相軸は直交する。

複屈折媒質の進相軸と遅相軸に対して 45° 方向の直線偏光をもつ光波を入射させると，進相軸方向の偏光成分と遅相軸方向の偏光成分の振幅の大きさは等しくなる。一軸性結晶の厚みをリタデーションが $\pi/2$ になるように設計すると，複屈折媒質から出射される際には，進相軸方向の偏光成分と遅相軸方向の偏光成分は，

○コラム 一軸性結晶

　水晶や方解石などは一軸性結晶と呼ばれ，光が入射する方向およびその偏光方向によって結晶の屈折率が変化する．一軸性結晶では，ある方向から光を入射すると，等方性結晶としての特性を示す．つまり偏光方向によらず屈折率が一定となる．この方向を結晶の**光学軸**（optic axis）と呼ぶ．

　一軸性結晶内を光が波数ベクトルkで伝搬する場合には，進相軸および遅相軸の方向は次のように決めることができる．光学軸を中心とした回転楕円体を考える．例えば，光学軸の方向を向いたラグビーボールをイメージするとわかりやすいだろう．回転楕円体の中心を通り，光の進行方向に対して垂直な平面で回転楕円体を切り取るとその断面は楕円形となる（図）．この断面の楕円形の短軸の方向が進相軸，長軸の方向が遅相軸となる．この場合，光の伝搬方向を変化させても短軸の長さは常に一定であり，長軸の方向のみが入射方向に依存して変化する．入射光の伝搬方向によらず屈折率が一定になる方向の偏光の光線を**常光線**（ordinary ray），入射方向によって屈折率が変化する方向の偏光の光線を**異常光線**（extraordinary ray）と呼ぶ．このことから光学軸方向に進む光では，断面が円となるので偏光方向によらず屈折率が一定になり，常光線となることがわかる．

　この短軸と長軸の長さをその方向の偏光に対する屈折率の値と一致するように表記したものは**屈折率楕円体**（refractive index ellipsoid）と呼ばれる．常光線に対する屈折率をn_o，異常光線に対する屈折率をn_eとするとき，$n_e > n_o$となるものを**正結晶**（positive crystal），$n_e < n_o$となるものを**負結晶**（negative crystal）という．代表的なものとして，水晶は正結晶，方解石は負結晶である．

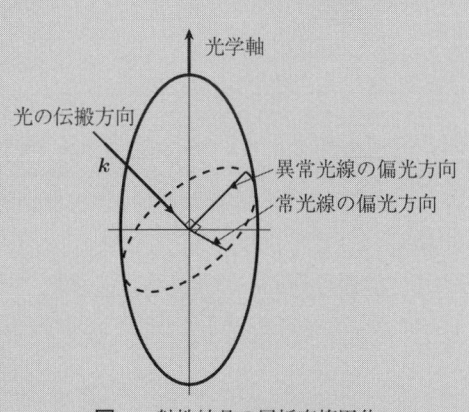

図　一軸性結晶の屈折率楕円体
光の伝搬方向に垂直な断面は楕円形となる．その短軸と長軸の方向が進相軸と遅相軸になる．

$\pi/2$の位相差をもつことになる．したがって，出射光の偏光は円偏光となる．このようにリタデーションが$\pi/2$になるように厚みを調整した複屈折媒質を**λ/4板**（quarter wave plate）と呼ぶ．波の位相$\pi/2$は波長λの$1/4$に対応するからである．λ/4板を用いることによって，直線偏光を円偏光に，または円偏光を直線偏光に変換することが可能となり，偏光状態を制御することができる．

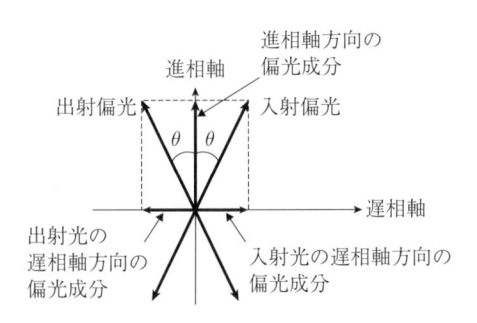

図 3.10 $\lambda/2$ 板による偏光面の回転

リタデーション Δ を π としたものを **$\lambda/2$ 板**（half wave plate)と呼ぶ。図 3.10 に示すように進相軸に対して角度 θ で直線偏光を入射させると，遅相軸方向の出射光の偏光成分は π 遅れるので，入射光の遅相軸方向の偏光成分に対して逆方向となる。したがって，出射光の偏光面は 2θ 回転したものとなる。

ジョーンズベクトル

偏光特性を解析するための記述方法としてベクトルを用いる方法が用いられる。偏光の x 方向成分を E_x，y 方向成分を E_y とし，その 2 つの成分間の位相差を δ とする。各偏光成分の振幅を $\sqrt{|E_x|^2+|E_y|^2}$ で規格化し，各成分の位相 ϕ_x, ϕ_y を用いて，

$$J = \frac{1}{\sqrt{|E_x|^2+|E_y|^2}}\left(e^{i\phi_x}, e^{i\phi_y}\right) \tag{3.29}$$

と表記する。このベクトル J を**ジョーンズベクトル**（Jones vector)と呼ぶ。このベクトルを用いると，x 方向の直線偏光，y 方向の直線偏光，斜め 45° 方向の直線偏光，右回り円偏光，左回り円偏光はそれぞれ図 3.11 のように表示される。

ジョーンズベクトルを用いると，入射偏光を直線偏光に変換する**偏光子**（polarizer)，複屈折結晶を用いて偏光成分にリタデーション Δ を与える**位相子**（retardation plate)の効果などは行列を用いて表すことができる。これを**ジョーンズ行列**（Jones matrix)と呼び，入射光のジョーンズベクトルに，偏光素子のジョーンズ行列をかけることで偏光状態の変化を求めることが可能となる。

偏光子が x 方向を向いている場合，

3.7 偏光

x 方向の直線偏光　$(1,0)$

y 方向の直線偏光　$(0,1)$

右回り円偏光　$\frac{1}{\sqrt{2}}(1,-i)$

左回り円偏光　$\frac{1}{\sqrt{2}}(1,i)$

斜め $45°$ 方向の直線偏光　$\frac{1}{\sqrt{2}}(1,1)$

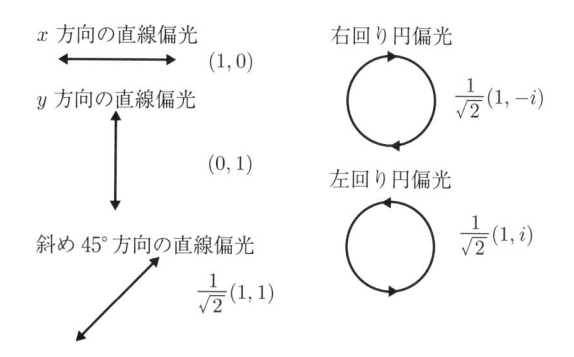

図 3.11 ジョーンズベクトルによる偏光状態の表示

$$\underset{\text{入射光}}{(E_x, E_y)} \to \underset{\text{出射光}}{(E_x, 0)} \tag{3.30}$$

となるので，偏光子を表すジョーンズ行列 T は

$$T = \begin{pmatrix} 1 & 0 \\ 0 & 0 \end{pmatrix} \tag{3.31}$$

と与えられる。

x 偏光成分にリタデーション Δ を与える位相子を表すジョーンズ行列 T は

$$T = \begin{pmatrix} e^{i\Delta} & 0 \\ 0 & 1 \end{pmatrix} \tag{3.32}$$

と表される。したがって，$\lambda/4$ 波長板はリタデーションが $\pi/2$ であるので，

$$T_{\lambda/4} = \begin{pmatrix} i & 0 \\ 0 & 1 \end{pmatrix} \tag{3.33}$$

となる。同様に $\lambda/2$ 波長板は

$$T_{\lambda/2} = \begin{pmatrix} -1 & 0 \\ 0 & 1 \end{pmatrix} \tag{3.34}$$

と表される。

ストークスパラメーター

偏光状態を表現する方法として，**ストークスパラメーター**（Stokes parameter）も用いられる。ストークスパラメーターでは，測定可能な 4 つの強度を用い

て偏光状態を記述する。一般に自然に存在する光波は偏光状態が一意に定まっておらず，**非偏光**（**unpolarized light**）である。さまざまな方向の直線偏光がランダムに重なっている状態と考えてもよく，**ランダム偏光**（**random polarization**）と呼ばれる場合もある。これに対して，直線偏光，円偏光，楕円偏光などは偏光状態の時間的な変化を定式化することができ，**完全偏光**（**completely polarized light**）と呼ぶ。非偏光と完全偏光が混ざった状態は**部分偏光**（**partially polarized light**）と呼ばれる。ストークスパラメーターを用いることにより，完全偏光以外の部分偏光や非偏光状態も表現することができる。

4つのストークスパラメーターは次式で定義される。

$$s_0 = <|E_x|^2> + <|E_y|^2> \tag{3.35}$$

$$s_1 = <|E_x|^2> - <|E_y|^2> \tag{3.36}$$

$$s_2 = <2E_x E_y \cos\delta> \tag{3.37}$$

$$s_3 = <2E_x E_y \sin\delta> \tag{3.38}$$

ここで，$<>$ は時間平均を表し，δ は x 偏光成分と y 偏光成分の位相差である。この4つのパラメーターを並べたベクトルは**ストークスベクトル**（**Stokes vector**）と呼ばれる。完全偏光の場合，時間平均は不要となるので，式(3.35)〜(3.38)より，

$$s_0^2 = s_1^2 + s_2^2 + s_3^2 \tag{3.39}$$

が成立する。

x 方向の直線偏光では，電場の大きさを規格化すると，$E_x = 1, E_y = 0$ となるので，

$$s_0 = 1, \quad s_1 = 1, \quad s_2 = 0, \quad s_3 = 0 \tag{3.40}$$

と表される。右回り円偏光の場合は，$\delta = \pi/2$ となるので，

$$s_0 = 1, \quad s_1 = 0, \quad s_2 = 0, \quad s_3 = 1 \tag{3.41}$$

と表すことができる。したがって，完全偏光の場合の偏光状態は，ストークスパラメーターを用いると，図 3.12 のように表すことができる。

一方，非偏光状態の場合，x 方向成分の時間平均と y 方向成分の時間平均は同じになるので，$s_1 = 0$ となる。また δ はランダムに与えられるので，時間平均を

3.7 偏光

```
x 方向の直線偏光
  ←——→     (1, 1, 0, 0)         右回り円偏光

y 方向の直線偏光
   ↕                                      (1, 0, 0, 1)
           (1, −1, 0, 0)
                                      左回り円偏光
斜め 45°方向の直線偏光
                                          (1, 0, 0, −1)
           (1, 0, 1, 0)
```

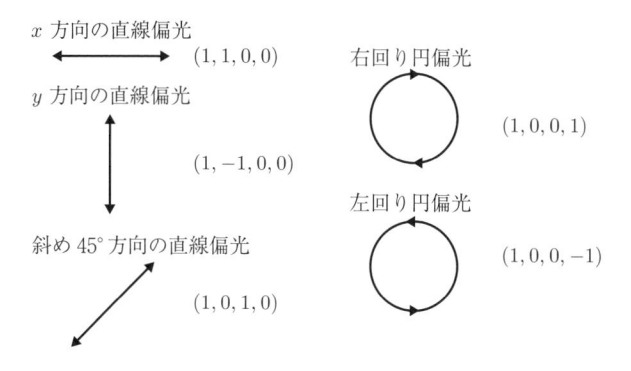

図 3.12 ストークスパラメーターによる偏光状態の表示

とると，$s_2 = s_3 = 0$ となることがわかる。したがって，

$$s_0 = <|E_x|^2> + <|E_y|^2>, \quad s_1 = s_2 = s_3 = 0 \tag{3.42}$$

となることがわかる。部分偏光の場合は，式(3.39)と式(3.42)の間になるので，

$$s_0{}^2 > s_1{}^2 + s_2{}^2 + s_3{}^2 > 0 \tag{3.43}$$

が成立する。

ポアンカレ球

完全偏光の場合は，ストークスパラメーターの値 s_1, s_2, s_3 を軸とした表示を行うと，式(3.39)は球を表示することになる。これを**ポアンカレ球（Poincare sphere）**と呼び，偏光状態を視覚的に表現する方法として用いられる。図 3.13 にポアンカレ球上の偏光状態を示す。

s_1 軸上では x 方向の直線偏光を表し，s_1 軸から s_2 軸の方向に角度 2θ 移動した点では，x 軸に対して偏光面が角度 θ 回転した直線偏光を表している。s_1 軸上から s_3 軸の方向に回転すると，直線偏光が楕円偏光に変化し，s_3 軸上では右回りの円偏光を表示する。したがって，s_1 軸と角度 2θ，s_1-s_2 平面と角度 2β をなす点が表す偏光状態は，図 3.13（b）に示すとおりとなる。

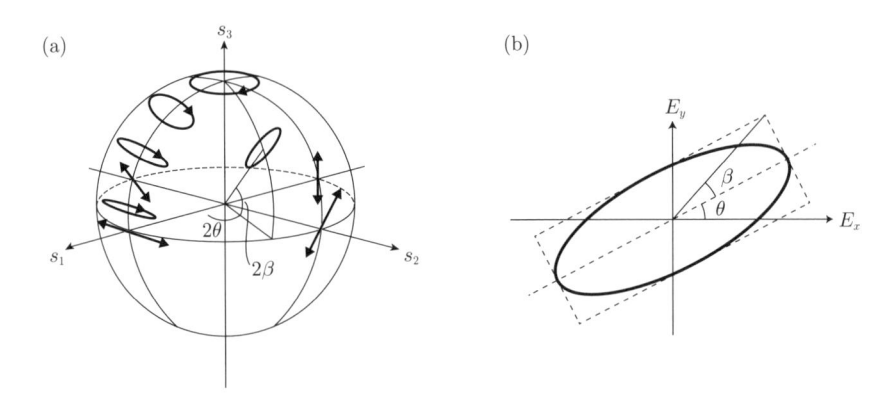

図 3.13 ポアンカレ球による偏光状態の表示
(a) ストークスパラメーターとポアンカレ球の関係。(b) ポアンカレ球上の点 $(1, \cos 2\theta, \sin 2\theta, \sin 2\beta)$ の偏光状態。

3.8 光の反射・屈折

光波は，誘電率（つまり屈折率）の異なる媒質の境界面で，**反射**（reflection）と**屈折**（refraction）を生じる。この節では，2 つの透明誘電体媒質の境界面に平面波が入射した場合の反射と屈折について記述する。

スネルの法則

図 3.14 に示すように，平面波が屈折率 n_1 の透明媒質 1 から屈折率 n_2 の透明媒質 2 に入射する場合を考える。ここでは一般的な表記とあわせて，z 軸を鉛直下向き，x 軸を境界面に平行に表示している。境界面に垂直な方向に対して，角度 θ で境界面に入射し，その一部は角度 θ' で反射し，残りの部分は媒質 2 の中を角度 ϕ で伝搬する。これらの光波はそれぞれ**入射光**（incident light），**反射光**（reflection light），**屈折光**（refraction light）（または**透過光**（transmission light））と呼ばれる。入射光の波数ベクトルを含み，境界面に垂直な平面を**入射面**（incident plane）と呼ぶ。反射波および屈折波の波数ベクトルはともに入射面に含まれる。角度 θ, θ', ϕ はそれぞれ**入射角**（incident angle），**反射角**（reflection angle），**屈折角**（refraction angle）と呼ばれる。図中点 A を通過する光波が境界面上の点 A' に達するまでの時間は，それぞれの等位相面上である点 O を通過した光が点 B を通過するまでの時間に等しい。媒質 1，媒質 2 で

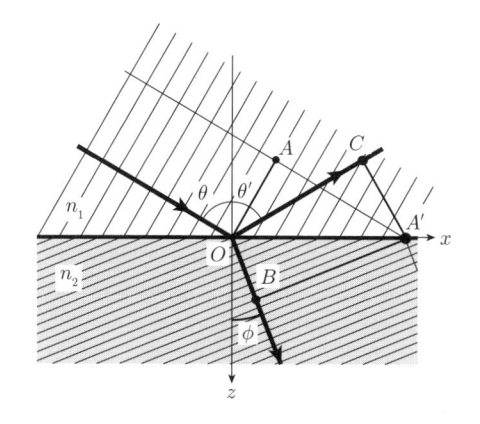

図 3.14 2 つの媒質の境界面での光の反射と屈折

のそれぞれの光波の進行速度は，式(3.17)からそれぞれ $c_0/n_1, c_0/n_2$ で与えられるので，

$$\frac{\overline{AA'}}{c_0/n_1} = \frac{\overline{OB}}{c_0/n_2} \tag{3.44}$$

が成り立つ。幾何学的な関係から $\overline{AA'} = \overline{OA'}\sin\theta$, $\overline{OB} = \overline{OA'}\sin\phi$ となるので，

$$\frac{\sin\theta}{\sin\phi} = \frac{n_2}{n_1} \quad \text{つまり} \quad n_1\sin\theta = n_2\sin\phi \tag{3.45}$$

の関係が得られる。これは**スネルの法則**（Snell's law）と呼ばれる。

境界面での反射光について考えると，$\overline{OA}$ と $\overline{A'C}$ がそれぞれ等位相面であるので，光波が $\overline{AA'}$ を伝搬する時間と $\overline{OC}$ を伝搬する時間は等しい。幾何学的関係から，

$$\frac{\overline{OA'}\sin\theta}{c_0/n_1} = \frac{\overline{OA'}\sin\theta'}{c_0/n_1} \tag{3.46}$$

が成り立つ。任意の間隔 $\overline{OA'}$ について上式が成立するためには，$\theta = \theta'$ でなければならない。したがって，反射角 θ' は常に入射角 θ に等しくなる。この場合の反射を特に**正反射**（specular reflection）という。

入射光，反射光，屈折光の波数ベクトルをそれぞれ $\boldsymbol{k}_i, \boldsymbol{k}_r, \boldsymbol{k}_t$ とおき，x 軸を境界面に平行に，z 軸を境界面に垂直かつ下向きにとると，図 3.15 から波数ベク

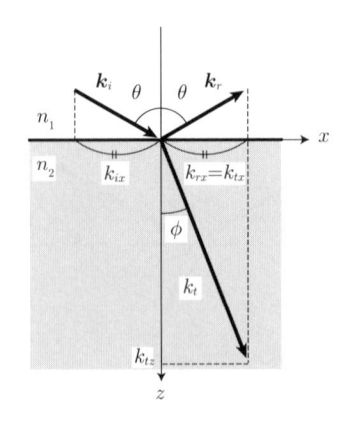

図 3.15 入射光，反射光および屈折光の波数ベクトルの関係
境界に平行な波数ベクトルの成分は反射，屈折の前後で保存される。

トルは，真空中での波数の大きさを k_0 とおくと，それぞれ次のように表すことができる。

$$\bm{k}_i = (k_{ix}, k_{iy}, k_{iz}) = (n_1 k_0 \sin\theta, 0, n_1 k_0 \cos\theta) \tag{3.47}$$

$$\bm{k}_r = (k_{rx}, k_{ry}, k_{rz}) = (n_1 k_0 \sin\theta, 0, -n_1 k_0 \cos\theta) \tag{3.48}$$

$$\bm{k}_t = (k_{tx}, k_{ty}, k_{tz}) = (n_2 k_0 \sin\phi, 0, n_2 k_0 \cos\phi) \tag{3.49}$$

これらの波数ベクトルの x 成分にスネルの法則を適用すると，

$$k_{ix} = k_{rx} = k_{tx} \tag{3.50}$$

が成り立つことがわかる。つまり，2つの媒質の境界面で光波が反射・屈折を生じるとき，境界面に平行な波数ベクトルの成分は，反射・屈折の前後で変化しないことになる。つまり，平行な波数ベクトルの成分は，反射・屈折の前後で保存される。媒質1と2で波数ベクトルそのものの長さは変化するものの，x 成分の長さが変化しないので，ベクトルの方向が変化せざるを得ず，屈折が生じるのである。

全反射

屈折率の高い媒質から屈折率の低い媒質に光波が入射する場合（$n_1 > n_2$），入射角がある角度を超えると，透過光がなくなり入射する光波がすべて正反射する。

この現象を**全反射**（**total internal reflection**）という。全反射は，光波の入射角 θ が

$$n_1 \sin\theta > n_2 \tag{3.51}$$

を満たす場合に生じる。入射角が $n_1 \sin\theta_c = n_2$ となるときの角度 θ_c を**臨界角**（**critical angle**）と呼ぶ。入射角 θ が臨界角 θ_c を超えると，つまり $\theta > \theta_c$ を満たすとき，入射光は境界面で全反射する。全反射条件では，スネルの法則

$$n_1 \sin\theta = n_2 \sin\phi > n_2 \tag{3.52}$$

から，屈折角 ϕ が実数では存在せず複素数となる。全反射の場合には，屈折角 ϕ が複素数になることに注意すれば，これまでの式をすべてそのまま用いることができる。

全反射の場合の屈折光がどのような特性をもつのか考えてみよう。式(3.50)で示したように，反射・屈折の前後で2つの媒質の境界面に平行な波数ベクトルの成分は変化しない。これは全反射の場合も成立する。媒質2中での波数ベクトルの大きさ k_t は $n_2 k_0$ であり，この x 成分は媒質1中の波数ベクトルの x 成分と等しいので，

$$k_{tx} = k_{ix} = n_1 k_0 \sin\theta > n_2 k_0 = k_t \tag{3.53}$$

の大小関係が成立する。この場合，屈折光の波数ベクトルの大きさ k_t よりも，その x 成分の方が大きいことになる。したがって，屈折光の波数ベクトルの z 成分 k_{tz} は

$$\begin{aligned} k_{tz} &= \pm\sqrt{|\boldsymbol{k}_t|^2 - k_{tx}^2} = \pm\sqrt{(n_2 k_0)^2 - (n_1 k_0 \sin\theta)^2} \\ &= \pm i k_0 \sqrt{(n_1 \sin\theta)^2 - n_2^2} \end{aligned} \tag{3.54}$$

で与えられ，純虚数となる。よって，屈折光は式(3.6)を用いて，

$$u_t(\boldsymbol{r}, t) = \left(A e^{-k_0 z \sqrt{(n_1 \sin\theta)^2 - n_2^2}} \right) e^{i(n_1 k_0 x \sin\theta - \omega t)} \tag{3.55}$$

と記述される。ここでは物理的意味を考慮して式(3.54)の正の符号をとった。式(3.55)における $(\cdots)$ の振幅部分は，z とともに振幅が減少する項を表している。つまり，全反射が生じる場合には，屈折光の振幅は z 軸方向には進行とともに指

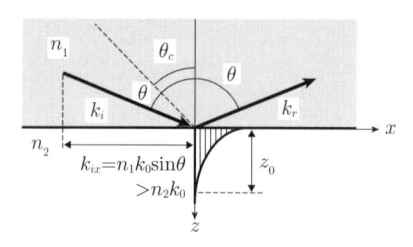

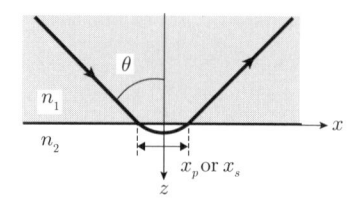

図 3.16 全反射によるエバネッセント波の発生

図 3.17 全反射におけるグース・ヘンシェンシフト

数関数的に減少し，x 方向には減衰のない平面波として伝搬する（図 3.16）。このような光波は，**エバネッセント波**（**evanescent wave**）と呼ばれ，境界面近傍に局在した非伝搬光である。振幅が $1/e$ まで減少する距離 z_0 は

$$z_0 = \frac{\lambda}{2\pi\sqrt{(n_1 \sin\theta)^2 - n_2{}^2}} \tag{3.56}$$

で与えられる。

全反射の際には，境界面に平行な方向にも反射点のシフトが生じる（図 3.17）。この反射点のシフトは，**グース・ヘンシェンシフト**（**Goos-Hanchen shift**）と呼ばれ，シフト量 x は，入射面に平行な偏光の場合（p 偏光）と垂直な偏光（s 偏光）のそれぞれに添え字を付けて x_s, x_p と表すと，

$$x_s = \frac{\lambda \tan\theta}{\pi\sqrt{(n_1 \sin\theta)^2 - n_2{}^2}} \tag{3.57}$$

$$x_p = \frac{n_2{}^2}{n_1{}^2 \sin^2\theta - n_2{}^2 \cos^2\theta} x_s \tag{3.58}$$

で与えられる。

フレネルの反射・透過係数

境界面での電場と磁場の連続条件を用いることによって，反射波と屈折波の振幅と強度を求めることができる。電場の入射面に平行な偏光成分を p 偏光と呼び，入射面に対して垂直な偏光成分を s 偏光と呼ぶ（図 3.18）。

図 3.18 に示すように，p 偏光の光波が入射角 θ で境界面に入射する場合を考える。入射光，反射光，透過光の電場をそれぞれ $\boldsymbol{E}_{pi}, \boldsymbol{E}_{pr}, \boldsymbol{E}_{pt}$ とすると，それぞれの光波は

◯コラム　エバネッセント波のしみ出し

　高屈折率媒質と低屈折率媒質から臨界角以上の角度で光が入射すると，境界面で全反射が生じ，低屈折率媒質中の境界面から波長程度の領域にエバネッセント波が生じる。エバネッセント波が存在することは次のような実験を考えると理解しやすいだろう。図(a)に示すように，距離 d が十分離れた2つの直角プリズムを配置し，一方のプリズムに光が入射し底面で光が全反射する場合を考える。2つの直角プリズムの距離は十分離れているので，2つ目のプリズム後方には光はまったく届かず，透過率は0となる。

　次に図(b)に示すように，2つのプリズムの距離を0にした場合，単なる1枚のガラス板になるので，プリズムの入射面および出射面での反射を無視すると，すべての光が2つ目のプリズム後方に透過することになる。もし，エバネッセント波が存在しないとすると，2つのプリズムが距離が0かまたは少しでも離れているかで，透過率が1または0に不連続に変化してしまうことになる。これは物理的には非現実的であると感じることであろう。実際にはこのような状況は生じず，1つ目のプリズムからしみ出したエバネッセント波が届く距離に2つ目のプリズムが近づく（図(c)）と，一部の光がプリズムに結合し，2つ目のプリズムを透過する。したがって，エバネッセント波が存在することによって，2つのプリズムの距離が近づくにつれて連続的に透過率が増加していくことになる。2つのプリズムの距離を制御すれば，反射率と透過率を任意に制御することが可能となる。これはビームスプリッターとして利用されている。

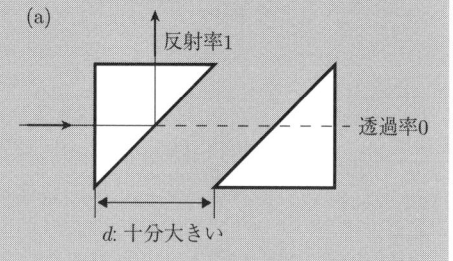

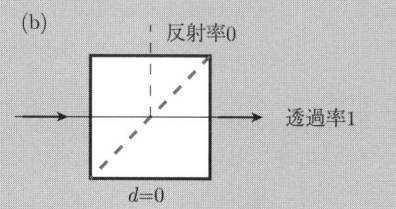

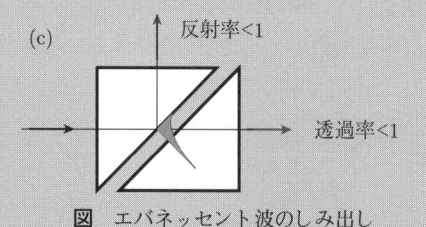

図　エバネッセント波のしみ出し
(a) 2つのプリズムの距離が十分大きいとき。(b) 2つのプリズムが接したとき，単一のガラス板と等価になる。(c) 2つのプリズムの距離がエバネッセント波のしみ出し長より小さくなったとき。エバネッセント波の一部が2つ目のプリズムに結合し，一部透過する。

第 3 章　光の伝搬

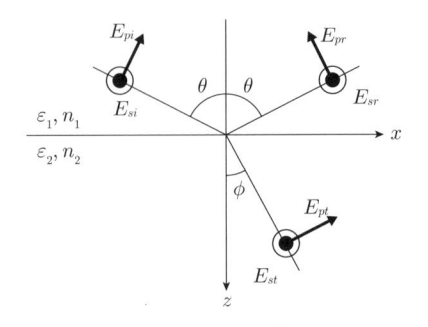

図 **3.18**　入射光，反射光および屈折光の電場ベクトル

$$\bm{E}_{pi}(\bm{r},t) = \bm{E}_{0pi} e^{i(n_1 k_0 x \sin\theta + n_1 k_0 z \cos\theta - \omega t)} \tag{3.59}$$

$$\bm{E}_{pr}(\bm{r},t) = \bm{E}_{0pr} e^{i(n_1 k_0 x \sin\theta - n_1 k_0 z \cos\theta - \omega t)} \tag{3.60}$$

$$\bm{E}_{pt}(\bm{r},t) = \bm{E}_{0pt} e^{i(n_2 k_0 x \sin\phi + n_2 k_0 z \cos\phi - \omega t)} \tag{3.61}$$

と表すことができる。媒質 1 と媒質 2 の境界に平行な方向（x 方向）では電場が連続であり，境界に垂直な方向（z 方向）では電束密度が連続になるので，

$$E_{0pi} \cos\theta - E_{0pr} \cos\theta = E_{0pt} \cos\phi \tag{3.62}$$

$$\varepsilon_1 (E_{0pi} + E_{0pr}) \sin\theta = \varepsilon_2 E_{0pt} \sin\phi \tag{3.63}$$

となる。式(3.62)と式(3.63)に，誘電率と屈折率の関係，スネルの法則を適用して，振幅反射率 r_p と振幅透過率 t_p を求めると，

$$r_p = \frac{E_{0pr}}{E_{0pi}} = \frac{\sin\theta \cos\theta - \sin\phi \cos\phi}{\sin\theta \cos\theta + \sin\phi \cos\phi} = \frac{\tan(\theta - \phi)}{\tan(\theta + \phi)} \tag{3.64}$$

$$t_p = \frac{E_{0pt}}{E_{0pi}} = \frac{2 \sin\phi \cos\theta}{\sin\theta \cos\theta + \sin\phi \cos\phi} = \frac{2 \sin\phi \cos\theta}{\sin(\theta + \phi) \cos(\theta - \phi)} \tag{3.65}$$

が得られる。同様に境界面での磁場の連続条件を利用することによって，s 偏光の光波に対する振幅反射率 r_s と振幅透過率 t_s を求めることができ，

3.8 光の反射・屈折

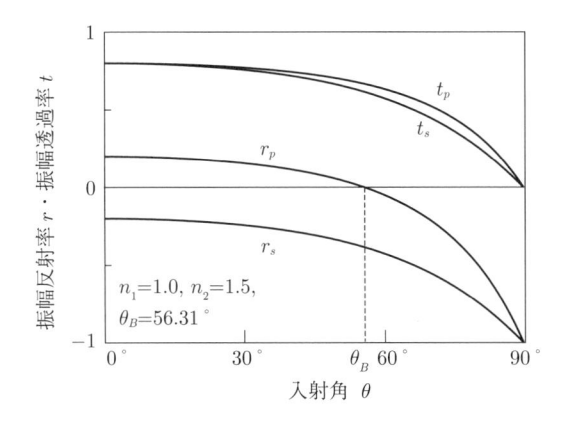

図 3.19 低屈折率媒質($n_1 = 1$)から高屈折率媒質($n_2 = 1.5$)に光が入射する場合の振幅反射率および振幅透過率

$$r_s = \frac{E_{0sr}}{E_{0si}} = \frac{-\sin\theta\cos\phi + \sin\phi\cos\theta}{\sin\theta\cos\phi + \sin\phi\cos\theta} = \frac{-\sin(\theta - \phi)}{\sin(\theta + \phi)} \tag{3.66}$$

$$t_s = \frac{E_{0st}}{E_{0si}} = \frac{2\sin\phi\cos\theta}{\sin\theta\cos\phi + \sin\phi\cos\theta} = \frac{2\sin\phi\cos\theta}{\sin(\theta + \phi)} \tag{3.67}$$

を得る. 式(3.64)〜(3.67)を**フレネルの振幅反射・透過係数**（**Fresnel amplitude reflectance and transmittance coefficients**）と呼ぶ. これを波数ベクトルで表示するには,

$$\sin\theta = \frac{k_{ix}}{|\boldsymbol{k}_i|}, \qquad \cos\theta = \frac{k_{iz}}{|\boldsymbol{k}_i|}, \tag{3.68}$$

$$\sin\phi = \frac{k_{tx}}{|\boldsymbol{k}_t|}, \qquad \cos\phi = \frac{k_{tz}}{|\boldsymbol{k}_t|} \tag{3.69}$$

の関係を用いればよい.

図 3.19 に屈折率 $n_1 = 1$ の媒質から屈折率 $n_2 = 1.5$ の媒質に光波が入射する場合の振幅反射率と振幅透過率の角度依存性を示す. 振幅反射率は p 偏光および s 偏光の光波ともに, 入射角が大きくなるにつれて単調に減少し, 振幅反射率が -1 に近づく. p 偏光では正の値から負の値に変化し, 振幅反射率が 0 になる角度が存在する. 振幅反射率が負の値をとることは, 入射光と反射光の振幅の位相が π（$e^{i\pi} = -1$）ずれることを意味している. 一方, 振幅透過率では, p 偏光, s 偏光ともに入射角が大きくなるとともに 0 に近づく.

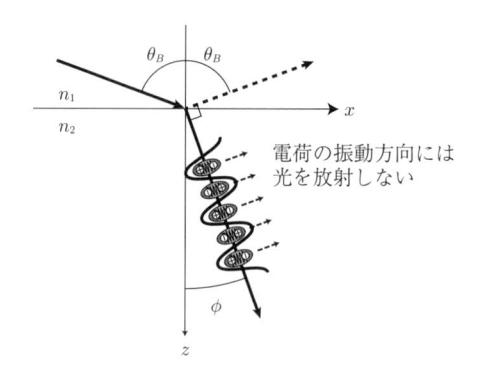

図 3.20 ブリュースター角 θ_B と電場の振動方向の関係
屈折光の電場の振動方向が反射光（生じるとした場合）の伝搬方向と一致する。

振幅反射率が 0 の場合は，反射光が存在しない．この入射角 θ_B を**ブリュースター角**（Brewster angle）と呼び，式(3.64)から $\theta_B + \phi = \pi/2$ を満たすときであることがわかる．したがって，ブリュースター角 θ_B は，次式で与えられる．

$$\tan \theta_B = \frac{\sin \theta_B}{\cos \theta_B} = \frac{\sin \theta_B}{\cos(\pi/2 - \phi)} = \frac{\sin \theta_B}{\sin \phi} = \frac{n_2}{n_1} \tag{3.70}$$

入射角と反射角は等しいので，入射角が θ_B のときは，図 3.20 に示すように屈折光と反射光の進行方向のなす角が 90° となる．このとき，屈折光の電場によって媒質内の電荷が振動し，図 3.20 内の矢印で示したようにその振動方向は入射光の正反射の方向と一致する．電荷の振動を入射光の正反射の方向から見ると，電荷は移動していないように見える．つまり，電荷の振動方向には放射波は発生せず，反射光が生じない．したがって，反射光の振幅が 0 になるのである．

入射角が 0° の場合（つまり垂直方向からの入射）は，p 偏光と s 偏光の振幅反射率および振幅透過率はともに同じになるはずである．しかし図 3.19 において入射角が 0° のときに r_p と r_s の符号が異なっている．これは r_p と r_s の符号の定義が異なるためである．

図 3.21 には，高屈折率媒質（$n_1 = 1.5$）から低屈折率媒質（$n_2 = 1.0$）に光波が入射する場合の振幅反射率と振幅透過率を示す．この場合では，入射角 θ が臨界角 θ_c を超えると，入射光が全反射する．したがって，スネルの法則より，屈折角 ϕ が複素数になるため，振幅反射率と振幅透過率も複素数になる．これは，反射と屈折の際に位相とびが生じることを意味する．図 3.21 では，臨界角以上につ

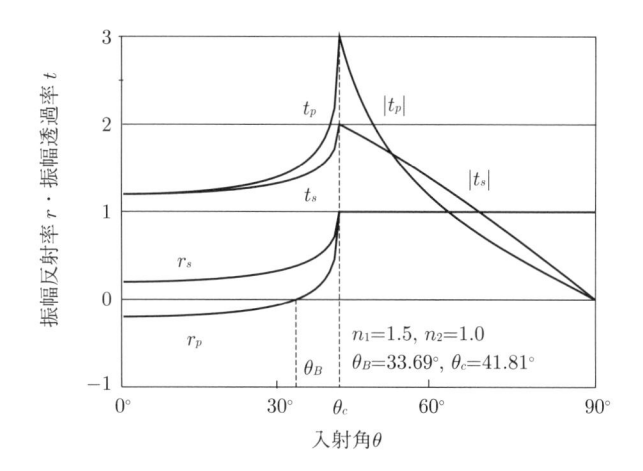

図 **3.21** 高屈折率媒質($n_1 = 1.5$)から低屈折率媒質($n_2 = 1$)に光が入射する場合の振幅反射率および振幅透過率

いては振幅反射率と振幅透過率の絶対値の大きさを示した。図 3.21 からエバネッセント波の振幅は，p 偏光と s 偏光ともに臨界角で最大となり，p 偏光と s 偏光との比較では p 偏光の方が大きいことがわかる。臨界角 θ_c では，$n_1 \sin\theta = n_2$ が成り立つので，式(3.65)と式(3.67)より，

$$t_p = 2\left(\frac{n_1}{n_2}\right) \tag{3.71}$$

$$t_s = 2 \tag{3.72}$$

となり，エバネッセント波の電場の大きさが入射電場より大きくなる。

垂直入射では，$\sin\theta/\sin\phi = n_2/n_1$ を用い，$\theta \to 0$ の極限をとると，

$$r_p = -r_s = \frac{n_2 - n_1}{n_2 + n_1} \tag{3.73}$$

$$t_p = t_s = \frac{2n_1}{n_2 + n_1} \tag{3.74}$$

となる。前に述べたように p 偏光と s 偏光では，正の方向のとり方が異なるため符号が異なっている。低屈折率媒質から高屈折率媒質へ光が入射し，境界面で光波が反射する場合（$n_1 < n_2$ の場合），p 偏光，s 偏光ともに入射光と反射光の振幅の符号が異なり，境界面で位相が π ずれることがわかる。低屈折率媒質を**光学的に疎**（**optically rare**），高屈折率媒質を**光学的に密**（**optically dense**）と

いい，疎な媒質から入射した光波が密な媒質の境界面で反射する際には，光波の位相が反転する。

式(3.64)～(3.67)は，振幅の比率を表すものであり，強度反射・透過係数を求めるためには，単位面積あたりのエネルギーを考慮しなければならない。反射と屈折における境界面での単位面積あたりのエネルギーを考えると，入射光強度 I_i，反射光強度 I_r，屈折光強度 I_t はそれぞれ

$$I_i = \frac{n_1 E_{0i}{}^2 \cos\theta}{2} \tag{3.75}$$

$$I_r = \frac{n_1 E_{0r}{}^2 \cos\theta}{2} \tag{3.76}$$

$$I_t = \frac{n_2 E_{0t}{}^2 \cos\phi}{2} \tag{3.77}$$

となる。ここでは p 偏光，s 偏光とも同じ式になるので，p と s の添え字を省略して表記している。強度反射率 R_p, R_s と強度透過率 T_p, T_s はそれぞれ，

$$R_p = \frac{I_{pr}}{I_{pi}} = |r_p|^2 \tag{3.78}$$

$$T_p = \frac{I_{pt}}{I_{pi}} = \frac{n_2}{n_1}\frac{\cos\phi}{\cos\theta}|t_p|^2 \tag{3.79}$$

$$R_s = \frac{I_{sr}}{I_{si}} = |r_s|^2 \tag{3.80}$$

$$T_s = \frac{I_{st}}{I_{si}} = \frac{n_2}{n_1}\frac{\cos\phi}{\cos\theta}|t_s|^2 \tag{3.81}$$

と与えられる。振幅反射率および振幅透過率が複素数になる場合も考慮して絶対値とした。これらの関係から，$R_p + T_p = 1$, $R_s + T_s = 1$ を得る。

図 3.22 には屈折率 $n_1 = 1.0$ の媒質から屈折率 $n_2 = 1.5$ の媒質に光波が入射する場合，図 3.23 には屈折率 $n_1 = 1.5$ の媒質から屈折率 $n_2 = 1.0$ の媒質に光波が入射する場合の強度反射率と強度透過率を示す。p 偏光成分，s 偏光成分ともに臨界角 θ_c 以上において強度反射率は 1 となり，強度透過率は 0 となることがわかる。垂直入射の場合，その反射率は 4%程度となり，これがガラス表面での反射光量となる。

ブリュースター角で光波を媒質に入射させると，p 偏光成分の反射率は 0 となるので，反射光は s 偏光となる。この現象は，レーザー発振器において偏光を制御するために用いられる。また，太陽からの光が水面で反射して観測者に届く場

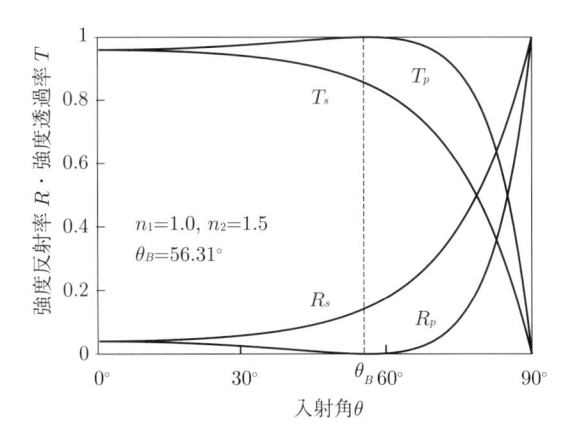

図 3.22 低屈折率媒質($n_1 = 1$)から高屈折率媒質($n_2 = 1.5$)に光が入射する場合の強度反射率および強度透過率

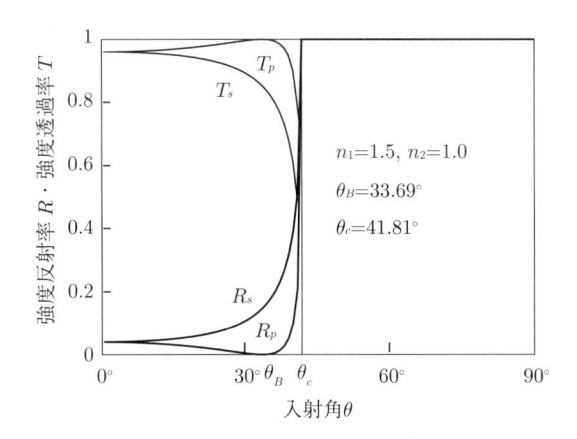

図 3.23 高屈折率媒質($n_1 = 1.5$)から低屈折率媒質($n_2 = 1$)に光が入射する場合の強度反射率および強度透過率

合,太陽光の水面への入射角がブリュースター角に近いと,反射光がほぼ s 偏光成分になる。そのため,s 偏光成分をカットするような偏光板を用いることにより,水面での反射光を除去し,水中のものをコントラストよく観察することが可能になる。この原理は釣りなどの際に用いる水中が見やすいサングラスなどとして利用されている。

第 3 章 光の伝搬

金属での反射率

　金属面での反射・透過に関しては，屈折率が複素数となるので，スネルの法則において屈折角 ϕ を複素数とすれば，フレネルの反射・透過係数をそのまま利用することができる。波長 632.8 nm の光を金で反射させた場合の強度反射率を図 3.24 に示す。ここでは，金の複素屈折率として $n_c = 0.2038 + 3.318i$ を用いた。金属面での反射率も一定ではなく，角度によって変化する。これは金属面で光が吸収されるためである。

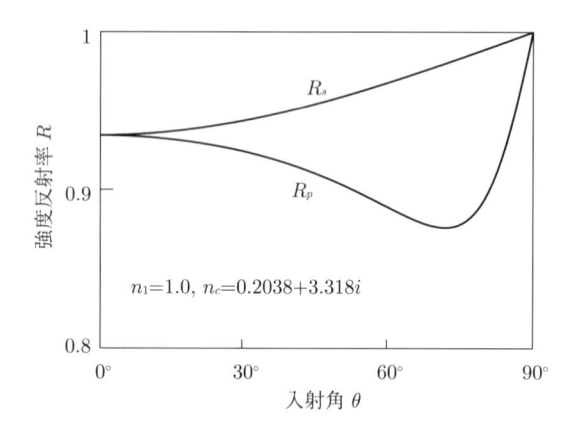

図 3.24 金属面での強度反射率
金に赤色光($\lambda = 632.8$ nm)が入射した場合。

第4章
干渉の光学

本章では，光の波の性質として干渉について記述し，以下のことについて述べる。
- 2つの平面波の干渉と波数ベクトル：波数ベクトルから干渉縞の方向と間隔を求める
- ヤングの干渉とコヒーレンス：干渉縞の形成実験と干渉縞のできやすさ
- 等厚の干渉と等傾角の干渉：厚みによって形成される干渉縞と薄膜上の干渉縞
- 多光束干渉：繰り返し反射したときの干渉
- ホログラフィー：物体の三次元情報を記録・再生する技術

4.1 反平行に伝搬する光波の干渉

　光波を2つに分割し，重ね合わせると明暗の縞模様が観察される。これが光波の**干渉**（interference）であり，形成された明暗の縞を**干渉縞**（interference fringe）と呼ぶ。干渉は，光の波動性が示す特徴的な現象である。

　図 4.1 に示すように，2つの正弦波状の波が $+z$ 方向と $-z$ 方向に伝搬する場合を考える。2つの波が重なると，電場の大きさはそれぞれの波の重ね合わせで与えられる。簡単のためそれぞれの振幅は等しく，初期位相は 0 とする。2つの波は互いに反対方向に移動するため，振幅の最大値が互いに逆方向に移動している。一方，波の重ね合わせ後の振幅の最大値の位置は，一定であり移動しない。この移動しない波を**定在波**（standing wave）と呼ぶ。干渉縞の強度分布は，定在波の

第 4 章 干渉の光学

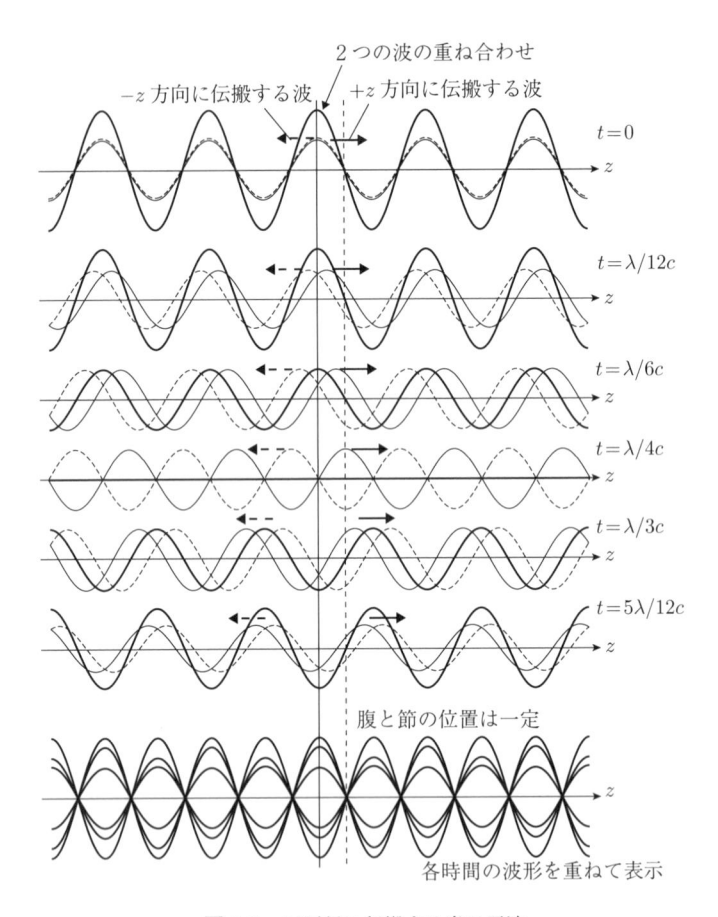

図 4.1 反平行に伝搬する光の干渉
腹と節の位置は一定で移動しない。

振動エネルギーに対応したものであり，明線の部分が**定在波の腹**（anti-node），暗線部分が**定在波の節**（node）となる。

干渉縞の強度分布は，$+z$ 方向に伝搬する波を $u_1(z,t)$，$-z$ 方向に伝搬する波を $u_2(z,t)$ とし，振幅を A とすると，それぞれ

$$u_1(z,t) = Ae^{i(kz-\omega t)} \tag{4.1}$$

$$u_2(z,t) = Ae^{-i(kz+\omega t)} \tag{4.2}$$

と表される。この 2 つの波が干渉することによって形成される定在波 $u(z,t)$ は，

4.1 反平行に伝搬する光波の干渉

式(4.1)と式(4.2)の和をとり,さらにその実部をとると

$$u(z,t) = \text{Re}[u_1(z,t) + u_2(z,t)] \tag{4.3}$$

$$= \text{Re}\left[Ae^{-i\omega t}\left(e^{ikz} + e^{-ikz}\right)\right] \tag{4.4}$$

$$= 2A\text{Re}[e^{-i\omega t}\cos kz] \tag{4.5}$$

$$= 2A\cos kz \cos \omega t \tag{4.6}$$

と表され,進行波を表す式(1.7)とは異なり,時間的に振動するものの進行しないことがわかる。観察されるのは定在波の時間平均の強度分布であるので,$u_1(z,t)$ と $u_2(z,t)$ の和の絶対値の 2 乗をとり,干渉縞強度分布

$$I(z) = |u_1(z,t) + u_2(z,t)|^2 = 2A^2\{1 + \cos(2kz)\} \tag{4.7}$$

を得ることができる。干渉縞の強度分布は時間に依存せず,位置変数 z のみで表される。

2 つの波の周波数が異なる場合は,それぞれの周波数を ω_1, ω_2,波数を k_1, k_2 とすると,$u_1(z,t)$, $u_2(z,t)$ は

$$u_1(z,t) = Ae^{i(k_1 z - \omega_1 t)} \tag{4.8}$$

$$u_2(z,t) = Ae^{-i(k_2 z + \omega_2 t)} \tag{4.9}$$

となり,この 2 つの波が形成する干渉縞の強度分布 $I(z,t)$ は

$$\begin{aligned} I(z,t) &= |u_1(z,t) + u_2(z,t)|^2 \\ &= 2A^2\left[1 + \cos\{(k_1 + k_2)z - (\omega_1 - \omega_2)t\}\right] \end{aligned} \tag{4.10}$$

と与えられる。この場合は,干渉縞の強度分布が時間に依存し,速度 $(\omega_1 - \omega_2)/(k_1 + k_2)$ で $+z$ 方向に移動する(図 4.2)。この現象は 2 つの光波の位相差などを高感度に検出するために利用される**ヘテロダイン(heterodyne)計測法**などに利用されている。

第 4 章　干渉の光学

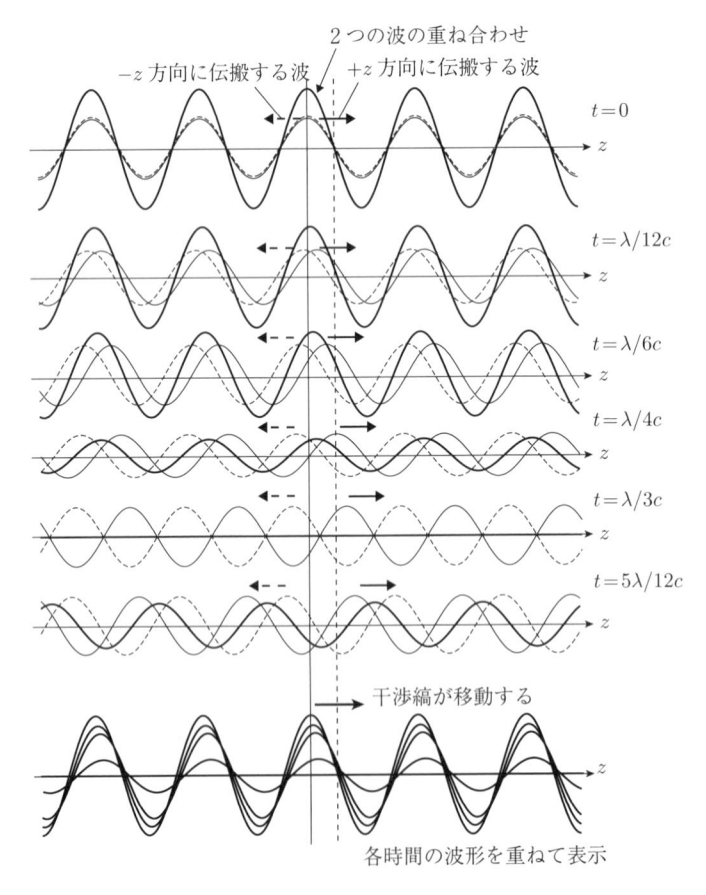

図 4.2　周波数の異なる 2 つの波による干渉
腹と節の位置が周波数差によって時間的に移動する。

◯コラム　ヘテロダイン計測法

　高周波数の信号や超低周波数の信号は，増幅や検出などを行う際のデバイスの設計が難しく，扱いにくい場合が多い．ヘテロダイン計測法は，高周波数や低周波数の信号を扱いやすい周波数のビート信号に変換して，測定する手法である．

　測定したい信号が周波数 ω で正弦波状に変化しており，振幅が A，位相が ϕ であるとする．振幅 A と位相 ϕ が未知数であり，測定したい値である．この信号は，

$$A\cos(\omega t + \phi)$$

と表される．この信号に周波数 ω_0 $(\omega_0 \neq \omega)$，振幅 A_0，位相 ϕ_0 の参照信号をかけ算する．このとき検出器で得られる信号は，

$$\begin{aligned}A\cos(\omega t + \phi) &\cdot A_0 \cos(\omega_0 t + \phi_0) \\ &= \frac{1}{2}AA_0 \cos\{(\omega - \omega_0)t + (\phi - \phi_0)\} \\ &+ \frac{1}{2}AA_0 \cos\{(\omega + \omega_0)t + (\phi + \phi_0)\}\end{aligned}$$

となり，右辺第 1 項目は周波数 $(\omega - \omega_0)$ で振動する低周波数のビート信号，第 2 項目は周波数 $(\omega + \omega_0)$ で振動する高周波数のビート信号となる．したがって，ビート信号の周波数を測定が容易な周波数帯に設定して，ビート信号の振幅 $(AA_0)/2$ と位相 $(\phi \pm \phi_0)$ を測定すれば，もとの信号の振幅 A と位相 ϕ を測定することができる．参照信号の振幅 A_0 と位相 ϕ_0 は測定者が任意に設定可能だからである．

　ヘテロダイン計測法では，ビート信号の振幅が $(AA_0)/2$ で与えられるので，参照信号の振幅 A_0 を大きくすれば，測定するビート信号の振幅も大きくすることができる．したがって，測定したい信号が微弱である場合にも高い信号対雑音比で測定することが可能となる．

4.2　2 つの平面波の干渉

　次に同じ周波数（つまり同じ波長）の 2 つの平面波が，図 4.3 に示すように 干渉する場合を考えよう．振幅 A_1 で波数ベクトル $\boldsymbol{k}_1$ の平面波と振幅 A_2 で波数ベクトル $\boldsymbol{k}_2$ の平面波が交差して干渉するとし，波数ベクトル $\boldsymbol{k}_1$ と $\boldsymbol{k}_2$ が z 軸となす角をそれぞれ θ_1, θ_2 とする．それぞれの光波は次式で与えられる．

$$u_1(\boldsymbol{r},t) = A_1 e^{i(\boldsymbol{k}_1 \cdot \boldsymbol{r} - \omega t + \phi_1)} \tag{4.11}$$

$$u_2(\boldsymbol{r},t) = A_2 e^{i(\boldsymbol{k}_2 \cdot \boldsymbol{r} - \omega t + \phi_2)} \tag{4.12}$$

第 4 章 干渉の光学

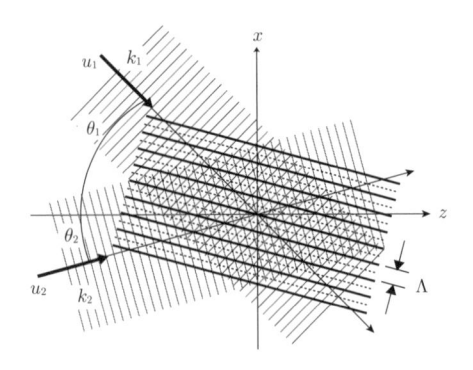

図 4.3 2 つの平面波による干渉

ϕ_1 と ϕ_2 はそれぞれの光波の初期位相である．これらの 2 つの波が重なって形成される干渉縞の強度分布 $I(\boldsymbol{r})$ は

$$I(\boldsymbol{r}) = |u_1(\boldsymbol{r},t) + u_2(\boldsymbol{r},t)|^2 \tag{4.13}$$

$$= \left(A_1{}^2 + A_2{}^2\right)\left[1 + \frac{2A_1 A_2}{A_1{}^2 + A_2{}^2} \cos\left\{(\boldsymbol{k}_2 - \boldsymbol{k}_1)\cdot\boldsymbol{r} + (\phi_2 - \phi_1)\right\}\right] \tag{4.14}$$

となる．干渉縞強度分布 $I(\boldsymbol{r})$ は，位置 $\boldsymbol{r}$ に対して余弦波状に変化し，最大値 $(A_1 + A_2)^2$，最小値 $(A_1 - A_2)^2$ をとり，平均値は $(A_1{}^2 + A_2{}^2)$ となる．干渉縞のコントラスト，**可視度 V（visibility）**は最大強度 $I_{\max}$ と最小強度 $I_{\min}$ を用いて，

$$V = \frac{I_{\max} - I_{\min}}{I_{\max} + I_{\min}} = \frac{2A_1 A_2}{A_1{}^2 + A_2{}^2} \tag{4.15}$$

で定義され，$A_1 = A_2$ のとき可視度 V が最大値 1 をとる．

干渉縞の強度分布は式(4.14)より，$(\boldsymbol{k}_2 - \boldsymbol{k}_1)\cdot\boldsymbol{r}$ が一定となる $\boldsymbol{r}$ に対して，同じ強度をとる．したがって，干渉縞は，ベクトル $(\boldsymbol{k}_2 - \boldsymbol{k}_1)$ の方向に垂直な方向に形成される（図 4.4）．また干渉縞の間隔 Λ は，$\Lambda = 2\pi/|\boldsymbol{k}_2 - \boldsymbol{k}_1|$ で与えられる．例えば，2 つの平面波が z 軸に対して，同じ角度 θ で入射した場合，つまり $\theta_1 = \theta_2 = \theta$ の場合，干渉縞間隔 Λ は

$$\Lambda = \frac{\lambda}{2\sin\theta} \tag{4.16}$$

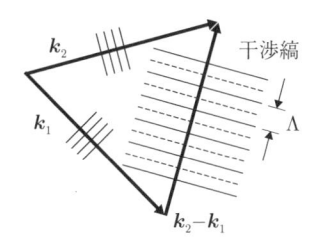

図 **4.4** 2つの平面波の波数ベクトル(k_1, k_2)と干渉の方向および干渉縞の間隔 Λ との関係

で与えられる。

以上のことから，干渉する2つの光波の波数ベクトルを用いれば，形成される干渉縞の方向と間隔を容易に求めることができる。また，干渉縞の強度分布の位相は $(\phi_2 - \phi_1)$ で決まるため，干渉縞の強度分布の位相を調べることにより，2つの光波の相対的な位相差を知ることができる。この特性は**干渉計**（interferometer）として利用される。

4.3 球面波の干渉

図 4.5 に2つの球面波が形成する干渉縞の強度分布を示す。2つの点光源 P_1 および P_2 から生じた球面波は，それぞれ

図 **4.5** 2つの球面波による干渉

第 4 章　干渉の光学

$$u_1(\boldsymbol{r},t) = \frac{A}{|\boldsymbol{r}-\boldsymbol{r}_1|}e^{i(k\cdot|\boldsymbol{r}-\boldsymbol{r}_1|-\omega t+\phi_1)} \tag{4.17}$$

$$u_2(\boldsymbol{r},t) = \frac{A}{|\boldsymbol{r}-\boldsymbol{r}_2|}e^{i(k\cdot|\boldsymbol{r}-\boldsymbol{r}_2|-\omega t+\phi_2)} \tag{4.18}$$

と表される。ここで，$\boldsymbol{r}_1$, $\boldsymbol{r}_2$ は点光源 P_1 および P_2 の位置ベクトルである。球面波の式では，それぞれの光源の位置で振幅が無限大になるため，光源付近の強度は表示していない。球面波の重ね合わせになるため，図 4.5 に示すように形成される干渉縞強度分布も曲面状になる。

4.4　ヤングの干渉縞

ヤングの干渉実験（Young's experiment）は，1807 年に T. Young が行なったもので，光が波動性を有することを最初に示した実験として知られている。図 4.6 にヤングの干渉実験の構成を示す。光源には，単一の波長 λ の光を射出するものを用いる。このような光源を**単色光源**（monochromatic light source）という。

光源の前に十分小さな開口 S をおいて光源の大きさを制限し，十分小さな光源つまり**点光源**（point light source）とする。このように光学素子を配置した光学系において中心となる軸を**光軸**（optical axis）と呼ぶ。2 つのスリット P_1，P_2 を光軸に対して対称に配置し，スクリーン上に形成される光の強度分布を観察する。スリットの幅は十分細いものとする。2 つのスリット P_1，P_2 の間隔を d，スリットとスクリーンまでの距離を l とする。

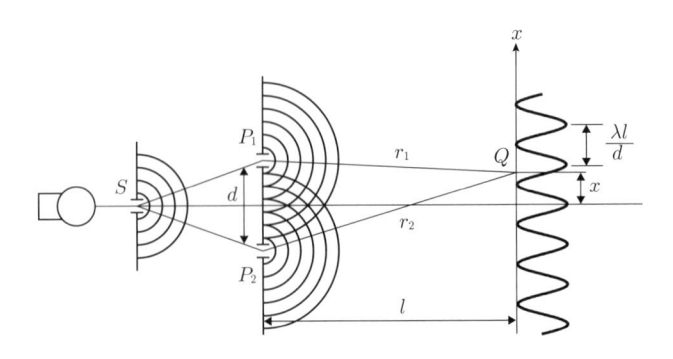

図 4.6　ヤングの干渉実験の構成

4.4 ヤングの干渉縞

　光源からの光は，球面波としてスリットまで伝搬し，スリットを通過した光は，スリットから球面波としてスクリーンまで伝搬する．P_1 と P_2 は光軸に対して対称に配置してあるため，2 つのスリット上の振幅，位相は等しい．スクリーン上の任意の 1 点を Q とすれば，スリット P_1 と P_2 から点 Q に到達する光は，スリット上での振幅を A_0，スリット P_1 と点 Q との距離を r_1，スリット P_2 と点 Q との距離を r_2 とするとそれぞれ，

$$u_1 = \frac{A_0}{r_1} e^{i(kr_1 - \omega t)} \tag{4.19}$$

$$u_2 = \frac{A_0}{r_2} e^{i(kr_2 - \omega t)} \tag{4.20}$$

と表される．スリットとスクリーンの間の距離 l は十分大きく $d \ll l, x \ll l$ と仮定すると $r_1 \simeq r_2$ となるので，振幅に関しては $A_0/r_1 \simeq A_0/r_2$ としてもよい．スクリーン上での振幅を改めて $A\,(\simeq A_0/r_1, A_0/r_2)$ とおくと 2 つの光波がスクリーン上でつくる干渉縞の強度分布 $I(x)$ は

$$I(x) = |u_1 + u_2|^2 \tag{4.21}$$

$$= 2A^2 \{1 + \cos k \cdot (r_1 - r_2)\} \tag{4.22}$$

となる．ここで位相に関しては振幅の場合とは異なり，$r_1 \simeq r_2$ と近似していないことに注意が必要である．位相項の部分は $k \cdot (r_1 - r_2)$ で与えられるため，r_1 と r_2 の距離が波長程度ずれると，位相が 2π 異なってしまうことになる．光の波長は可視域で数百 nm 程度と非常に小さいため，$r_1 \simeq r_2$ としてしまうのは近似の精度が悪く，より高次の近似を用いる必要がある．そこで，x の絶対値が 1 に比べて十分小さいときに成り立つ近似式

$$(1+x)^n \simeq 1 + nx \qquad (|x| \ll 1 \text{ のとき}) \tag{4.23}$$

を用いると距離 r_1 および r_2 は

$$\begin{aligned} r_1 &= \sqrt{l^2 + \left(x - \frac{d}{2}\right)^2} \\ &\simeq l + \frac{x^2 + \frac{d^2}{4}}{2l} - \frac{xd}{2l} \end{aligned} \tag{4.24}$$

第 4 章 干渉の光学

$$r_2 = \sqrt{l^2 + \left(x + \frac{d}{2}\right)^2}$$
$$\approx l + \frac{x^2 + \frac{d^2}{4}}{2l} + \frac{xd}{2l} \tag{4.25}$$

と求められる。式(4.22)に代入すると，スクリーン上の干渉縞強度分布 $I(x)$ は

$$I(x) = 2A^2\left(1 + \cos\frac{kd}{l}x\right) = 2A^2\left(1 + \cos\frac{2\pi d}{\lambda l}x\right) \tag{4.26}$$

と表される。干渉縞の縞間隔は $\lambda l/d$ で，2 つのスリット間の距離 d が大きくなると小さくなる。この 2 つのスリットは点光源に対して対称に配置されているため，それぞれのスリットを通過する光の振幅は等しく，可視度 1 の干渉縞を形成する。

4.5　空間コヒーレンスと時間コヒーレンス

図 4.6 のヤングの干渉実験においては，光源は開口 S の大きさを十分に小さくすることにより点光源とし，波長も単色とした。このような理想的な光源は実際には存在せず，光源は有限の大きさを有し，また波長も単色ではない。したがって，干渉縞も理想的な正弦波状の強度分布にならずに，可視度も低下する。このような干渉縞のできやすさを，**可干渉性**または**コヒーレンス**（**coherence**）という。コヒーレンスは大きく空間コヒーレンスと時間コヒーレンスとに分けて考えることができる。

ヤングの干渉実験において，光源直後の微小開口 S を有限の大きさに拡げた場合を考える（図 4.7）。この場合，光軸上の点 S_0 から発せられた光は前節の議論と同様に，式(4.26)で表される干渉縞強度分布を形成する。一方，開口上の別の点 S_1 から発せられた光も，スリット P_1, P_2 を通過して，スクリーン上に干渉縞強度分布を形成する。このとき，点 S_1 は光軸上からはずれた位置に存在するため，S_1 からスリット P_1 と P_2 までの距離が異なり，P_1 と P_2 のスリットを通過する光の位相は異なることになる。

したがって，スクリーン上に形成される干渉縞強度分布は，点 S_0 から発せられた光が形成するものとは異なり，横にずれたものとなる。つまり，図 4.7 に示すように点 S_1 から出た光がスクリーン上に形成する干渉縞強度分布の最大値の位置を x_{s_1} とおくと，

4.5 空間コヒーレンスと時間コヒーレンス

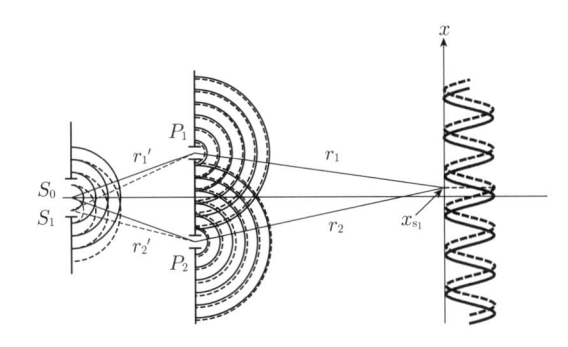

図 4.7 空間コヒーレンスによる干渉縞の可視度の低下
光源が大きくなることにより横ずれした多数の干渉縞が重なる。

$$r'_1 + r_1 = r'_2 + r_2 \tag{4.27}$$

が成立する位置 x_{s_1} まで干渉縞が横にずれることになる。スクリーン上に形成される干渉縞の強度分布は，有限の大きさをもつ開口の各点から発せられた光が形成したずれた干渉縞強度分布を重ね合わせたものとなる。その結果，コヒーレンスが低下し，観察される干渉縞の可視度が低下する。これが**空間コヒーレンス**（**spatial coherence**）である。

空間コヒーレンスは，開口が大きいほど低下し，またスリット間の距離 d が大きいほど低下する。干渉縞の可視度をスリット間の距離 d を変数として表したとき，可視度 V は，開口の大きさ S とフーリエ変換の関係で表される。これは，**ヴァンシッター・ツェルニケの定理**（**van Cittert-Zernike theorem**）として知られている。

一方，開口の大きさが十分小さく，点光源と考えることができる場合でも，光源の波長スペクトルが広い場合は，観察される干渉縞の可視度が低下する。これは**時間コヒーレンス**（**temporal coherence**）と呼ばれる。図 4.8 のようにヤングの干渉実験において，波長スペクトルが拡がった点光源を仮定する。波長 λ_1 の光が形成する干渉縞強度分布は式(4.26)において，波長 λ を λ_1 に置き換えることにより求めることができる。したがって，スクリーン上には，間隔 $\lambda_1 l/d$ の干渉縞が形成される。この場合は，スリットが光軸に対して対称に配置されているため，スリット P_1 と P_2 を通過した光の位相差は 0 となり，光軸上で干渉縞は明

第 4 章 干渉の光学

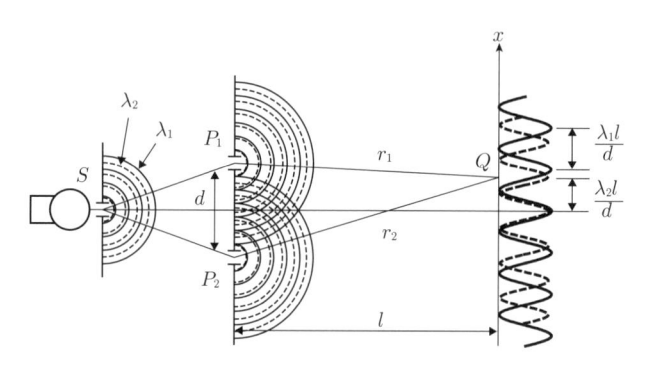

図 4.8 時間コヒーレンスによる干渉縞の可視度の低下
縞間隔の異なる多数の干渉縞が重なる。

線となる。

同様に波長 λ_2 の光が形成する干渉縞の強度分布は，間隔が $\lambda_2 l/d$ となる。この場合も光軸上では干渉縞の明線となる。スクリーン上で形成される干渉縞の強度分布は，λ_1 と λ_2 の光がつくる干渉縞強度分布の重ね合わせとなる。λ_1 と λ_2 の光がつくる干渉縞の強度分布は，光軸上ではともに明線となるが，干渉縞の間隔が異なるため光軸から離れるに従ってずれが大きくなり，可視度が低下する。この結果，光源のスペクトルが広い場合には光軸近傍では干渉縞が形成されるが，光軸から離れるに従って干渉縞が形成されなくなる。これが時間コヒーレンスである。

光源の時間コヒーレンスを表現する実際的な量として，**コヒーレント長**（coherent length）が用いられる。コヒーレント長を L_c，光源のスペクトル幅を $\Delta\nu$ とすると，

$$L_c = \frac{c_0}{\Delta\nu} \qquad (4.28)$$

と表される。レーザー光源は波長のスペクトル幅が狭いので，コヒーレント長が長くなるが，スペクトル幅の広い光源ではコヒーレント長が短くなる。例えば，波長 500 nm～600 nm で 100 nm のスペクトル幅をもつ光源では，その周波数幅 $\Delta\nu$ が 100 THz（600～500 THz）になるので，コヒーレント長は，3 μm 程度になる。

図 4.9 に示したように，スクリーン上に形成される干渉縞強度分布は，光源がもつ波長 $\lambda_1, \lambda_2, \cdots, \lambda_n, \cdots$ で決まる周期の正弦波の重ね合わせとなる。これは，

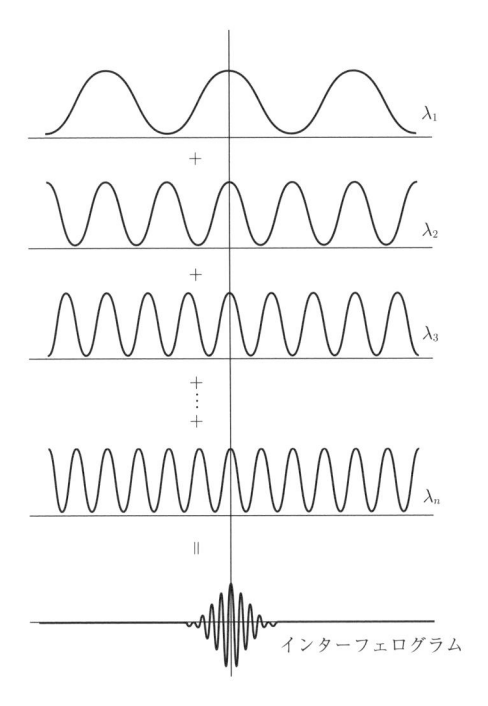

図 4.9 インターフェログラム
フーリエ分光の際に干渉系の光路差を変化させることにより得られる信号となる。

スクリーン上に形成される干渉縞強度分布と光源のスペクトルがフーリエ変換の関係で結ばれることを意味している。スクリーン上の干渉縞パターンを**インターフェログラム**（interferogram）と呼ぶ。

したがって，インターフェログラムをフーリエ変換すれば，光源の波長スペクトルを求めることができる。これは**干渉分光法**（interference spectroscopy）と呼ばれ，フーリエ変換を利用することから，**フーリエ分光法**（Fourier interferometry）とも呼ばれる。

4.6 等厚の干渉

1つの光源から出た光が，異なる媒質の境界面などによって一部反射され，一部透過するような場合，これらの光波が重なることにより干渉が生じる。干渉が

第 4 章 干渉の光学

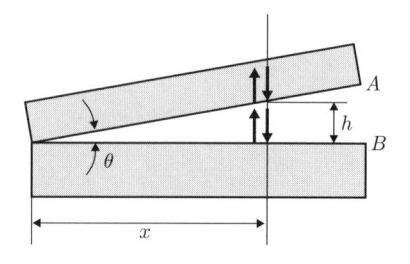

図 4.10 等厚の干渉

生じるためには，分割された光波が再び重なるまでの光路差が，コヒーレント長以内でなければならない。

図 4.10 に示すように，微小な傾きをもつ 2 つの平面間における干渉を考える。2 つの平面板 A, B が微小な角度 θ で重なっているとする。A 面の反射率を r_1，B 面の反射率を r_2，入射光の振幅を 1 として，2 つの光波の光路長差 h によって生じる位相差を考える。時間に関する項 $e^{-i\omega t}$ を省略し，2 つの光波の光路差を考えると，干渉縞の強度分布は

$$I(x) = \left| r_1 + r_2 e^{i(2kh+\pi)} \right|^2 \tag{4.29}$$
$$= r_1{}^2 + r_2{}^2 + 2r_1 r_2 \cos(2kx\theta + \pi) \quad (h = x\tan\theta \simeq x\theta) \tag{4.30}$$

と表される。位相項の π は，B 面で光が反射する際の位相とびを表している。平面板 A, B ともにガラス板とすると，$r_1{}^2 \simeq r_2{}^2 \simeq 0.04$ となる。干渉縞の暗線の位置 x は，

$$2kx\theta + \pi = (2m+1)\pi \quad (m = 0, 1, 2, \cdots) \tag{4.31}$$

を満たす。つまり，$x_m = m\lambda/(2\theta)$ で干渉縞の暗線を生じる。したがって，干渉縞の暗線の位置を知ることによって，微小角 θ を知ることができる。この場合は，2 つの反射面の光路差が波長の整数倍になる位置に沿って干渉縞が発生する。したがって干渉縞の強度分布は，2 つの反射面の間の厚みが等しい等厚線を示していることになる。このような干渉縞を **等厚の干渉縞**（interference fringes of equal thickness）または **フィゾーの干渉縞**（Fizeau fringes）という。

等厚の干渉縞ができる代表的な例として，**ニュートンリング**（Newton rings）

4.6 等厚の干渉

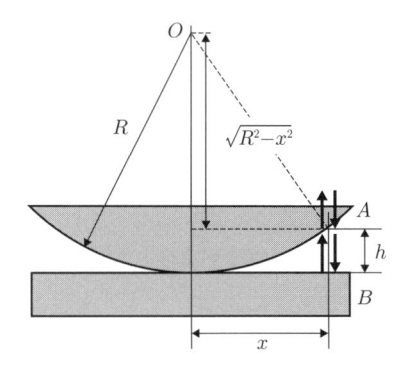

図 4.11 等厚の干渉の例：ニュートンリング形成のための構成

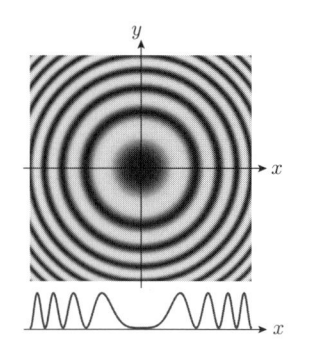

図 4.12 ニュートンリング

をあげることができる。ニュートンリングはガラス研磨面の検査法に用いられる。図 4.11 に示すように，平面のガラス板上に曲率半径 R の球面が配置されている場合を考える。曲率半径 R は十分大きいものとする。A 面の上方から光が入射すると，A 面で光の一部は反射し，透過した光は B 面に到達し，その一部は B 面で反射して，また A 面に到達する。A 面で反射した光と B 面で反射した光は，球面の曲率半径が大きいので平行と考えてよい。

A 面に入射した光の振幅を 1，A 面での反射率を r_1 とすると，A 面での反射光の振幅 u_1 は $u_1 = r_1$ となる。次に B 面で反射した光の振幅 u_2 は，往復で位相ずれ $2kh$ を生じるので，B 面での反射率を r_2 とすると，$u_2 = r_2 \exp\{i(2kh + \pi)\}$ となる。幾何学的な関係から $2h = 2(R - \sqrt{R^2 - x^2}) \simeq x^2/R$ となるので，観察される干渉縞の強度分布 $I(x)$ は

$$I(x) = |u_1 + u_2|^2 = r_1^2 + r_2^2 + 2r_1 r_2 \cos\left(k\frac{x^2}{R} + \pi\right) \quad (4.32)$$

となる。時間項 $e^{-i\omega t}$ は絶対値をとることにより 1 になるので，ここでも省略している。したがって，暗線のできる位置は $x_m = \sqrt{m\lambda R}$ $(m = 0, 1, 2, \cdots)$ で与えられ，O を中心に同心円を描く（図 4.12）。以上のことから，干渉縞の間隔を測定することにより，球面の曲率半径 R を知ることができる。この手法はレンズを研磨する際にレンズを検査する手法として広く用いられている。

4.7 等傾角の干渉

次に平行な平板に光が入射した場合の干渉について考えよう（図 4.13）。ガラスの薄板や基板上にコーティングされた薄膜，水に浮かぶ油の膜などに光が入射し，干渉する場合である。

平行平板の厚みを d とし，光が入射する側の媒質の屈折率を n_1，平行平板の屈折率を n_2，基板側の媒質の屈折率を n_3 とする。平面波が角度 θ で境界面に入射し，反射および屈折する場合を考える。屈折角を ϕ とすると，点 A から点 O に入射した光は，一部が第一の境界（境界面 1）で反射して B の方向に進み，屈折光は角度 ϕ で点 C の方向に進む。屈折光は第二の境界（境界面 2）上の点 C で一部が反射し，第一境界面上の点 E で反射と屈折を生じる。

平行平板からの反射光を求めるためには，点 A から通り点 O で反射して点 B の方向に進んだ光と，光路 $\overline{OCEF}$ を通過し薄膜内を伝搬した光との位相差を求める必要がある。点 O から直線 $\overline{GE}$ に下ろした垂線の足を H，直線 $\overline{CE}$ に下ろした垂線の足を J，点 E から直線 OB に下ろした垂線の足を I とする。点 A から点 O で反射して点 B の方向に進んだ光と，光路 $\overline{OCEF}$ を通過し薄膜内を伝搬した光との光路差 l は

$$l = n_2(\overline{OC} + \overline{CE}) - n_1\overline{OI} \tag{4.33}$$

となる。ここで，幾何学的な関係とスネルの法則 $n_1 \sin\theta = n_2 \sin\phi$ を用いると，

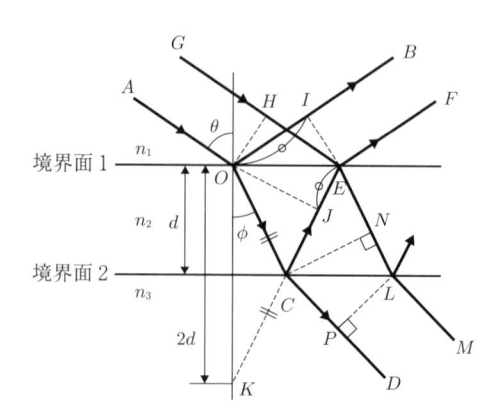

図 4.13 等傾角の干渉

4.7 等傾角の干渉

$$n_1\overline{OI} = n_1\overline{OE}\sin\theta = n_2\overline{OE}\sin\phi = n_2\overline{EJ} \tag{4.34}$$

となる．したがって，式(4.33)で与えられる光路差 l は

$$l = n_2(\overline{OC} + \overline{CJ}) = n_2(\overline{KC} + \overline{CJ}) \tag{4.35}$$

$$= n_2(\overline{OK}\cos\phi) \tag{4.36}$$

$$= 2n_2 d\cos\phi \tag{4.37}$$

と与えられる．

反射の際の位相変化も考慮すると，$n_1 < n_2 < n_3$ または $n_1 > n_2 > n_3$ のときは，境界面での位相とびが等しくなるので，光路差 l が $l = m\lambda$ のとき波が強め合い明るくなる．一方，$n_2 > n_1, n_3$ または $n_2 < n_1, n_3$ のときは，それぞれの境界面で反射する際の位相が π ずれるので，$l = (m+1/2)\lambda$ のとき，波が互いに強め合うことになる．したがって，薄膜での干渉は，同じ角度で入射した光が重なって干渉する．このような干渉縞を**等傾角の干渉**（**interference fringes of equal inclination**），または**ハイディンガーの干渉縞**（**Haidinger fringes**）という．

平行平板からの透過光について考えると，光路 $\overline{AOCD}$ を通過した光と薄膜内で1回反射する光路 $\overline{AOCELM}$ との位相差 l は，C から直線 $\overline{EL}$ に下ろした垂線の足を N，L から直線 $\overline{CD}$ に下ろした垂線の足を P とすると，

$$l = n_2(\overline{CE} + \overline{EL}) - n_3\overline{CP} \tag{4.38}$$

$$= n_2(\overline{CE} + \overline{EN}) \tag{4.39}$$

$$= 2n_2 d\cos\phi \tag{4.40}$$

となり，反射光の場合と同じ光路差で与えられる．反射の際の位相変化も考慮すると，$n_1 < n_2 < n_3$ または $n_1 > n_2 > n_3$ のとき，境界面1または境界面2のどちらか一方でのみ位相が π ずれるので，光路差 l が $l = (m+1/2)\lambda$ のとき，波が強め合い明るくなる．$n_2 > n_1, n_3$ または $n_2 < n_1, n_3$ のときは，境界面1と境界面2での反射時の位相ずれがそれぞれ等しくなるので，$l = m\lambda$ のとき強め合い明るくなることがわかる．平行平板からの反射光と透過光の強め合いの条件は異なり，反射光が明るい条件は，透過光が弱くなる条件となっている．

薄膜の干渉を利用すると，**反射防止膜**（**anti-reflection**（**AR**）**coating**），

第 4 章 干渉の光学

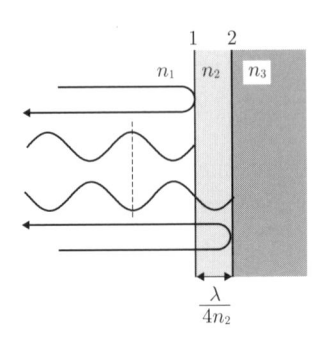

図 4.14 反射防止膜の原理

高反射率のミラーなどを実現することができる．反射防止膜は図 4.14 に示すように，媒質 3 に屈折率 n_2 の薄膜をコーティングした構成である．薄膜の厚み d を $\lambda/(4n_2)$ になるように選ぶと，境界面 1 で反射した光と，境界面 2 で反射した光がそれぞれ逆位相になるため，反射光が互いに弱め合う．境界面 1 での反射率と境界面 2 での反射率が同じになるように媒質 2 の屈折率 n_2 を選ぶと，それぞれの反射光が互いに打ち消し合って，反射光をなくすことができる．境界面 1 での振幅反射率が式(3.73)から $(n_2 - n_1)/(n_2 + n_1)$ となり，境界面 2 での反射率が $(n_3 - n_2)/(n_3 + n_2)$ であることから，それぞれの反射率を等しくするには，媒質 2 の屈折率 n_2 を $n_2 = \sqrt{n_1 n_3}$ となるように選べばよいことがわかる．つまり反射防止膜の条件は

$$n_2{}^2 = n_1 \cdot n_3, \quad d = \frac{\lambda}{4n_2} \tag{4.41}$$

となる．

逆に同様の構成において，屈折率を $n_2 > n_3$ となるように選ぶと，反射率を増加させることができる．屈折率の高い物質と屈折率の低い物質を交互に重ね，それぞれの境界面で反射する光が同位相になるようにそれぞれの層の膜厚を制御すれば，各層からの反射光の干渉により多層膜は非常に高い反射率となる．このような構成は，**誘電体多層膜ミラー**（dielectric multilayer mirror）と呼ばれ，吸収をもたない透明媒質を利用して光を反射させることができる．高強度のレーザー，高いピーク値をもつパルスレーザーなどを使用する場合の反射鏡として利用される．金属コートしたミラーを利用すると，金属によるレーザー光の吸収によりミラーが損傷してしまうからである．

等傾角干渉縞は，水に浮かんだ油が虹色に見えることやシャボン玉の色などにおいて観察することができる。また，光ファイバーや導波路における伝搬モードも等傾角干渉に起因している。

4.8 多光束干渉

ガラス板や誘電体薄膜の反射では，反射光の強度は入射光の数％であるので，数回の反射で反射光は減衰する。しかし，反射面に金属などがコーティングしてある場合は反射率が高いため，4.7 節で考えた 1 回のみの反射ではなく，多数回の反射によって生じる干渉を考える必要がある。

図 4.15 に示すように，屈折率 n_1 の媒質中に屈折率 n_2 で厚み d の平行板が存在する場合を考える。光源から点 A_1 に入射した光は，一部は反射され，一部は透過して媒質 2 を伝搬して，点 B_1 に達する。点 B_1 で反射した光は点 A_2 に向かい，点 B_1 で透過した光は透過光 T_1 となる。点 A_2 でも同様に反射と透過が生じ，反射した光は点 B_2 に向かい，点 A_2 を透過した光は反射光 R_2 となる。以下同様の現象を繰り返し，反射光 $R_1, R_2, R_3, \cdots$ と透過光 $T_1, T_2, T_3, \cdots$ を生じる。媒質 1 から媒質 2 に向かう光の振幅反射率と振幅透過率をそれぞれ r, t とし，媒質 2 から媒質 1 に向かう光の振幅反射率と振幅透過率をそれぞれ r', t' とする。

光源から点 A_1 に振幅 1 の光が入射したとすると，透過光は点 B_1 での位相を原点にとり，時間に関する項 $e^{-i\omega t}$ を省略すると，

$$T_1 = tt', T_2 = tt'(r'^2)e^{i\delta}, \cdots, T_n = tt'(r')^{2(n-1)}e^{i(n-1)\delta} \quad (4.42)$$

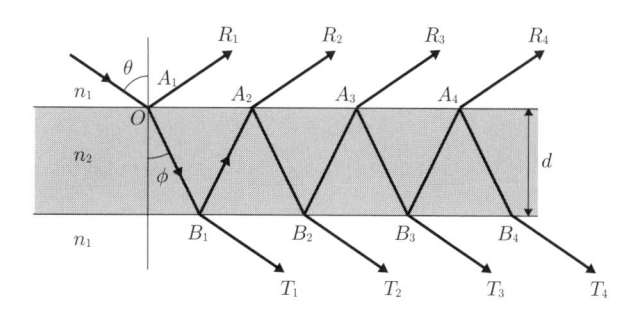

図 4.15 多光束干渉

となる。ここでは，δ は T_1 と T_2 との間の光路差によって生じる位相差であり，式(4.37)および式(4.40)から $\delta = 2n_2 k_0 d \cos\phi$ で与えられる。ここで，k_0 は真空中での波数を表し，真空中であることを明示するために添え字 0 をつけている。

式(4.42)より，$T_1, T_2, T_3, \cdots$ は公比 $(r')^2 \exp(i\delta)$ の等比級数になるので，透過光は無限級数の和を求めればよい。したがって，振幅 u_T は

$$u_T = \sum_{n=1}^{\infty} tt' r'^{2(n-1)} e^{i(n-1)\delta} = \frac{tt'}{1-r'^2 e^{i\delta}} \tag{4.43}$$

で与えられ，透過光強度 I_T は

$$I_T = u_T u_T^* = \frac{(1-R)^2}{1-2R\cos\delta+R^2} = \frac{(1-R)^2}{(1-R)^2+4R\sin^2\frac{\delta}{2}} \tag{4.44}$$

となる。ここでは，$r = -r'$，$r^2 = r'^2 = R$，$tt' = 1-r^2 = T$，$\cos\delta = 1 - 2\sin^2(\delta/2)$ の関係を用いた。

同様に反射光 $R_1, R_2, R_3, \cdots$ を求めると，

$$R_1 = r, R_2 = tt' r' e^{i\delta}, R_3 = tt' r'^3 e^{2i\delta}, \cdots \tag{4.45}$$

と与えられるので，反射光の振幅 u_R と強度 I_R はそれぞれ，

$$u_R = r + \frac{tt' r' e^{i\delta}}{1-r'^2 e^{i\delta}} = \frac{r(1-e^{i\delta})}{1-r^2 e^{i\delta}} \tag{4.46}$$

$$I_R = \frac{2R(1-\cos\delta)}{1+R^2-2R\cos\delta} = \frac{4R\sin^2\frac{\delta}{2}}{(1-R)^2+4R\sin^2\frac{\delta}{2}} \tag{4.47}$$

となる。

図 4.16 に δ を変化させたときの多光束干渉による強度透過率 I_T と強度反射率 I_R の計算結果を示す。$\delta = 2m\pi$ のとき，$I_T = 1$ となり，媒質 1 と媒質 2 の境界面の反射率にかかわらず，すべての光が透過し，反射光が 0 になる。また媒質 1 と媒質 2 での境界面での反射率が増大すると，干渉縞は先鋭化しその半値幅が減少する。

干渉縞の先鋭化の度合いを表す量として**フィネス**（finess）が用いられる。フィネスは先鋭化した干渉縞の半値全幅と干渉縞間隔の比を表したものである。先鋭化した干渉縞の半値半幅を $\Delta\delta$ とおき，干渉縞が十分狭いものとして，$\sin(\Delta\delta/2) \approx \Delta\delta/2$ と近似し，式(4.44)が 1/2 になるときの半値全幅 $2\Delta\delta$ を求めると，

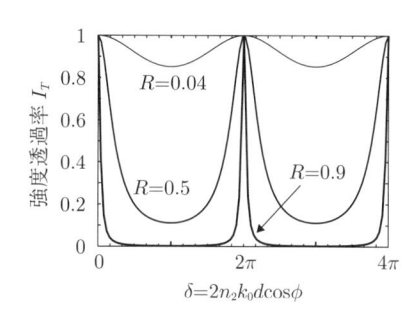

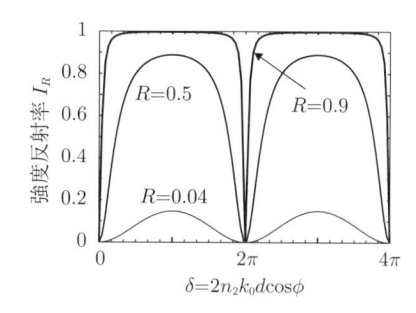

図 4.16 多光束干渉による強度透過率 I_T と強度反射率 I_R

$$2\Delta\delta = \frac{2(1-R)}{\sqrt{R}} \tag{4.48}$$

となる．干渉縞のできる δ の間隔は 2π であるので，縞間隔と半値全幅の比をとると，フィネス $\mathcal{F}$ は

$$\mathcal{F} = \frac{\pi\sqrt{R}}{1-R} = \frac{\pi\sqrt{F}}{2} \tag{4.49}$$

で与えられる．ここで，$F = 4R/(1-R)^2$ とおいた．反射率 R が1に近づけば近づくほど，大きなフィネスをもつ．

4.9 干渉計

2光波の干渉効果を利用すれば，2光波間の相対的な位相を知ることができるので，物体の長さ，屈折率，光源の周波数拡がりなどを知ることができる．このような目的に**干渉計**（interferometer）を利用することができる．

図 4.17 にもっとも有名な干渉計の一つである**マイケルソン干渉計**（Michelson interferometer）の構成を示す．光源からの光をビームスプリッター BS で2光波に分割し，反射鏡 M_1, M_2 に導く．M_1, M_2 で反射した光は，再びビームスプリッター上で合成され干渉する．光路2の平行板は，ビームスプリッターの基板で生じる位相のずれを補正するための補償板である．

ビームスプリッターに入射する光の複素振幅を A とし，ビームスプリッターの強度反射率を R，強度透過率を T，ビームスプリッターと反射鏡 M_1, M_2 との距離をそれぞれ l_1, l_2 とすると，合成後の干渉強度は

第 4 章 干渉の光学

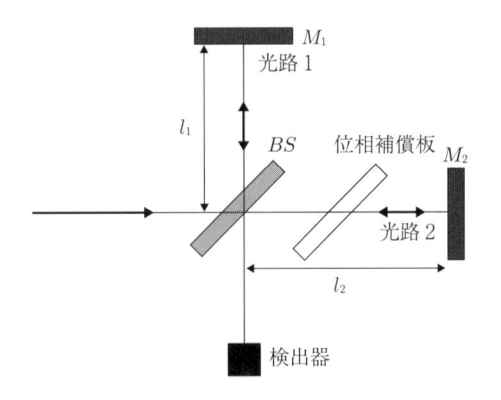

図 4.17 マイケルソン干渉計の構成

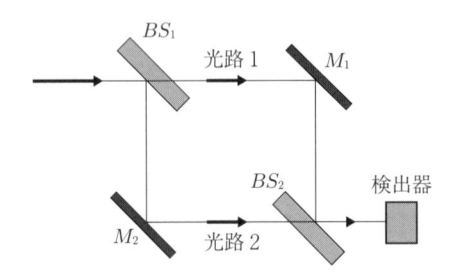

図 4.18 マッハ・ツェンダー干渉計の構成

$$I = 2|A|^2 RT \{1 + \cos 2k(l_1 - l_2)\} \tag{4.50}$$

で与えられる。反射鏡 M_2 を移動させると，半波長移動するごとに干渉強度が最大になる。したがって，干渉強度を測定することにより，反射鏡の移動距離を測定することができる。

また光源の波長スペクトルが広い場合は，それぞれの波長の光が半波長周期の干渉強度を形成するので，検出される強度はそれら多数の干渉強度の重ね合わせになる。このような信号は，干渉分光法に利用することができ，得られた信号をフーリエ変換することにより，光源のスペクトル分布を求めることができる。

もう一つの代表的な干渉計として，**マッハ・ツェンダー干渉計**（Mach-Zehnder interferometer）の構成を図 4.18 に示す。この干渉計では，2 つのビームスプリッターと 2 つの反射鏡を利用している。いずれか一方の光路に屈折率分布を知りたいガラス板，流動する気体などを入れることによって，屈折率の空間的な分

布を観察することができる。

4.10 ホログラフィー

ホログラフィー（holography）は，物体を三次元的に表示可能な技術として，多くの分野で利用されている．写真とは異なり，記録媒体に物体そのものの画像ではなく，物体からの光と波面形状を制御した（一般的には平面波や球面波を用いる場合が多い）参照光とがつくる干渉縞強度分布を記録する．記録した媒体を**ホログラム**（hologram）と呼ぶ．

図 4.19 にホログラムの記録と再生の原理を示す．コヒーレンスの高いレーザー光源からの光を 2 つに分離し，一方を物体に照射し，もう一方を参照光として平面波にする．物体からの散乱光を記録媒体に入射させて記録するが，その際に参照光の平面波も同時に記録媒体に入射させ，物体光と参照光との干渉縞強度分布を記録する．通常の写真では，物体光だけを写真フィルムに記録するので，物体光の強度分布のみが記録され，位相分布は記録されない．ホログラフィーでは物体光と参照光の干渉縞を記録するため，干渉縞の位相分布として物体光の位相分布も記録される．参照光に対する相対的な位相差として，物体光の位相分布が記録されるのである．

物体から記録媒体に入射する光を S と表すと，S はさまざまな振幅分布および位相分布をもつ平面波の重ね合わせである．物体光 S と参照光 R の干渉縞強度

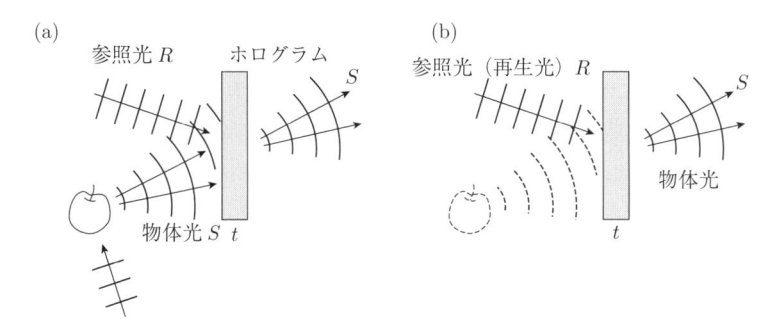

図 4.19 ホログラムの記録・再生の原理
（a）記録の原理：物体光と参照光の干渉縞をホログラム乾板に記録．
（b）再生の原理：参照光（再生光）のみを照射．

第 4 章　干渉の光学

分布 I は，干渉縞の強度分布を表す式(4.7)より，

$$I = |S + R|^2 = |S|^2 + |R|^2 + S \cdot R^* + S^* \cdot R \tag{4.51}$$

で与えられる。ここで，*は複素共役を表している。この強度分布が記録媒体に記録されホログラムとなるので，ホログラムの透過率分布 t は

$$t = t_0 \left(|S + R|^2\right) = t_0 \left(|S|^2 + |R|^2 + S \cdot R^* + S^* \cdot R\right) \propto I \tag{4.52}$$

で与えられる。ここで，t_0 は比例定数である。

　記録した物体を再生するには，ホログラムに参照光のみを入射させる。すると，ホログラムに記録された干渉縞強度分布により，入射平面波が回折し，記録した物体光を再生することが可能となる。物体の二次元的な強度分布だけでなく，物体光の位相分布も再生できるため，三次元的な立体構造を再生できる。

　参照光を透過率 t のホログラムに入射させたときの透過光は tR で与えられるので，

$$tR = t_0 \left(|S|^2 + |R|^2\right) R + t_0 |R|^2 \cdot S + t_0 S^* \cdot R^2 \tag{4.53}$$

となる。第 1 項目は，参照光 R の振幅が $t_0 \left(|S|^2 + |R|^2\right)$ の変調を受けたものであり，参照光のうちホログラムを透過した成分を表す。第 2 項目は物体光 S の振幅が $t_0 |R|^2$ の変調を受けたものであり，物体光の方向に進む光波を表している。つまり，ホログラムに参照光 R を照射することにより，ホログラムに記録された物体光 S が再生されたのである。これにより，ホログラムに記録された物体光の構造を三次元的に観察することが可能となる。第 3 項目はホログラムによって生じた高次回折光である（高次回折光については第 5 章を参照のこと）。

　ホログラムは写真とは異なり，記録した物体の三次元構造を再生できるため，立体ディスプレイや光計測などへの応用が期待されている。また，物体を二次元的なデータと考えると，一度に二次元データを再生することが可能となる。この特性によりデータの転送レートの高い光記録システムとしての応用も期待されている。

第5章
回折の光学

本章では，光の波の性質として回折について記述し，以下のことについて述べる。
- フレネル回折：比較的近い距離での回折光
- フラウンホーファー回折とフーリエ変換：十分遠い距離での回折光
- レンズによる回折：レンズの働き
- 波数ベクトルと回折格子ベクトル：周期的構造による回折

5.1 光波の回折

　光は波としての性質をもつため，障害物によって遮られてもその背後にも回り込む。この現象を**回折**（**diffraction**）と呼ぶ。対象となる物体の大きさに対して光の波長が無視できなくなったときに，回折効果が顕著に現れる。回折現象により，結像系の特性が決まり，顕微鏡の分解能が決まる。また，回折現象を用いれば二次元フーリエ変換を高速に計算したり，画像間の相関演算を実行することも可能である。光の回折は，光学において理解するのが難しいと思われている部分である。これは，回折現象を数学的に厳密に取り扱うと特殊な関数を導入する必要があり，数学的な知識が要求されるからである。本章ではホイヘンスの原理から出発して回折の公式を導出する。この定式化は一般的な回折現象を扱ううえでは十分である。また，本章では光のベクトル的な性質が必要とならない限り，スカラー量として表示する。

第 5 章　回折の光学

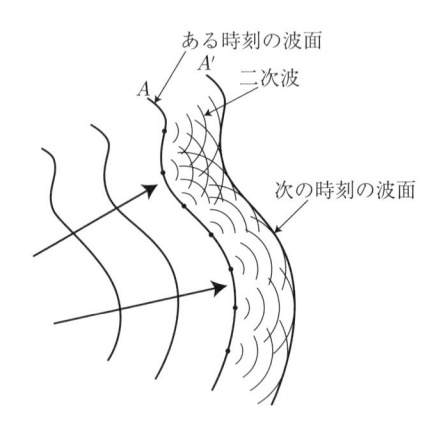

図 5.1　ホイヘンスの原理
波面上の各点から球面波（二次波）が発生して次の時刻の波面を形成する。

5.2　ホイヘンス―フレネルの原理

ホイヘンス（C. Huygens）は，二次波の概念を導入して，回折の現象を説明した。図 5.1 に示すようにある時刻に波面 A が存在したときに，波面 A の各点から球面波が二次波として発生する。この二次波が互いに干渉することによって，二次波の包絡面が次の時刻の波面になる。各時刻の各波面から発生した二次波は互いに干渉するため，波の進行方向では互いに強め合うが，進行方向と逆方向に進む波は，互いに打ち消し合い消える。これを**ホイヘンスの原理**（**Huygens principle**）と呼ぶ。

ホイヘンスの原理に基づき，図 5.2 に示す点 P_1 から発せられた光が点 P_2 に到達する場合を記述することができる。点 P_1 における波の振幅分布を $u_1(P_1)$ とおき，点 P_2 における振幅分布を $u_2(P_2)$ とおく。点 P_1 の存在する平面の座標系を (ξ,η)，点 P_2 の存在する座標系を (x,y) とおき，その 2 つの平面間の距離を z とする。

点 P_1 から発生した球面波が伝搬し，点 P_2 上に届いた波を $\hat{u}_2(P_2:P_1)$ とおくと，

$$\hat{u}_2(P_2:P_1) = \frac{u_1(P_1)}{r}e^{ikr} \tag{5.1}$$

と表すことができる。ここで，r は点 P_1 と点 P_2 間の距離である。この式では時間項 $e^{-i\omega t}$ は式全体にかければよいので記述を省略した。

5.2 ホイヘンス—フレネルの原理

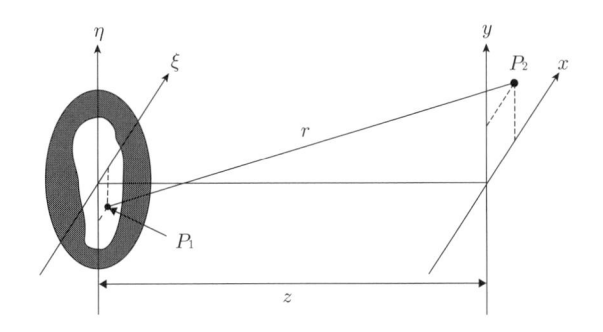

図 5.2 開口を通過した光の回折

実際に点 P_2 上で観察される波の振幅分布は，点 P_1 からの球面波だけではなく，(ξ, η) 上のすべての点からの球面波の重ね合わせとなる。したがって，点 P_2 での振幅分布 $u_2(P_2)$ は，

$$u_2(P_2) = \iint_{-\infty}^{\infty} \frac{u_1(P_1)}{r} e^{ikr} d\xi d\eta \tag{5.2}$$

となり，(ξ, η) 上での積分の式で表すことができる。点 P_1 の座標を (ξ, η)，点 P_2 の座標を (x, y) とおいて，$(\xi, \eta), (x, y)$ の座標を用いて式(5.2)を書き直すと，

$$u_2(x, y) = \iint_{-\infty}^{\infty} \frac{u_1(\xi, \eta)}{r} e^{ikr} d\xi d\eta \tag{5.3}$$

となる。これが (ξ, η) 面上の振幅分布 $u_1(\xi, \eta)$ から (x, y) 面上の振幅分布 $u_2(x, y)$ を導出する式となる。r は変数 (ξ, η) および変数 (x, y) の関数である。

ここで，距離 r を (ξ, η) および (x, y) で表すと，その幾何学的な関係から三平方の定理を用いて，

$$r = \sqrt{z^2 + (x - \xi)^2 + (y - \eta)^2} \tag{5.4}$$

と表すことができる。ここで，距離 z は ξ, η, x, y に比べて十分大きい（$z \gg \xi, \eta, x, y$）ものとして近似する。式(4.22)を導出したときと同様に式(5.3)の分母を $r \simeq z$ と近似し，e の肩には式(4.23)の近似を用いる。すると，式(5.4)は

$$r = z\sqrt{1 + \frac{(x-\xi)^2 + (y-\eta)^2}{z^2}} \tag{5.5}$$

$$\simeq z + \frac{(x-\xi)^2 + (y-\eta)^2}{2z} \tag{5.6}$$

$$= z + \frac{x^2+y^2}{2z} + \frac{\xi^2+\eta^2}{2z} - \frac{x\xi+y\eta}{z} \tag{5.7}$$

と近似することができる。これらの近似式を式(5.3)に代入し，ξ と η の積分に関係ない係数を外に出すと，

$$u_2(x,y) = \frac{1}{z}e^{ikz}\iint_{-\infty}^{\infty} u_1(\xi,\eta)e^{ik\frac{(x-\xi)^2+(y-\eta)^2}{2z}}d\xi d\eta \tag{5.8}$$

$$= \frac{1}{z}e^{ikz}e^{ik\frac{x^2+y^2}{2z}}\iint_{-\infty}^{\infty} u_1(\xi,\eta)e^{ik\frac{\xi^2+\eta^2}{2z}}e^{-ik\frac{x\xi+y\eta}{z}}d\xi d\eta \tag{5.9}$$

と表される。積分の前に付いている係数は，強度を議論する場合には絶対値の 2 乗をとるため定数となる。そのため相対的な強度分布を議論する場合は，省略してもよい。

したがって，(ξ,η) 面上の振幅分布 $u_1(\xi,\eta)$ から (x,y) 面上の振幅分布 $u_2(x,y)$ を求めるための式は

$$u_2(x,y) = \iint_{-\infty}^{\infty} u_1(\xi,\eta)e^{ik\frac{\xi^2+\eta^2}{2z}}e^{-ik\frac{x\xi+y\eta}{z}}d\xi d\eta \tag{5.10}$$

と与えられる。式(5.10)を**フレネルの回折公式**（**Fresnel diffraction integral**）と呼ぶ。

5.3 厳密な取り扱いとの違い：傾斜因子

ホイヘンスの原理を定性的に定式化した式(5.2)では，波面から発生する球面波の振幅は方向によらず一定とした。しかし，**キルヒホッフ**（**Kirchhoff**）は，ヘルムホルツの方程式から開口による回折の式を厳密に求め，球面波の振幅は方向によって変化し，一定にならないことを示した。具体的には図 5.3 に示すように観測点に進む球面波の角度を θ とすると，その角度分布 $K(\theta)$ は

$$K(\theta) = -\frac{i}{2\lambda}(1+\cos\theta) \tag{5.11}$$

と表されることを示した。この角度分布 $K(\theta)$ を**傾斜因子**（**inclination factor**）と呼ぶ。図 5.3 に傾斜因子の絶対値を角度 θ をパラメーターにして表したグラフを示す。図中点線は，ホイヘンスの原理において球面波の拡がりが角度依存性を

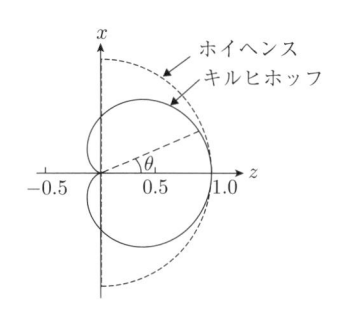

図 5.3 傾斜因子 $K(\theta)$ の角度分布
ホイヘンスの原理によって等方的に前方に光が伝搬する場合も比較のために示した。

もたずに，どの方向にも一様な大きさとなる場合を示したものである。

図 5.3 より，傾斜因子を考えれば波面上の各点から発生する二次波が，後ろ向きに進行する波を生じないことが理解できる。また，前方に進む波については光軸近傍では，実線と点線のずれはそれほど大きくないことがわかる。光軸近傍に限定した議論を行う場合を**近軸近似（paraxial approximation）**と呼ぶ。

近軸近似の範囲内，つまり開口の大きさに比べて r が十分大きい場合には，$\cos\theta \simeq 1$ となるので，傾斜因子は $K(\theta) = -i/\lambda$ の定数と考えてよい。さらに，単色光について相対的な値のみを考える場合，1 と考えてもよい。そのため，近軸近似の範囲で相対的な強度分布を議論する場合には，式(5.10)を用いれば十分である。

5.4 フラウンホーファー回折

式(5.10)のフレネルの回折公式は，開口とスクリーンの距離が比較的近い場合にスクリーン上での振幅分布を与えるものである。次に開口とスクリーンとの距離 z が十分大きい場合を考えてみよう。つまり，式(5.10)において

$$e^{ik\frac{\xi^2+\eta^2}{2z}} \approx 1 \tag{5.12}$$

と近似できる場合である。この近似が成り立つ開口とスクリーンとの距離 z は，式(5.12)より，

$$z \gg \frac{k(\xi^2+\eta^2)_{\max}}{2} \tag{5.13}$$

が成り立つことが必要である。開口の大きさを数 cm として，$\xi_{\max} = \eta_{\max} \approx 1$ cm とし，波長を 500 nm とすると，式(5.12)が成り立つためには，開口とスクリーンとの距離 z は

$$z \gg 1.3 \text{ [km]} \tag{5.14}$$

を満たす必要があることがわかる。したがって，開口とスクリーンとの距離が 1.3 km に比べて十分大きい，つまり開口とスクリーンが数十 km 以上離れているときに成り立つ近似であるといえる。

式(5.12)の近似が成り立つ距離 z では，式(5.10)はより簡単になり，

$$u_2(x,y) = \iint_{-\infty}^{\infty} u_1(\xi,\eta) e^{-ik\frac{x\xi+y\eta}{z}} d\xi d\eta \tag{5.15}$$

$$= \iint_{-\infty}^{\infty} u_1(\xi,\eta) e^{-i2\pi(\nu_x \xi + \nu_y \eta)} d\xi d\eta \tag{5.16}$$

となる。ここで，

$$\nu_x = \frac{x}{\lambda z} \tag{5.17}$$

$$\nu_y = \frac{y}{\lambda z} \tag{5.18}$$

とおいた。式(5.15)が成り立つ領域の回折を**フラウンホーファー回折**（Fraunhofer diffraction）と呼ぶ。フラウンホーファー回折の領域では，開口面上の振幅分布 $u_1(\xi,\eta)$ とスクリーン上の振幅分布 $u_2(x,y)$ はフーリエ変換の関係で結ばれることがわかる。

新しく定義した変数 (ν_x, ν_y) は x 方向および y 方向の**空間周波数**（spatial frequency）と呼ばれる。式(5.16)の被積分関数は振幅が $u_1(\xi,\eta)$ で，$z=0$ において波数ベクトルの x 成分および y 成分がそれぞれ $(2\pi\nu_x, 2\pi\nu_y)$ の平面波を表している。

フラウンホーファー回折を観察するには，開口から数十 km 以上も離れた位置にスクリーンを配置する必要がある。これでは実用性が少ないと思われるかもしれない。しかし，レンズを適当な位置に配置すると，その焦点面の強度分布がフラウンホーファー回折となるため，実用上はたいへん重要である。

5.5 単一スリットによる回折

図 5.4 に示すように幅 $2a$ の単一のスリットに平面波が入射した場合のフラウンホーファー回折を求めてみよう。スリットは無限に長いものと仮定すると，光の振幅分布は ξ のみに依存する一次元の関数と考えてよい。平面波の振幅を A とすると，スリット上の光の振幅分布 $u_1(\xi)$ は

$$u_1(\xi) = \begin{cases} A & -a \leq \xi \leq a \\ 0 & \text{それ以外} \end{cases} \tag{5.19}$$

となる。式(5.15)に代入すると，簡単な積分の計算により，

$$u_2(x) = \int_{-\infty}^{\infty} u_1(\xi) e^{-\frac{ikx\xi}{z}} d\xi \tag{5.20}$$

$$= A \int_{-a}^{a} 1 \cdot e^{-\frac{ikx\xi}{z}} d\xi \tag{5.21}$$

$$= A \frac{z}{-ikx} \left[e^{-\frac{ikx\xi}{z}} \right]_{-a}^{a} \tag{5.22}$$

$$= 2A \frac{z}{kx} \frac{e^{i\frac{ka}{z}x} - e^{-i\frac{ka}{z}x}}{2i} \tag{5.23}$$

$$= 2Aa \frac{\sin\left(\frac{ka}{z}x\right)}{\frac{ka}{z}x} \tag{5.24}$$

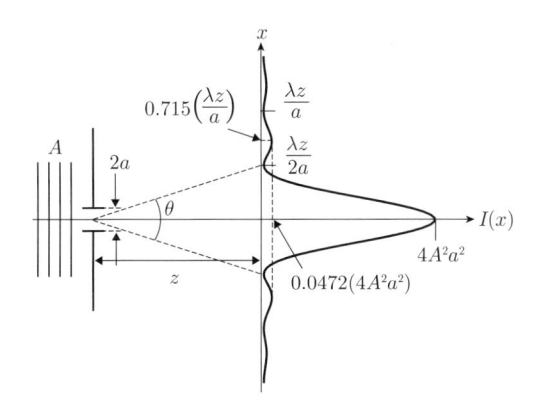

図 5.4 単一のスリットによるフラウンホーファー回折
回折光の振幅分布は矩形関数のフーリエ変換となる。

$$= 2Aa\,\text{sinc}\left(\frac{ka}{z}x\right) \tag{5.25}$$

が得られる．ここで，$\text{sinc}(x)$ は $\text{sinc}(x) = \sin(x)/x$ と定義され，**シンク関数**（**sinc function**）と呼ばれる．スクリーン上で観察される強度分布 $I(x)$ は，振幅分布 $u_2(x)$ の絶対値の 2 乗で与えられるため，

$$I(x) = |u_2(x)|^2 = 4A^2a^2\text{sinc}^2\left(\frac{ka}{z}x\right) \tag{5.26}$$

となる．

スクリーン上の回折パターンの強度は，光軸上で $4A^2a^2$ の値をとり，2 番目の副極大のピーク値は，中心ピークに比べて 4.7 %程度となる．スリットを通過した光のほとんどがその中心ピークに集まることがわかる．したがって，スリットを通過した光は，最初に強度がゼロになる点（ゼロ点）

$$x = \frac{\lambda z}{2a} \tag{5.27}$$

で与えられるので，幅 $(\lambda z)/a$ の範囲に拡がることがわかる．図 5.4 に示すように回折光の拡がり角を θ とすると，

$$\theta = 2\left(\frac{\theta}{2}\right) \simeq 2\tan\left(\frac{\theta}{2}\right) = \frac{\lambda}{a} \tag{5.28}$$

となり，スリットを通過した後の回折光の拡がり角 θ は，波長 λ とスリット幅 a との比で与えられることがわかる．したがって，スリット幅が波長と同程度の大きさのときに，回折の現象が顕著にあらわれ，一方，スリット幅が波長に対して十分大きい場合には，回折の現象はそれほど顕著にはならず，光は直進するものと考えてよい．

5.6　2つのスリットによる回折

次に 2 つのスリットによって光が回折する場合を考えよう．図 5.5 に示すように，幅 $2a$ の 2 つのスリットが距離 d だけ離れて配置されているものとする．スリット上での振幅分布 $u_1(\xi)$ は

$$u_1(\xi) = \begin{cases} A & -a-\frac{d}{2} \leq \xi \leq a-\frac{d}{2}, -a+\frac{d}{2} \leq \xi \leq a+\frac{d}{2} \\ 0 & \text{それ以外} \end{cases} \tag{5.29}$$

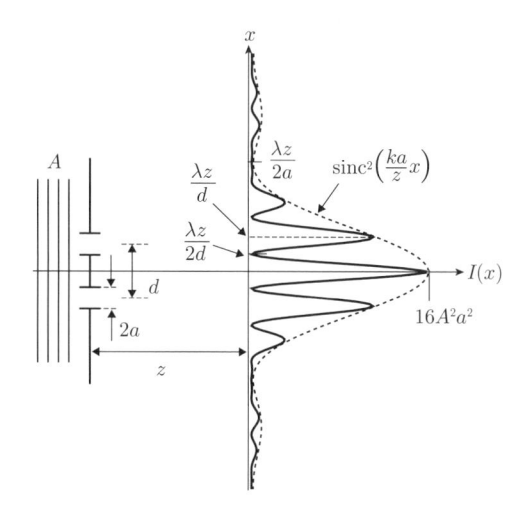

図 5.5 2つのスリットによるフラウンホーファー回折
2つのスリットを通過した光の干渉縞が重畳される。ヤングの干渉縞と同じである。

で与えられる。これを式(5.15)に代入して積分すると，

$$u_2(x) = 4Aa\,\text{sinc}\left(\frac{ka}{z}x\right)\cos\left(\frac{kd}{2z}x\right) \tag{5.30}$$

となる。これは，式(5.25)で与えられる単一のスリットの場合の振幅分布（つまり $\text{sinc}(\cdots)$）に，$\cos$ の項がかけ合わされたものとなっている。$\cos$ の項は，2つのスリットを通過した光の干渉効果を表したものである。

2つのスリットによるスクリーン上のフラウンホーファー回折の強度分布 $I(x)$ は，振幅分布 $u_2(x)$ の絶対値の2乗で求めることができるので，

$$I(x) = |u_2(x)|^2 \tag{5.31}$$

$$= 16A^2a^2\,\text{sinc}^2\left(\frac{ka}{z}x\right)\cos^2\left(\frac{kd}{2z}x\right) \tag{5.32}$$

$$= 8A^2a^2\,\text{sinc}^2\left(\frac{ka}{z}x\right)\left\{1 + \cos\left(\frac{kd}{z}x\right)\right\} \tag{5.33}$$

で与えられる。$\{\cdots\}$ の項は，スリットとスクリーンの距離を表す変数が異なることに注意すれば式(4.26)で示したヤングの干渉縞の式と同じである。式(4.26)の導出の際にはスリット幅は無限小としたが，有限のスリット幅を考えると，ス

リット幅で決まるシンク関数により干渉縞強度分布を変調した形となることがわかる。干渉縞強度分布の包絡線は，1つのスリットの幅で決まり，スリット幅が広いほど，干渉縞は光軸近傍に局在する。これは，スリット幅が大きくなると空間コヒーレンスが低下することに対応する。図5.5中の上部のスリット内のさまざまな位置を通過した光と，下部のスリット内のさまざまな位置を通過した光が干渉して，縞間隔の異なる干渉縞が形成され，それらが重ね合わされるからである。

5.7 多数のスリットによる回折

図 5.6 に示すような多数のスリットによる回折について考えてみよう。幅 $2a$ のスリットが間隔 d で $(2N+1)$ 個存在する場合について考える。スリット上での振幅分布 $u_1(\xi)$ は

$$u_1(\xi) = \begin{cases} A & -a+md \leq \xi \leq a+md \quad (m=0,\pm 1,\pm 2,\cdots,\pm N) \\ 0 & それ以外 \end{cases}$$

(5.34)

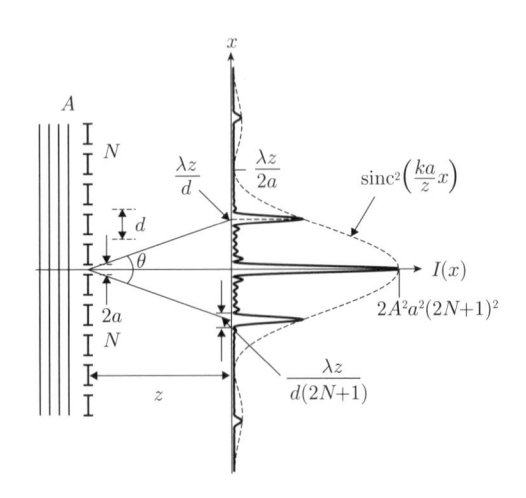

図 5.6 多数のスリットによるフラウンホーファー回折
スリットの間隔と個数によって半値幅の決まる鋭いピークが形成される。

となる。

スクリーン上に形成される強度分布 $I(x)$ は，式(5.15)の積分範囲を式(5.34)の場合分けに従ってていねいに計算すると，

$$I(x) = 4A^2 a^2 \mathrm{sinc}^2 \left(\frac{ka}{z} x \right) \left[\frac{\sin \left\{ \frac{kd}{2z}(2N+1)x \right\}}{\sin \left(\frac{kd}{2z} x \right)} \right]^2 \tag{5.35}$$

と与えられる。図 5.6 に式(5.35)の概形を示した。鋭いピークが多数あらわれ，その包絡線が個々のスリット，つまり幅 $2a$ のスリットで決まるシンク関数で与えられることがわかる。

鋭いピークをもつ $I(x)$ の極大値は，

$$x_{\mathrm{peak}} = m \frac{\lambda z}{d} \quad (m = 0, \pm 1, \pm 2, \cdots) \tag{5.36}$$

のときに生じる。つまりピークの間隔は $(\lambda z/d)$ であり，式(5.33)で与えられる 2 つのスリットの干渉縞間隔と同一であることがわかる。

$m = \pm 1$ のピークの間の角度を θ とすると，

$$\theta = 2 \left(\frac{\theta}{2} \right) \simeq 2 \tan \left(\frac{\theta}{2} \right) = \frac{2\lambda}{d} \tag{5.37}$$

となる。つまり，規則的に並んだスリットの間隔と波長との比で極大値のできる方向が決定される。

光軸上（$x = 0$）に形成されるピーク強度は，ロピタルの定理（l'Hospital's rule）を用いるか，または $\sin \theta \simeq \theta$（$\theta \simeq 0$ のとき）の近似を用いると，

$$I(0) = 4A^2 a^2 (2N+1)^2 \tag{5.38}$$

で与えられることがわかる。したがって，ピーク強度は，スリットの数の 2 乗に比例して大きくなる。

また光軸上のピークの全値半幅を考えると，

$$\frac{kd}{2z}(2N+1)x = \pm \pi \tag{5.39}$$

のときに x 軸上で最初に強度がゼロになるので，

$$x_{\mathrm{HWFM}} = \frac{\lambda z}{d(2N+1)} \tag{5.40}$$

となる。つまり，規則的に配列したスリットの個数が多ければ多いほど，回折によって形成される極大ピークの幅が小さくなり，先鋭化することがわかる。ピーク値の幅 $2x_{\text{HWFM}}$ はピーク間隔 $\lambda z/d$ に対して，

$$\frac{2}{2N+1} \tag{5.41}$$

倍になっている。

$m \neq 0$ の場合，極大ピークのできる位置は式(5.36)により決まり，波長に依存し，そのピーク幅はスリットの数に依存する。そのため，スペクトル拡がりのある光を十分多くの数のスリットで回折させれば，副極大のできる位置で波長が分離され，各波長成分が別の位置に極大ピークをつくることになる。

このような回折の現象は，**回折格子**（grating）として，分光スペクトルの測定に利用されている。また，コンパクト・ディスク（CD）やデジタル・バーサタイル・ディスク（DVD）などの裏側で反射した白色光が虹色に分離されて観察される現象も光の回折によるものである。

5.8 矩形の開口による回折

矩形の開口の場合（図 5.7）は，一次元スリットの場合に与えられる式(5.26)を二次元に適用することによって求めることができる。幅が $2a$ と $2b$ の矩形の開口上での振幅分布 $u_1(\xi, \eta)$ は

$$u_1(\xi, \eta) = \begin{cases} A & -a \leq \xi \leq a \text{ かつ } -b \leq \eta \leq b \\ 0 & \text{それ以外} \end{cases} \tag{5.42}$$

となるので，式(5.15)に代入して，

$$u_2(x, y) = A \int_{-a}^{a} \int_{-b}^{b} e^{-ik\frac{x\xi + y\eta}{z}} d\xi d\eta \tag{5.43}$$

$$= A \left(\int_{-a}^{a} e^{-ik\frac{x\xi}{z}} d\xi \right) \left(\int_{-b}^{b} e^{-ik\frac{y\eta}{z}} d\eta \right) \tag{5.44}$$

$$= 4Aab\,\text{sinc}\left(\frac{ka}{z}x\right) \text{sinc}\left(\frac{kb}{z}y\right) \tag{5.45}$$

となる。したがって，スクリーン上の強度分布 $I(x, y)$ は

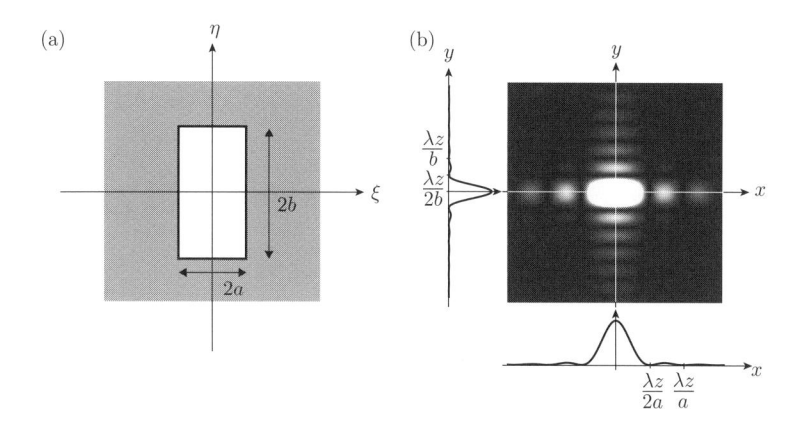

図 5.7 矩形開口によるフラウンホーファー回折
(a)矩形開口。(b)回折光の強度パターン。この図では副極大を強調するためにコントラストを調整してある。

$$I(x,y) = 16A^2a^2b^2\mathrm{sinc}^2\left(\frac{ka}{z}x\right)\mathrm{sinc}^2\left(\frac{kb}{z}y\right) \tag{5.46}$$

で与えられる。図 5.7 (a)に開口の形状を，図 5.7 (b)に回折パターンを示す。縦長の開口（$b > a$）による回折パターンの中心の強度分布は，横長になっていることがわかる。これは，狭いスリットを通過した光の方が，回折の効果により拡がるからである。x 軸上および y 軸上の強度分布は，式(5.26)で求めた単一スリットによる回折光強度分布と同じ形状となっている。

5.9　円形の開口による回折

次に円形の開口による回折を考えよう。通常用いられるレンズ，絞りなどは円形の形状をしているため，円形の開口による回折を理解しておくことは，光学系による結像を理解するうえで重要である。

光軸を中心とする円形開口の場合，系が光軸に対して回転対称であるので，極座標表示を用いるとよい。

$$\xi = \rho\cos\phi, \quad \eta = \rho\sin\phi \tag{5.47}$$

$$x = r\cos\theta, \quad y = r\sin\theta \tag{5.48}$$

第 5 章 回折の光学

とおいて，極座標で表示した ρ-ϕ 面上および r-θ 面上での振幅分布をそれぞれ $u_1(\rho,\phi)$, $u_2(r,\theta)$ とすると，開口上の振幅分布は，

$$u_1(\rho,\phi) = \begin{cases} A & \rho \leq a \\ 0 & \text{それ以外} \end{cases} \tag{5.49}$$

となる。また式(5.15)を極座標表示すると，

$$u_2(r,\theta) = \int_0^\infty \int_0^{2\pi} u_1(\rho,\phi) e^{-i\left(\frac{kr}{z}\right)\rho\cos(\phi-\theta)} \rho d\rho d\phi \tag{5.50}$$

$$= A \int_0^a \left\{ \int_0^{2\pi} e^{-i\left(\frac{kr}{z}\right)\rho\cos(\phi-\theta)} d\phi \right\} \rho d\rho \tag{5.51}$$

となる。式(5.51)の被積分関数 $\{\cdots\}$（ϕ に関する積分部分）は，**ベッセル関数**（**Bessel function**）となる。

n 次の第一種ベッセル関数は

$$J_n(x) = \frac{1}{2\pi} \int_{-\pi}^{\pi} e^{i(x\sin\alpha - n\alpha)} d\alpha \tag{5.52}$$

で定義されるので，$\sin\alpha = -\cos(\alpha + \pi/2)$ の関係を使って，$(\alpha + \pi/2)$ を新たに積分変数 α として定義し直すと，

$$J_n(x) = \frac{i^n}{2\pi} \int_0^{2\pi} e^{-i(x\cos\alpha + n\alpha)} d\alpha \tag{5.53}$$

となる。積分は 1 周分行えばよいので，0 から 2π とした。特に $n=0$ のとき，

$$J_0(x) = \frac{1}{2\pi} \int_0^{2\pi} e^{-ix\cos\alpha} d\alpha \tag{5.54}$$

となる。この式から式(5.51)の $\{\cdots\}$ 部分の積分は

$$\int_0^{2\pi} e^{-i\left(\frac{kr}{z}\right)\rho\cos(\phi-\theta)} d\phi = 2\pi J_0\left(\frac{kr}{z}\rho\right) \tag{5.55}$$

と表され，ρ に関する積分はベッセル関数の性質

$$\frac{d}{dx}\left\{ x^{n+1} J_{n+1}(x) \right\} = x^{n+1} J_n(x) \tag{5.56}$$

を用い，$n=0$ として両辺を積分すれば，

5.9 円形の開口による回折

$$xJ_1(x) = \int_0^x x' J_0(x')dx' \tag{5.57}$$

となる。式(5.51)に式(5.55)を代入し，$\rho' = (kr/z)\rho$ とおいて積分変数を変換すると，

$$u_2(r,\theta) = 2\pi A \int_0^a J_0\left(\frac{kr}{z}\rho\right)\rho d\rho \tag{5.58}$$

$$= \frac{2\pi A}{\left(\frac{kr}{z}\right)^2} \int_0^{\frac{kr}{z}a} J_0(\rho')\rho' d\rho' \tag{5.59}$$

$$= \frac{2\pi A}{\left(\frac{kr}{z}\right)^2} \left(\frac{kr}{z}a\right) J_1\left(\frac{kr}{z}a\right) \tag{5.60}$$

$$= 2\pi A a^2 \left(\frac{J_1\left(\frac{kr}{z}a\right)}{\frac{kr}{z}a}\right) \tag{5.61}$$

となる。したがって，スクリーン面上の強度分布 $I(r)$ は

$$I(r) = \pi^2 a^4 A^2 \left(\frac{2J_1\left(\frac{kr}{z}a\right)}{\frac{kr}{z}a}\right)^2 \tag{5.62}$$

で与えられる。図 5.8（b）にスクリーン上の強度分布を，(c)に中心を通る直線上での強度分布を示す。ここでは比較のため，幅 $2a$ のスリットによる回折パターンの光強度分布（式(5.26)）を原点での強度を一致させて破線で表示した。

原点上（$r=0$）では，最大値 $\pi^2 a^4 A^2$ をとる。また，一次のベッセル関数は $x = 1.220\pi$ のとき最初のゼロ点をとるので，最初の暗環の半径 r_a は

$$r_a = 0.61\frac{\lambda z}{a} \tag{5.63}$$

となる。この半径で与えられる円盤状の領域を**エアリーディスク（Airy disk）**と呼ぶ。エアリーディスク内には，開口に入射する全光量の 84 ％が集中する。

図 5.9 に示す開口からの回折光の拡がりを θ とすると光軸からの拡がりは $\theta/2$ になるので，

$$\frac{\theta}{2} \simeq \tan\left(\frac{\theta}{2}\right) = \frac{r_a}{z} = 0.61\frac{\lambda}{a} \tag{5.64}$$

となり，開口の大きさと波長の比となる。つまり，波長に対して開口が小さい場

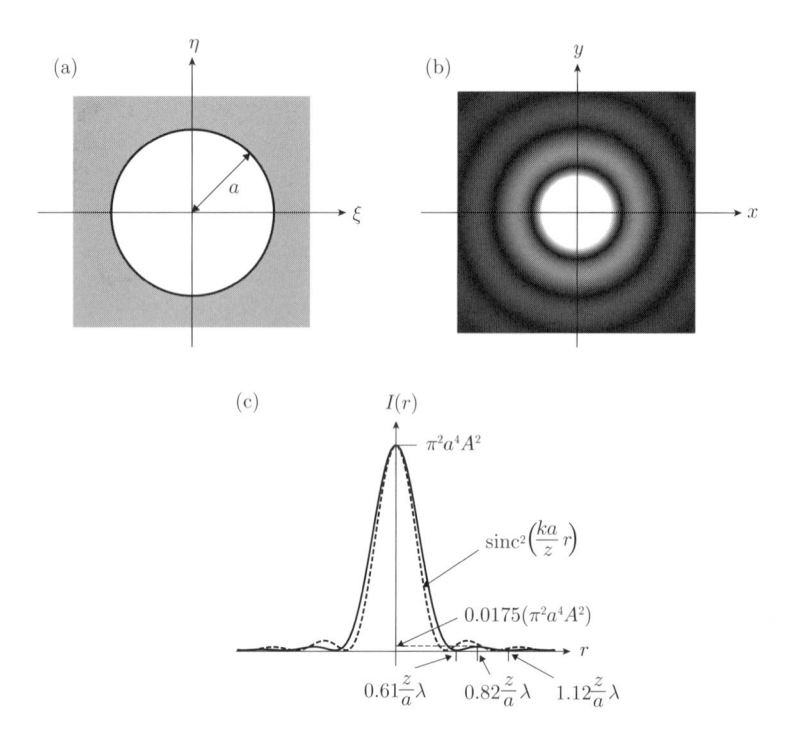

図 5.8 円形開口によるフラウンホーファー回折
(a)円形開口。(b)回折光の強度パターン。中心の円盤状部分をエアリーディスクと呼ぶ。この図では副極大の輪環を強調するためにコントラストを調整してある。(c)中心を通る断面での強度分布。

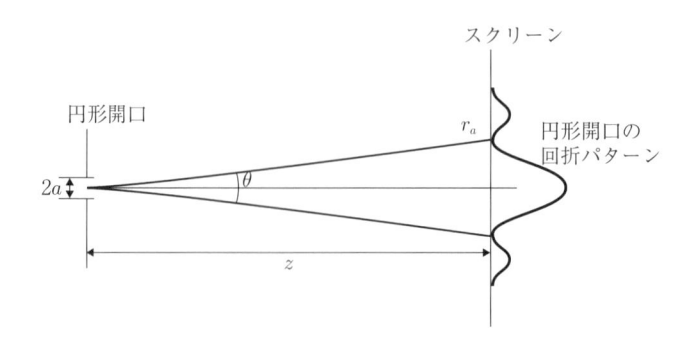

図 5.9 円形開口による回折光の拡がり
開口半径 a と光の波長 λ の比で拡がり角 θ が決定される。

合は，光は回折により大きく拡がり，開口が小さい場合はほとんど拡がらずに直進する．

5.10 レンズによる回折

レンズはもっとも重要な光学素子の一つであり，レンズを使用することによって開口から遠距離に形成されるフラウンホーファー回折を，レンズの焦点位置に形成することができる．ここでは，レンズの作用について考えてみよう．

レンズに光が入射すると，レンズを通過する場所により光の位相が変化し，位相変化を生じる．図 5.10 (a) に示すように，点 P を通過する光（光線 1）とレンズの中心つまり光軸上を通過する光（光線 0）との位相差を考える．レンズの曲面の半径は十分大きいものとし，レンズの曲面による屈折を無視すると，図中 d_1 と d_3 の距離を求めれば，光線 0 と光線 1 との位相差を求めることができる．光線 0 では，d_1, d_3 の部分はともにレンズの媒質 n の内部を通過するが，光線 1 ではともに空気中を伝搬するからである．

図 5.10 (b) に示すようにレンズの入射面での座標軸を (x, y) とし，点 P の座標を (x, y)，レンズの第 1 面の球の半径（曲率半径）を R_1，点 P から光軸に下ろした垂線の足と曲率中心との距離を l_1 とすると，幾何学的な関係により，

$$d_1 = R_1 - l_1 \tag{5.65}$$
$$= R_1 - \sqrt{R_1{}^2 - x^2 - y^2} \tag{5.66}$$

となる．ここで，レンズの曲率半径 R_1 が x, y に比べて十分大きいとの近似 ($R_1 \gg x, y$) を用いると，

$$d_1 = R_1 - R_1\sqrt{1 - \frac{x^2 + y^2}{R_1{}^2}} \tag{5.67}$$
$$\simeq \frac{x^2 + y^2}{2R_1} \tag{5.68}$$

が得られる．同様に第 2 面での距離 d_3 を求めると，曲率半径 R_2 が負の値をとるため，$(-R_2)$ を平方根から出して，

第 5 章 回折の光学

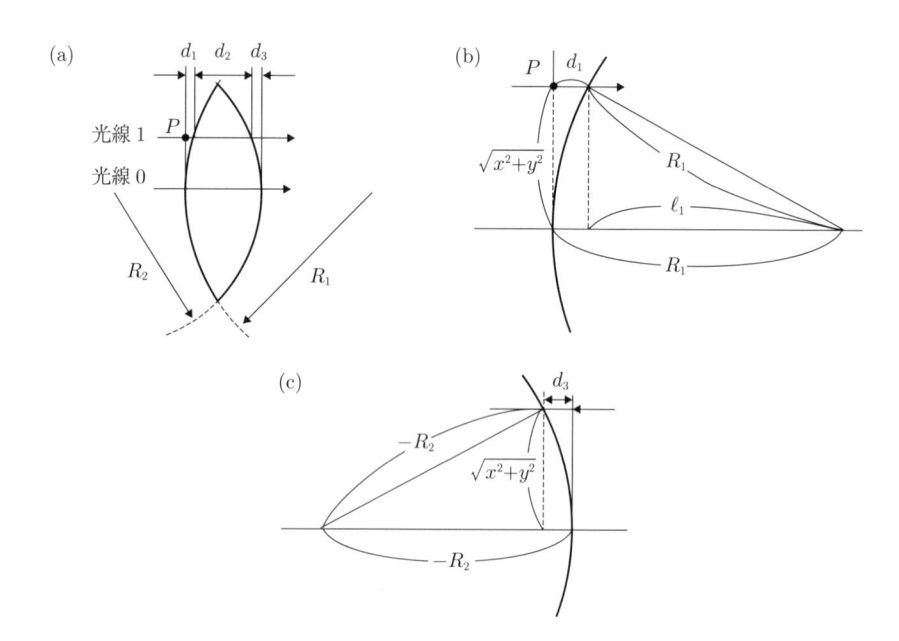

図 5.10 レンズによる光波の回折
(a)レンズを通過する位置による光路長の違い。(b)レンズの入射面での光路長の違い。
(c)レンズの出射面での光路長の違い。

$$d_3 = -R_2 - (-R_2)\sqrt{1 - \frac{x^2 + y^2}{R_2{}^2}} \tag{5.69}$$

$$\simeq -\frac{x^2 + y^2}{2R_2} \tag{5.70}$$

となる。したがって，光線 0 と光線 1 との位相差 $\phi(x, y)$ は

$$\phi(x, y) = -k(n - 1)(d_1 + d_3) \tag{5.71}$$

$$= -k(n - 1)\left(\frac{x^2 + y^2}{2}\right)\left(\frac{1}{R_1} - \frac{1}{R_2}\right) \tag{5.72}$$

と求められる。つまり，レンズを透過することによって，式(5.72)で与えられる位相ずれを生じることになる。したがって，レンズの振幅透過率 $t_l(x, y)$ は

$$t_l(x, y) = \exp\left\{-ik(n - 1)\left(\frac{x^2 + y^2}{2}\right)\left(\frac{1}{R_1} - \frac{1}{R_2}\right)\right\} \tag{5.73}$$

で与えられる。**レンズの焦点距離**（focal length）として f を

$$\frac{1}{f} = (n-1)\left(\frac{1}{R_1} - \frac{1}{R_2}\right) \tag{5.74}$$

と定義すると，レンズの振幅透過率 $t_l(x,y)$ は

$$t_l(x,y) = \exp\left\{-i\frac{k}{2f}(x^2+y^2)\right\} \tag{5.75}$$

と表される。式(5.75)からレンズによる光波の位相変化を求めることができる。レンズの口径の大きさを $P(x,y)$ で表し，

$$P(x,y) = \begin{cases} 1 & \sqrt{x^2+y^2} \le a \\ 0 & \text{それ以外} \end{cases} \tag{5.76}$$

とおく。これを**瞳関数**（pupil function）と呼ぶ。瞳関数を用いると，レンズの大きさも考慮したレンズの振幅透過率 $t_l(x,y)$ は

$$t_l(x,y) = P(x,y)\exp\left\{-i\frac{k}{2f}(x^2+y^2)\right\} \tag{5.77}$$

と与えられる。

5.11 レンズによるフーリエ変換

レンズを用いると，その焦点位置に存在する光軸に垂直な平面（**焦点面**（focal plane）と呼ぶ）にフラウンホーファー回折パターンを形成することができる。図 5.11 に示すように，振幅透過率 $t(\xi,\eta)$ で与えられる物体に振幅 A の平面波が入射し，レンズにより距離 f 離れたスクリーン上に結像される場合を考える。レンズの厚み，物体の厚みは十分薄いものと考える。

レンズ上の座標を (ξ,η) とすると，物体を透過した直後の光波の振幅分布 $u_1(\xi,\eta)$ は

$$u_1(\xi,\eta) = At(\xi,\eta) \tag{5.78}$$

で与えられる。次に式(5.77)で与えられるレンズ $t_l(\xi,\eta)$ を透過するので，レンズ直後の振幅分布 $u_2(\xi,\eta)$ は

$$u_2(\xi,\eta) = At(\xi,\eta)t_l(\xi,\eta) \tag{5.79}$$

第 5 章 回折の光学

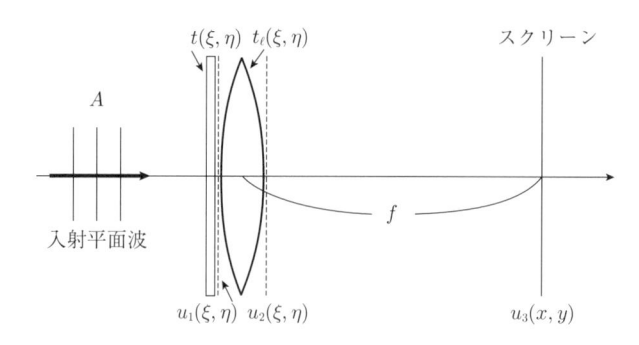

図 5.11 レンズによるフーリエ変換：レンズの直前に物体を配置した場合
スクリーン上の振幅分布は物体のフーリエ変換したものとなる。

と与えられる。この振幅分布 $u_2(\xi,\eta)$ が距離 f だけ伝搬して，スクリーン上に強度分布を形成する。スクリーン上の座標を (x,y) とすると，レンズ直後の波面はスクリーンまで回折しながら伝搬する。スクリーン上の振幅分布を $u_3(x,y)$ とおくと，フレネル回折の式(5.10)により，

$$u_3(x,y) = \iint_{-\infty}^{\infty} u_2(\xi,\eta) e^{i\frac{k}{2f}(\xi^2+\eta^2)} e^{-ik\frac{x\xi+y\eta}{f}} d\xi d\eta \tag{5.80}$$

$$= A \iint_{-\infty}^{\infty} t(\xi,\eta) P(\xi,\eta) e^{-ik\frac{x\xi+y\eta}{f}} d\xi d\eta \tag{5.81}$$

と与えられる。レンズの口径の大きさが十分大きいときは，$P(\xi,\eta)$ の項を無視してもよい。したがって，

$$u_3(x,y) = A \iint_{-\infty}^{\infty} t(\xi,\eta) e^{-i\frac{k}{f}(x\xi+y\eta)} d\xi d\eta \tag{5.82}$$

となる。これは，スクリーン上に形成される振幅分布が物体の振幅透過率分布 $t(\xi,\eta)$ の二次元フーリエ変換で与えられることを示す。つまり，レンズの焦点面に形成される振幅分布 $u_3(x,y)$ は，フラウンホーファー回折と同じ形状になることが示される。

レンズの口径の大きさが無視できない場合は，物体 $t(\xi,\eta)$ と瞳関数 $P(\xi,\eta)$ をかけ算した関数のフーリエ変換となる。フーリエ変換の性質より，2 つの関数の積をフーリエ変換したものは，それぞれの関数を別々にフーリエ変換したものを**コンボリューション（convolution)**したものとなる。レンズの瞳関数は円形開口であるため，そのフーリエ変換は式(5.61)において距離 $z=f$ とおき，a をレ

ンズの口径の大きさとすることにより求めることができる。

したがって，スクリーン上の振幅分布は，物体のもつ透過率分布 $t(\xi,\eta)$ をフーリエ変換した理想的なものになるわけではなく，式(5.61)で与えられる拡がりをコンボリューションしたものとなる．そのため，スクリーン上に形成される像は，必ずレンズの開口と焦点距離の比で決まる有限の拡がりをもつ．これは**回折限界**（**diffraction limit**）と呼ばれる現象であり，詳しくは第6章で説明する．

式(5.10)に示したフレネルの回折公式は，式(5.9)から積分に関係ない係数

$$e^{i\frac{k}{2z}(x^2+y^2)} \tag{5.83}$$

を省略していることに注意が必要である．つまり，スクリーン上の座標 (x,y) に関係した項を省略しており，式(5.82)は位相成分まで含めたフーリエ変換とはなっていない．

図 5.12 に示すように，物体をレンズの前側の焦点距離 f の位置に配置し，スクリーンをレンズの後側の焦点距離 f の位置に配置すると，位相項まで含めてフーリエ変換の関係になることを示すことができる．レンズの前側焦点面，つまり物体の位置の座標を (ξ,η)，レンズの位置の座標を (x_1,y_1)，スクリーン上の座標を (x,y) とおく．物体に振幅 A の平面波が入射するものとし，物体直後の振幅分布を $u_1(\xi,\eta)$，レンズ直前の振幅分布を $u_2(x_1,y_1)$，レンズ直後の振幅分布を $u_3(x_1,y_1)$，スクリーン上の振幅分布を $u_4(x,y)$ とする．

物体に振幅 A の平面波を入射させたとき，物体直後の振幅分布 $u_1(\xi,\eta)$ は，物体の振幅透過率分布 $t(\xi,\eta)$ を用いて，

$$u_1(\xi,\eta) = At(\xi,\eta) \tag{5.84}$$

で与えられる．これが距離 f だけ伝搬するので，レンズ直前の振幅分布 $u_2(x_1,y_1)$ は，位相項を省略しないフレネルの式(5.8)を用いて，

$$u_2(x_1,y_1) = \iint_{-\infty}^{\infty} u_1(\xi,\eta) e^{i\frac{k}{2f}\{(x_1-\xi)^2+(y_1-\eta)^2\}} d\xi d\eta \tag{5.85}$$

と与えられる．この式においても座標 (x,y) に依存しない定数項（つまり $\exp(ikz)/z$）は省略している．レンズ直後の振幅分布 $u_3(x_1,y_1)$ は，$u_2(x_1,y_1)$ にレンズの透過率 $t_l(x_1,y_1)$ をかけて，

$$u_3(x_1,y_1) = t_l(x_1,y_1)u_2(x_1,y_1) \tag{5.86}$$

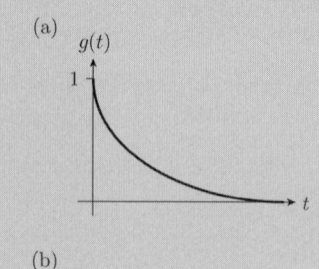

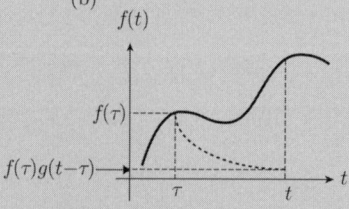

●コラム　コンボリューション

コンボリューションは畳み込み積分とも呼ばれ，2つの関数 $f(t)$, $g(t)$ に対して，

$$h(t) = \int_{-\infty}^{\infty} f(\tau)g(t-\tau)d\tau$$

で与えられる関数 $h(t)$ を求めることを指す。この積分の意味を考えてみよう。イメージしやすいものとして，コンサートホールなど音の残響のある場所で音を鳴らした場合を考える。

時刻 $t=0$ に非常に短い音を鳴らしてその残響が聞こえるとき，その残響の時間変化が関数 $g(t)$ で表されるものとする（図(a)）。次に強弱のある音を連続して鳴らし，その音の強弱を表す関数を $f(t)$ とする（図(b)）。

時刻 t に聞こえる音について考える。ある時刻 τ に発生した音の大きさは $f(\tau)$ であるので，その音が時刻 t に残響として聞こえる大きさは，時刻 t と時刻 τ の時間差が $(t-\tau)$ であることを考慮し，

$$f(\tau)g(t-\tau)$$

で与えられる。時刻 t に聞こえる音 $h(t)$ は任意の時刻 τ に発生したすべての音の重ね合わせであるので，

$$h(t) = \int_{-\infty}^{\infty} f(\tau)g(t-\tau)d\tau$$

となる。したがってコンボリューションは，インパルス応答 $g(t)$ をもつ系に信号 $f(t)$ を入力したときの出力 $h(t)$ を表したものとなる。

コンボリューションで得られる関数 $h(t)$ のフーリエ変換は，関数 $f(t)$ と $g(t)$ をそれぞれ個別にフーリエ変換したものの積で与えられる。コンボリューションを数値計算する際は，積分を含むため演算時間を要する場合が多い。そこで2つの関数をフーリエ変換して積を求め，それを逆フーリエ変換する計算を行う場合も多い。

図　コンボリューションの意味
(a) 関数 $g(t)$ の時間波形。(b) 関数 $f(t)$ の時間波形。時刻 τ に鳴った音は，時刻 t には $f(\tau)g(t-\tau)$ の大きさで聞こえる。

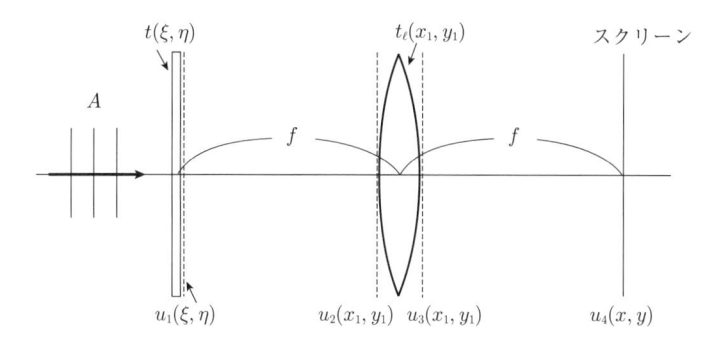

図 5.12 レンズによるフーリエ変換：レンズの前側焦点位置に物体を配置した場合スクリーン上の振幅分布は位相項まで含めて物体のフーリエ変換となる。

と求められる。ここではレンズの口径は十分大きいものとして瞳関数 $P(x_1, y_1)$ は省略した。スクリーン上の振幅分布 $u_4(x, y)$ は，$u_3(x_1, y_1)$ が距離 f だけ伝搬したものであるので，フレネル回折の公式(5.8)をもう一度用いて，

$$u_4(x, y) = \iint_{-\infty}^{\infty} u_3(x_1, y_1) e^{i\frac{k}{2f}\{(x-x_1)^2+(y-y_1)^2\}} dx_1 dy_1 \quad (5.87)$$

と与えられる。式(5.84)〜(5.86)を式(5.87)に代入することにより，スクリーン上の振幅分布 $u_4(x, y)$ を求めることができる。

計算を簡単に行うために，指数関数の肩の変数にのみ注目する。x, x_1, ξ と y, y_1, η は対称であるので，x, x_1, ξ のみの計算を行うと，

$$(x_1 - \xi)^2 - x_1^2 + (x - x_1)^2 = -2x_1\xi + \xi^2 + x^2 - 2xx_1 + x_1^2 \quad (5.88)$$
$$= x_1^2 - 2(x+\xi)x_1 + x^2 + \xi^2 \quad (5.89)$$
$$= (x_1 - x - \xi)^2 - 2x\xi \quad (5.90)$$

となる。したがって，式(5.87)は次のように変形できることがわかる。

$$u_4(x, y) = A \iint_{-\infty}^{\infty} t(\xi, \eta)$$
$$\times \left[\iint_{-\infty}^{\infty} e^{i\frac{k}{2f}\{(x_1-x-\xi)^2+(y_1-y-\eta)^2\}} dx_1 dy_1 \right] e^{-i\frac{k}{f}(x\xi+y\eta)} d\xi d\eta$$
$$(5.91)$$

第 5 章 回折の光学

ここでフレネル積分の公式

$$\int_0^\infty \cos(\alpha^2 x^2)dx = \int_0^\infty \sin(\alpha^2 x^2)dx = \frac{1}{2|\alpha|}\sqrt{\frac{\pi}{2}} \quad (5.92)$$

を用いると，

$$\int_{-\infty}^\infty e^{i\alpha^2 x^2}dx = \frac{1}{|\alpha|}\sqrt{\frac{\pi}{2}}(1+i) \quad (5.93)$$

となるので，式(5.91)の $[\cdots]$ の部分の積分は $i\lambda f$ となり，座標に関係のない定数値となる．その定数値を省略すると，スクリーン上の振幅分布 $u_4(x,y)$ は

$$u_4(x,y) = A \iint_{-\infty}^\infty t(\xi,\eta)e^{-i\frac{k}{f}(x\xi+y\eta)}d\xi d\eta \quad (5.94)$$

と与えられる．スクリーン上の振幅分布 $u_4(x,y)$ が物体の透過率分布 $t(\xi,\eta)$ のフーリエ変換となることがわかる．式(5.94)は式(5.82)と同じ形となっているが，式(5.94)はスクリーン上の場所で決まる位相項（式(5.83)）を省略せずに導出した式となっており，光波の位相まで含めてフーリエ変換の関係になっていることがわかる．

5.12 薄い回折格子による回折と波数ベクトル

回折格子による光の回折方向と波数ベクトルとの関係を考えてみよう．図 5.13 に示すように，幅が十分狭いスリットが間隔 d で並んだ回折格子を考える．スリットの各点から球面波が発生し，その球面波が互いに強め合う方向に回折光が生じる．図 5.13 (a)には $d>\lambda$ の場合，(b)には $d=\lambda$ の場合，(c)には $d<\lambda$ の場合を示した．

回折光の波数ベクトルとスリット間隔の関係について考えてみよう．図 5.14 に示すように回折格子に沿った方向に x 軸をとり，垂直方向に z 軸をとる．より一般的に考えるために，z 軸に対して角度 θ で平面波が入射し，角度 ϕ の方向に回折する場合を考える．入射光の波数ベクトルを $\boldsymbol{k}_i$，回折光の波数ベクトルを $\boldsymbol{k}_d$ とする．回折光が生じるためには，光線 1 と 2 の回折光の方向が互いに同位相になり，強め合うことが条件となる．この条件は，

$$d\sin\theta + d\sin\phi = m\lambda \quad (m=0,\pm 1,\pm 2,\cdots) \quad (5.95)$$

5.12 薄い回折格子による回折と波数ベクトル

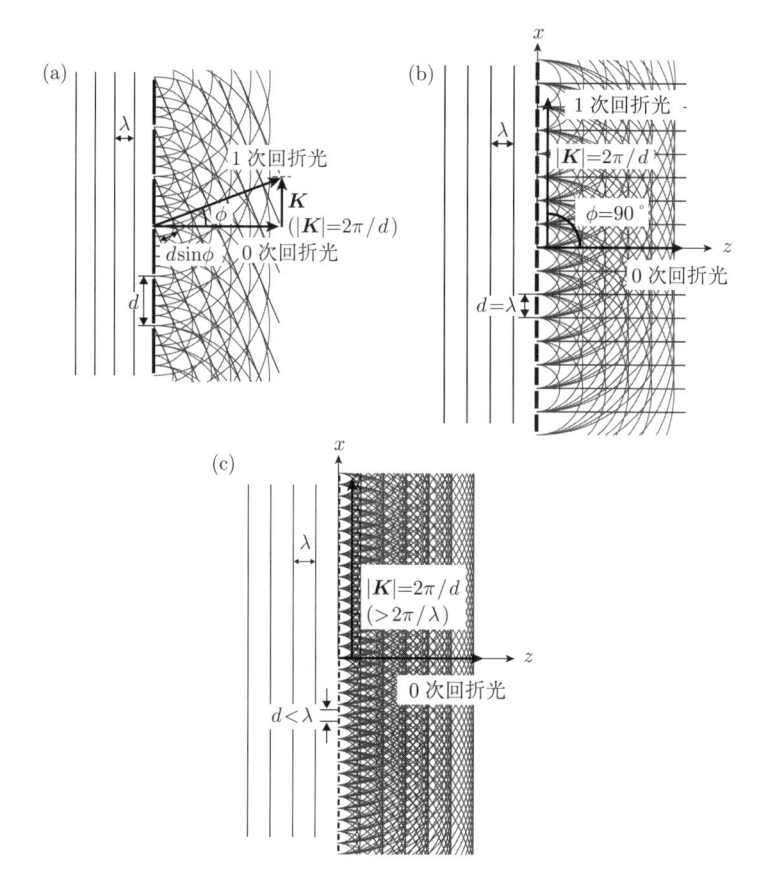

図 5.13 多数のスリットによる回折光の波数ベクトル k_d と回折格子ベクトル K との関係 (a) $d > \lambda$ の場合。(b) $d = \lambda$ の場合。(c) $d < \lambda$ の場合。

で与えられる。式(5.95)の両辺に 2π をかけ，d と λ で割り整理すると，

$$\frac{2\pi}{\lambda}\sin\phi = -\frac{2\pi}{\lambda}\sin\theta + m\left(\frac{2\pi}{d}\right) \tag{5.96}$$

$$k_{dx} = k_{ix} + mK \tag{5.97}$$

となることがわかる。ここで，k_{dx} は回折光の波数ベクトルの x 成分，k_{ix} は入射光の波数ベクトルの x 成分であり，

$$K = \frac{2\pi}{d} \tag{5.98}$$

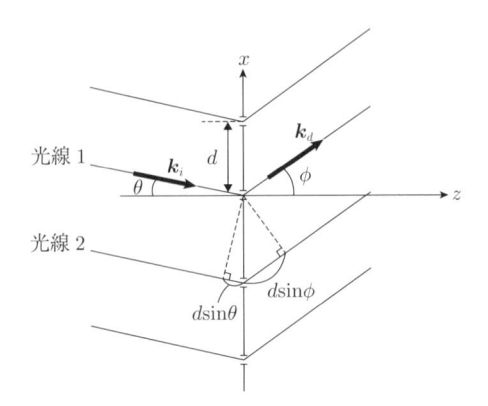

図 5.14 薄い回折格子によるラマン・ナス回折

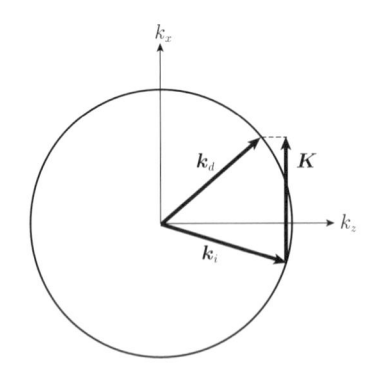

図 5.15 入射光の波数ベクトル k_i と回折光の波数ベクトル k_d と回折格子ベクトル K の関係（エバルト球上で表示）

とおいた。K をベクトルとして，向きを回折格子ベクトルに沿った方向，大きさを式(5.98)で定義したものを**回折格子ベクトル**（grating vector）と呼ぶ。

入射光の波数ベクトル k_i と回折光の波数ベクトル k_d，回折格子ベクトル K の関係は**エバルト球**（Ewald sphere）上で考えると理解しやすい。エバルト球は波数ベクトルの大きさ k を半径とする球であり，波数ベクトルの始点を球の中心に一致させると，入射光および回折光の波数ベクトルの先端は，球上に必ず存在することになる。式(5.97)で表される関係をエバルト球を用いて示すと，図 5.15 のように表される。入射光の波数ベクトルの x 成分に回折格子ベクトルを足し算したものが，回折光の波数ベクトルの x 成分になるのである。入射光および回折

光の波数ベクトルの先端はエバルト球上に存在しなければならないので，回折光の波数ベクトルの先端と回折格子ベクトルの先端がエバルト球上で一致するとはかぎらない。ここでは z 方向に非常に薄い回折格子を考えているため，回折格子ベクトルの z 方向の成分は不確定であり，拡がりをもつ。そのため図 5.15 の条件を満たす方向に回折光が生じるのである。このような薄い回折格子による回折を**ラマン・ナス回折**（Raman-Nath diffraction）と呼ぶ。

回折格子の間隔 d が小さくなったり，または回折光の次数 m が大きくなると，回折光の波数ベクトルの x 成分 k_{dx} も大きくなる（図 5.13（c））。簡単のため入射角を $\theta = 0$ とすると，1次回折の波数ベクトルの x 成分 k_{dx} は，式(5.97)より回折格子ベクトルと一致する。

回折格子の間隔 d が小さく，$d < \lambda$ を満たす場合，

$$|\bm{K}| = K = k_{dx} = \frac{2\pi}{d} > k = \frac{2\pi}{\lambda} \tag{5.99}$$

となり，回折光の波数ベクトル $\bm{k}_d$ の x 成分が波数ベクトルの大きさ k よりも大きくなる。これは，全反射の場合と同じである。そのため，回折光の波数ベクトルの z 成分 k_{dz} は

$$k_{dz} = \sqrt{k^2 - K^2} = i\sqrt{K^2 - k^2} \tag{5.100}$$

で与えられる純虚数となり，その光波は z 方向に伝搬するに従って振幅が指数関数的に減少するエバネッセント波となる。

物体がもつ微小な構造で回折した光はエバネッセント波となり，z 方向に伝搬しないため回折格子近傍に局在し，結像系を構成した場合にレンズまで光が届かない。そのため，波長以下の微小な構造は，レンズで結像することはできない。この限界を打ち破るために開発されたのが**近接場光学顕微鏡**（near-field scanning optical microscope）であり，微小なプローブを試料近傍のエバネッセント波の存在する領域に挿入し，散乱させて伝搬光に変換して検出している。近接場光学顕微鏡の詳細は第 8 章で述べる。

5.13 厚みある回折格子による回折

次に厚みのある回折格子による回折を考えよう．厚みある回折格子とは，図 5.16 に示すように多層膜フィルムのような層状のものやホログラム感光材料に記録したホログラムなど，波長に比べて光軸（z 軸）方向に厚い場合である．

光線 1 と光線 2 が同位相になるための条件は，薄い回折格子の場合と同様に，式(5.97)が成立することである．厚い回折格子の場合は，z 軸方向に異なる位置で回折した光，例えば光線 1 と光線 3 も同位相になることが必要である．光線 1 と光線 3 が回折する間の間隔を z_0 とおくと，光線 1 と光線 3 が同位相になるためには，

$$z_0(\cos\theta - \cos\phi) = m'\lambda \quad (m' = 0, \pm 1, \pm 2, \cdots) \tag{5.101}$$

を満たす必要がある．式(5.101)が任意の z_0 に対して成り立つためには，

$$\theta = \phi, \ m' = 0 \tag{5.102}$$

が必要である．したがって，式(5.95)より，厚みのある回折格子による回折の場合は，

$$2d\sin\theta = m\lambda \tag{5.103}$$

が成り立つ．これを**ブラッグの回折条件**（Bragg condition）と呼び，この条件を満たす場合の回折を**ブラッグ回折**（Bragg diffraction）と呼ぶ．

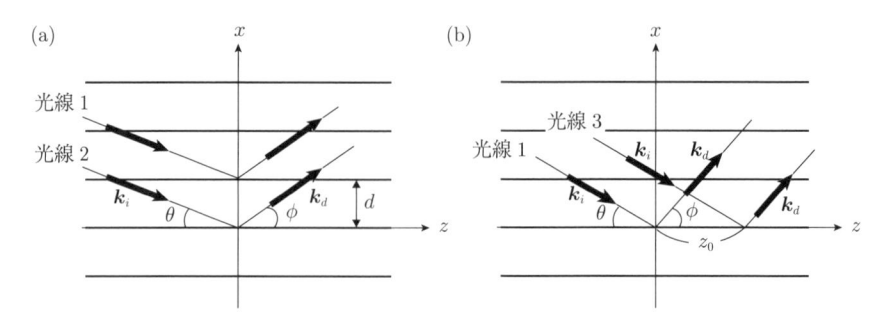

図 5.16 厚みのある回折格子によるブラッグ回折
（a）x 方向での回折光が強め合う条件．（b）z 方向での回折光が強め合う条件．

5.13 厚みある回折格子による回折

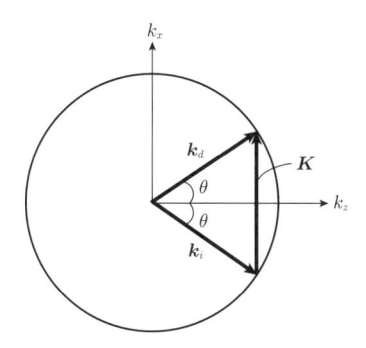

図 5.17 ブラッグ回折における入射光の波数ベクトル k_i と回折光の波数ベクトル k_d と回折格子ベクトル K の関係

図 5.17 にブラッグの回折条件を満たす場合の入射光の波数ベクトル k_i と回折光の波数ベクトル k_d および回折格子ベクトル K の関係をエバルト球上で示す。ブラッグの回折条件の場合は，入射光の波数ベクトルと回折格子ベクトルの足し算が回折光の波数ベクトルとなり，エバルト球上でこれらが整合する。これらが満たされない場合，回折することはできず，回折光は生じない。

薄い回折格子の場合は，必ずしもベクトルの足し算がエバルト球上で整合しなくてもよい。一方，厚い回折光の場合はエバルト球上で整合することが必要となる。この違いは，回折格子ベクトル K の z 成分の拡がりに起因する。回折格子の厚みが薄い場合は，厚み方向の構造があいまいなため，回折格子ベクトルは z 方向に拡がりをもち，z 方向のずれが許される。一方，厚みのある回折格子の場合は，厚み方向の構造が明確に決まっているため，波数ベクトルの z 方向の成分の大きさも明確に規定されている。そのため，エバルト球上で，入射光および回折光の波数ベクトルと回折格子ベクトルが整合することが必要となる。

したがって，どの程度のずれが許されるかは，回折格子の厚みによって決まり，厚みが十分大きい場合は，少しの角度のずれで回折光が生じない。これは，結晶の**電子線回折**（**electron diffraction**）やホログラムを利用して大量のデータを媒体内に記録する**ホログラフィックメモリ**（**holographic memory**）などへの応用が進められている。

第 5 章　回折の光学

●コラム　ホログラフィックメモリ

　ホログラフィー技術をデータの記録に利用する手法，ホログラフィックメモリの研究が盛んである。ホログラフィックメモリでは，大容量のデータが記録できるとともに，二次元のデジタルデータを並列に記録・再生できるため高速にデータにアクセス可能である。次世代光メモリシステムとして期待されている。

　図にホログラフィックメモリの原理を示す。ホログラフィックメモリでは，記録媒体に厚みのある感光材料を用いる。二次元的に光の透過率を制御可能な空間光変調器を用いて，0または1のデジタルデータを透過率0または1として信号光を変調する。この信号光を S_1 として，参照光 R_1 と干渉させ，その干渉縞強度分布を感光材料に記録する。このとき光軸と参照光 R_1 との角度を θ_1 とする。次に別のデジタルデータを信号光 S_2 として，光軸となす角 θ_2 の参照光 R_2 を記録する。これを繰り返すことによって，記録媒体に $S_1, S_2, \cdots, S_n$ のデジタルデータを多重記録する。

　記録したデジタルデータ $S_1, S_2, \cdots, S_n$ の再生は，参照光 R_i ($i = 1, 2, \cdots, n$) を順番に照射することにより行う。角度 θ_i で参照光を照射すると，参照光 R_i で記録した信号光 S_i のみが再生される。媒体に厚みのある感光材料を用いて記録しているため，ブラッグ条件を満たす必要があるからである。これを**ホログラフィーの角度選択性**(angular selectivity) と呼び，同一の媒体に多重記録が可能である。

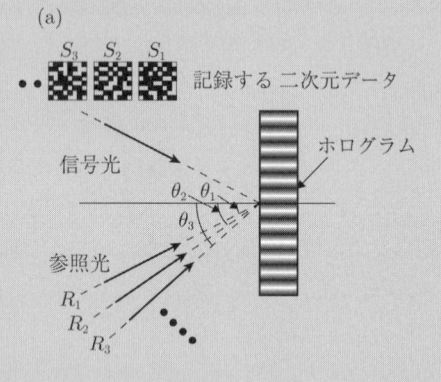

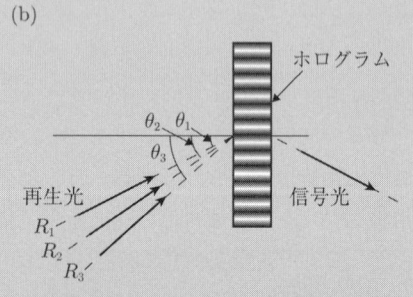

図　ホログラフィックメモリの原理
(a) 二次元データの角度多重記録。参照の角度を変えて記録する。(b) 記録データの再生。再生光の角度を変えることにより異なったデータが再生される。

第6章
結像系の光学

前章ではレンズによる光の回折について述べた。本章では，レンズによる結像について記述し，以下のことについて述べる。
- 結像系の分解能：どこまで小さいものを結像できるか？
- アッベの結像理論：結像の特性を決める基本原理
- 点像分布関数（PSF）と光学的伝達関数（OTF）：微小な発光点の結像と周期構造の結像
- 三次元結像理論：厚みのある物体の結像特性

6.1 物体の結像

写真を撮影する場合などのように，被写体の実像をレンズによってフィルムやスクリーン上に形成することを**像を結ぶ**，**結像**（imaging）するという。焦点距離がそれぞれ f_1，f_2 のレンズ1，2を図 6.1 に示すように配置し，レンズ2の後ろ側にスクリーンを配置する。このような光学系は**テレセントリック光学系**（telecentric optical system）と呼ばれる。実際のレンズは有限の大きさをもつが，ここでは無限の大きさをもつものと仮定し，2つのレンズの間に存在する開口（図 6.1 (c)）の大きさでレンズの大きさを制限するものとする。この図では2つのレンズ1，2で物体を結像するため，2つのレンズの間にレンズの大きさを制限する**開口絞り**（aperture stop）を配置している。この開口の存在する平面をレンズの**瞳面**（pupil function）と呼ぶ。第5章では，レンズの位置で瞳関数を定義したが，レンズ1，レンズ2を組み合わせたレンズ系と考えた場合は，開口

第 6 章 結像系の光学

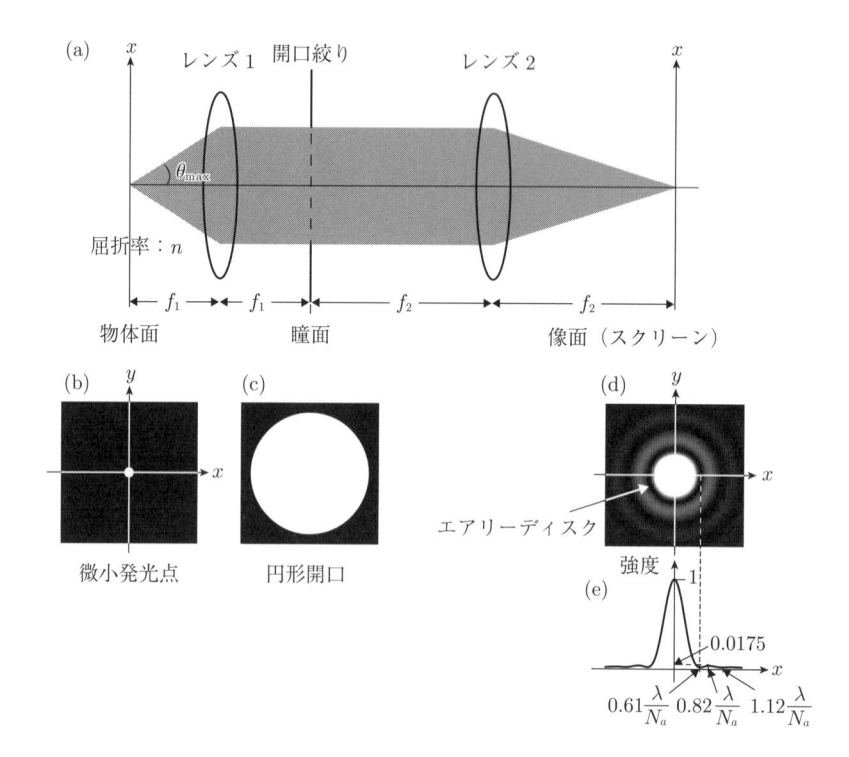

図 6.1 物体の結像
(a)結像光学系。(b)点物体。(c)瞳面上での強度分布。(d)点像分布関数。この図では副極大の輪環を強調するためにコントラストが調整してある。(e) x 軸上の強度分布。

絞りでレンズ系を通過する光量が制御されるため，瞳関数をこの位置で定義する。
　カメラレンズ，顕微鏡用の対物レンズなどは，多くのレンズの組み合わせで構成されているため，レンズの最初と最後の部分のみを図 6.2 のように表示する場合も多い。ここでは組み合わせレンズによる物体の結像の様子を示した。このように表示した場合の H を**前側主点**（front principal point），H' を**後側主点**（back principal point），AB の平面を**前側主平面**（front principal plane），$A'B'$ の平面を**後側主平面**（back principal plane）と呼ぶ。2 つの主平面は倍率 1 の**共役面**（conjugate plane）となり，主点は**共役点**（conjugate point）になる。つまり，前側主平面上の点 A に入射した光線は，後側主平面上で光軸から同じ高さの点 A' から出射される。したがって，組み合わせレンズの

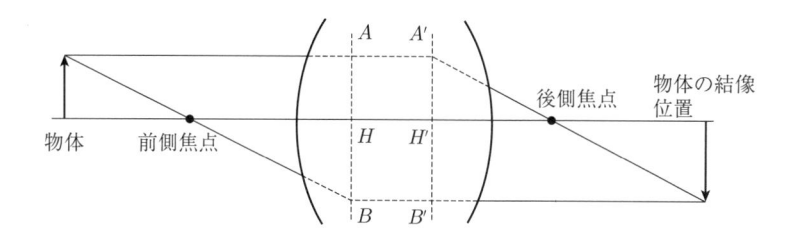

図 6.2 組み合わせレンズの場合の表示

場合は，前側主平面と後側主平面とを一致させた単一のレンズと考えることができる．この表示では，多数の組み合わせレンズを単一レンズによる結像と同じように議論することができる．

もっとも基本的な場合として微小な発光点がレンズ 1 の焦点位置に存在した場合を考えると，スクリーン上には明るい輝点が形成される．この輝点は，微小な発光点を 2 枚のレンズを用いてスクリーン上に結像したものである．

微小な発光点からの光は，レンズ 1 により瞳面上で一様な強度となり，開口絞りに入射する．開口絞りを通過した光がレンズ 2 によってスクリーン上に集光される．スクリーン上に形成される輝点は，発光点が無限小の場合でも必ず有限の大きさをもち，その x-y 面内の強度分布は，第 5 章で求めた円形開口のフーリエ変換と同一で，ベッセル関数で表される（図 6.1 (d)）．この強度分布を**点像分布関数**（**PSF: point spread function**）と呼ぶ．点像分布関数の中心の円盤状の明るい部分はエアリーディスクとなる．**集光スポット**（**focus spot**）と呼ばれる場合もある．

図 6.1 (d) の強度分布は，原点からの距離を r とおき，簡単のため $f = f_1 = f_2$ として，結像倍率を 1 と仮定すると，

$$I(r) = \left(\frac{2J_1(kN_a r)}{kN_a r} \right)^2 \tag{6.1}$$

$$r = \sqrt{x^2 + y^2}, k = \frac{2\pi}{\lambda} \tag{6.2}$$

で与えられる．ここで，$J_1(x)$ は第一種のベッセル関数を表し，λ は光の波長である．N_a は**開口数**（**numerical aperture**）と呼ばれる値であり，光が伝搬する媒質の屈折率を n，図 6.1 に示すようにレンズに入射する光の最大の角度を $\theta_{\max}$ とおくと，

$$N_a = n \sin \theta_{\max} \tag{6.3}$$

で与えられる．顕微計測において，レンズの開口数は次に説明する空間分解能を決める値となり，非常に重要である．式(6.1)は円形開口の回折光強度分布の式(5.62)と同じ形になる．

図 6.1 (e)に PSF の x 軸上の強度分布を示す．原点から見て光強度の最初のゼロ点 x_a は

$$x_a = \frac{0.61\lambda}{N_a} \tag{6.4}$$

で与えられ，この距離がエアリーディスクの半径になる．また，エアリーディスクのまわりに形成される最初のリング状明線の強度の最大値は，原点での強度に比べて 0.0175 倍となり，中心のピークに比べて非常に小さい（図 6.1 (d)の強度分布は，輪環を強調するためにコントラストを調整してある）．

6.2 アッベの正弦条件

第 5 章でフラウンホーファー回折について議論した際には，円形開口の回折パターンを表す強度分布が，式(5.62)で表されることを示した．一方，レンズによって集光した場合の点像分布関数の式(6.1)では，開口数 N_a を用いた．これらの式を比較すると，a/z を N_a ($= n \sin \theta_{\max}$，ただし $n = 1$) で置き換えていることがわかる．これらは，角度 $\theta_{\max}$ が小さいときは同じ値として近似できる．

レンズによる結像の場合に開口数を用いる理由は，**アッベの正弦条件**（**Abbe's sine condition**）を満たす必要があるからである．正弦条件は，レンズによる結像において，球面収差およびコマ収差を除去するための条件となり，レンズに入射する光線の高さを h，レンズを通過した後の光線が光軸となす角を θ としたとき，

$$h = f \sin \theta \tag{6.5}$$

で与えられる．このような条件を満たすレンズを**不遊的**（**aplanatic**）と呼ぶ．開口絞りを通過できる光線の高さは最大で開口絞りの大きさ a となるので，

$$a = f \sin \theta_{\max} \tag{6.6}$$

となり，

$$\frac{a}{f} = \sin\theta_{\max} = N_a \tag{6.7}$$

と与えられることがわかる。開口絞りの直径 $2a$ と焦点距離 f の比を **F 値**（**F number**）と呼び，

$$F = \frac{f}{2a} = \frac{1}{2N_a} \tag{6.8}$$

で定義される。カメラレンズや顕微鏡で使用する対物レンズなどは，正弦条件を満たすように設計，製作されているので，点像分布関数を議論する際は，開口数 N_a または F 値を用いて議論する。

アッベの正弦条件の物理的意味については，6.7 節で述べることにする。

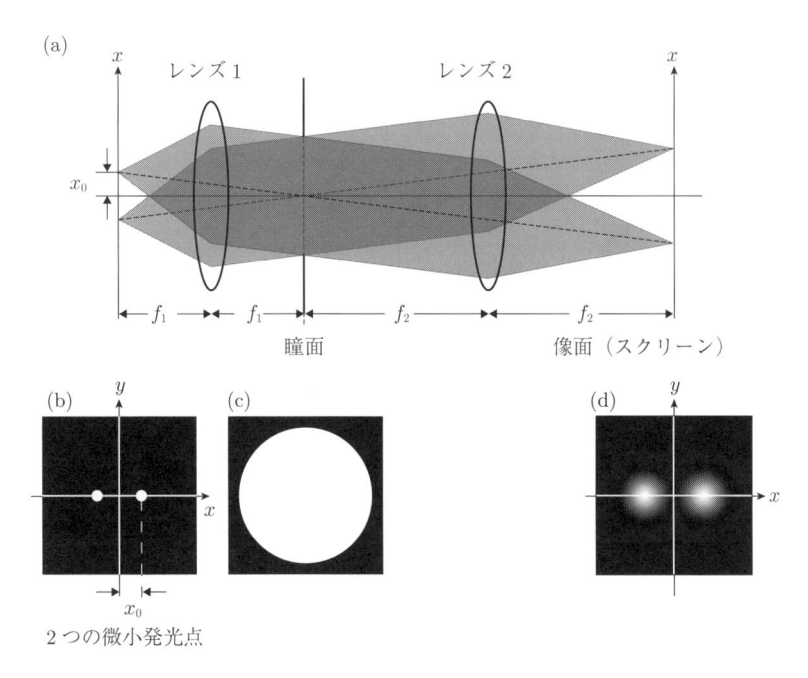

図 6.3 2 つの点物体の結像
(a)結像光学系。(b) 2 つの点発光物体の位置。(c)瞳面上での強度分布。(d)スクリーン上に形成された像。

6.3 レーリーの分解能

図 6.3 に示すように，2 つの発光点が近接して並んでレンズ 1 の焦点位置に存在する場合を考える。それぞれの発光点は，6.1 節で説明したのと同様に，2 枚のレンズで結像され，スクリーン上に輝点を形成する（図 6.3 (d)）。それぞれの輝点の強度分布は図 6.1 (d) および (e) に示したものになる。

2 つの発光点間の距離が十分離れている場合には，スクリーン上で 2 つの輝点を観察することができ，物体面上に 2 つの発光点が存在することがわかる（図 6.4 (a), (d)）。しかし，2 つの発光点の距離が小さくなると，スクリーン上に形成される 2 つの輝点の重なりが大きくなる。2 つの発光点間の距離が非常に小さくなったときには，実際に観察される輝点は 1 つの強度ピークしかもたないものとなってしまう（図 6.4 (b), (e)）。この場合は，物体面上に発光点が 2 つあるのか 1 つしかないのか区別することができない。

2 つの発光点を 2 つの輝点として区別できる最小の距離を**空間分解能**（spatial

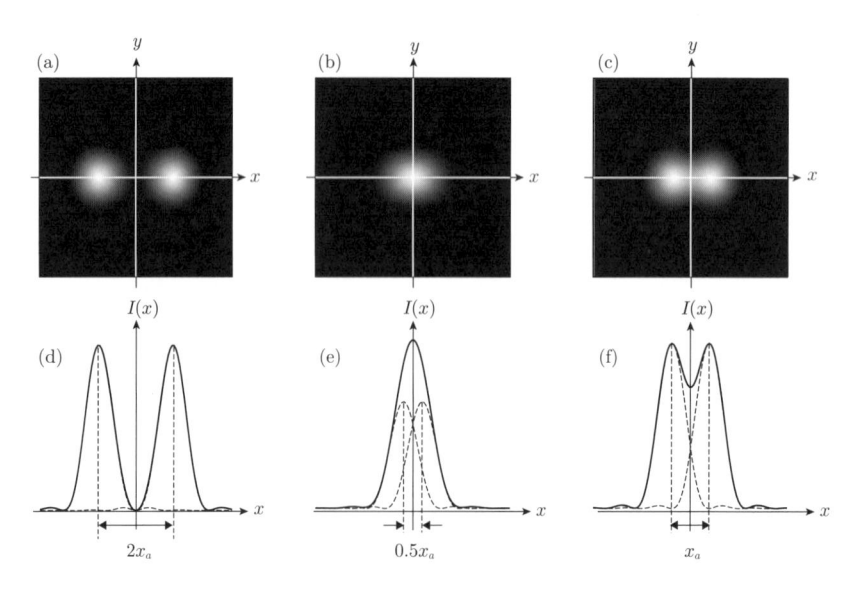

図 6.4 レーリーの分解能

(a) 2 点間の距離が $2x_a$ のとき。(b) 2 点間の距離が $0.5x_a$ のとき。(c) 2 点間の距離が x_a のとき。x_a の距離まで 2 点を分解できると定義する。(d) (a) の場合の x 軸上の強度分布。(e) (b) の場合の x 軸上の強度分布。(f) (c) の場合の x 軸上の強度分布。

resolution)と呼び，**レーリー（Rayleigh）**はエアリーディスクの半径で定義した。これを**レーリーの分解能の基準（Rayleigh criterion of resolution）**と呼ぶ。図 6.4 (c), (f)にレーリーの分解能の基準を満たす場合にスクリーン上に形成される強度分布および x 軸上の強度分布を示す。

空間分解能は，図 6.4 に示したように 2 つの微小な点が分離できるかどうかで定義され，明確に述べる場合には**二点分解能（two point resolution）**とも呼ぶ。時折，点像分布関数の半値幅で分解能を定義する場合がみられるが，顕微鏡などでどれぐらい小さいものまで観察できるかを議論する場合には，正確とはいえない。点像分布関数は，画像処理，検出系の電気的な非線形性などを利用すれば，細くする（あるいは細くみせる）ことが可能だからである。

6.4 空間周波数分布

アッベは，任意の物体が図 6.5 に示すような正弦波状の回折格子構造（濃淡の縞構造）の重ね合わせで表されるものと考え，物体の結像を回折格子構造で議論した。図 6.5 (a)の x 軸に沿った透過率分布を縦軸に，座標を横軸に表すと，図 6.5 (b)

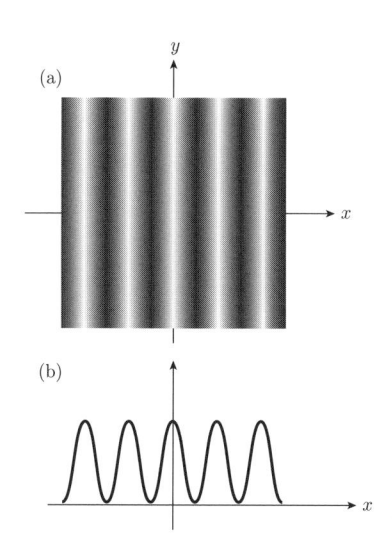

図 6.5 物体を回折格子として考えたときの空間周波数
(a) x 方向の空間周波数をもつ物体。(b) x 軸上での強度分布。

のようになり，時間的に正弦波状に振動している信号と同じ形になる．時間的に振動する信号との対応から，単位長さあたりの濃淡の縞の数を**空間周波数**（spatial frequency）と呼ぶ．これは，式(5.17)と式(5.18)で定義したものと同じである．レンズについて議論する場合は，$z = f$ として

$$\nu_x = \frac{x}{\lambda f} \tag{6.9}$$

$$\nu_y = \frac{y}{\lambda f} \tag{6.10}$$

とおく．このように空間周波数 (ν_x, ν_y) を定義することによって，レンズを用いた場合のフーリエ変換の式(5.82)と式(5.94)の積分の部分を

$$\iint_{-\infty}^{\infty} u_1(\xi, \eta) e^{-i2\pi(\nu_x \xi + \nu_y \eta)} d\xi d\eta \tag{6.11}$$

と表すことができ，時間を変数とした関数のフーリエ変換式と同等になる．また $\mu_x = 2\pi\nu_x$，$\mu_y = 2\pi\nu_y$，$\mu_z = 2\pi\nu_z$ とおいたものは，**空間角周波数**（spatial angular frequency）と呼ばれ，平面波の波数ベクトルに相当する．

6.5 アッベの結像理論

次に単一の空間周波数分布をもつ物体の結像について考えよう．任意形状の物体は，フーリエ変換の関係により空間周波数の異なる多数の縞構造を重ね合わせることにより表すことができるので，単一の空間周波数分布をもつ物体の結像特性を理解することは重要である．

図 6.6 に示すように，物体に平行な光を入射させると，物体を透過する光（0次回折光）とともに，濃淡の縞構造により回折した ±1 次回折光を生じる．物体の構造によっては，より高次の回折光を生じるが，それらの回折効率は低いものとして，ここでは ±1 次の回折光のみを考える．物体を透過した光（0 次回折光）および ±1 次回折光は，レンズ 1 によって集光され，瞳面で 3 つの明るい輝点を形成する（図 6.6 (c)）．

この 3 つの光がレンズ 2 によって平行光に変換され，スクリーン上で重なり干渉し，干渉縞を形成する．この干渉効果により，図 6.6 (d)に示すように明暗の縞構造がスクリーン上に形成される．これは濃淡の構造をもつ物体が，スクリーン上に明暗の像として結像されたことを意味する．これを**アッベの結像理論**（Abbe

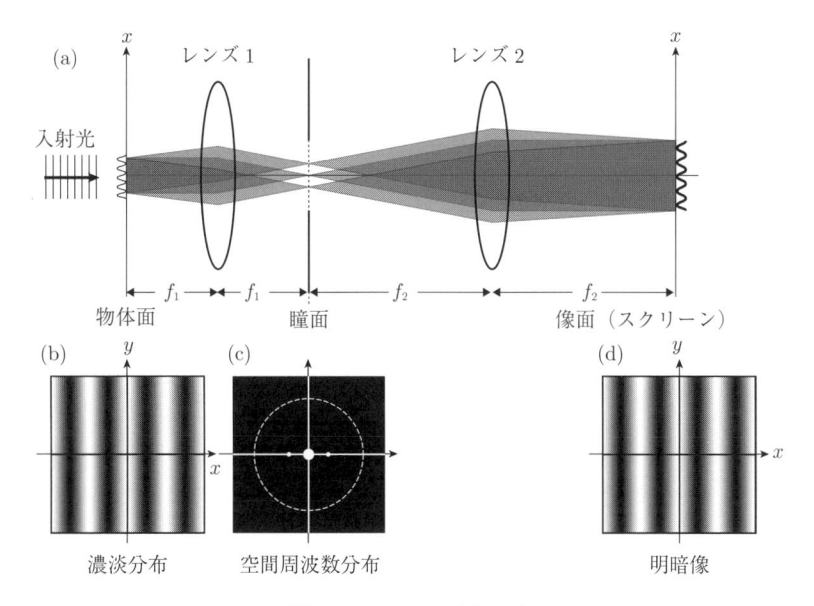

図 6.6 アッベの結像理論
(a)結像光学系。(b)濃淡の縞構造をもつ物体。(c)瞳面上での強度分布。(d)スクリーン上での物体の像。

theory for image formation)という。この場合のスクリーン上の像の**倍率**（**magnification**）M は $M = f_2/f_1$ となる。

空間周波数と縞構造の間隔との関係を考えてみよう。縞構造は x 方向にのみ変化すると仮定し（つまり $\nu_x \neq 0, \nu_y = 0$），間隔を d とする。回折格子による $+1$ 次回折光は回折の条件より，

$$d\sin\theta = \lambda \tag{6.12}$$

を満たす。角度 θ 方向に伝搬する平面波が焦点距離 f_1 のレンズによって集光される距離 x は，レンズの中心を通った光はレンズによって屈折せずにまっすぐ進むため，

$$x = f_1 \sin\theta \tag{6.13}$$

で与えられる。したがって，空間周波数 ν_x は正弦条件を考慮して，

$$\nu_x = \frac{x}{\lambda f_1} = \frac{\sin\theta}{\lambda} = \frac{1}{d} \tag{6.14}$$

第 6 章 結像系の光学

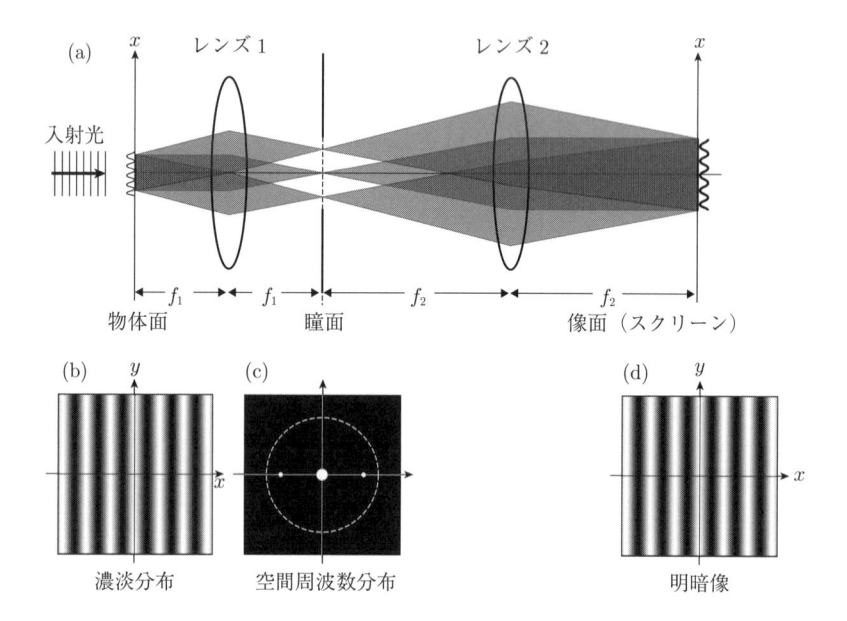

図 6.7 物体の濃淡構造の間隔が小さくなった場合の結像
(a)結像光学系。(b)濃淡の縞構造をもつ物体。(c)瞳面上での強度分布。(d)スクリーン上での物体の像。

となる。つまり縞構造の空間周波数は，縞間隔の逆数で与えられることを表している。空間角周波数 μ_x は，$\mu_x = 2\pi\nu_x = 2\pi/d$ となり，濃淡の縞構造の回折格子ベクトルの大きさと一致する。

図 6.7 に示すように正弦波状の濃淡構造の間隔が小さくなると，±1 次回折光の回折角が大きくなるため，瞳面上に形成される輝点の間隔は大きくなる。物体の空間周波数が大きくなると，瞳面上の輝点の原点からの距離が大きくなる。したがって，瞳面上の強度分布（図 6.7 (c)）は物体のもつ空間周波数分布を表していることになる。

図 6.8 に示すように，物体の縞構造がさらに小さくなり，±1 次回折光の回折角が大きくなると，±1 次回折光は瞳面上の開口を通過できなくなる。この場合，スクリーン上に届く光は 0 次回折光のみとなり，干渉縞は形成されない。したがって，スクリーン上では一様な明るさとなり物体の像（明暗の縞）は形成されない。

以上のことから，スクリーン上に結像できる物体の空間周波数はレンズの開口

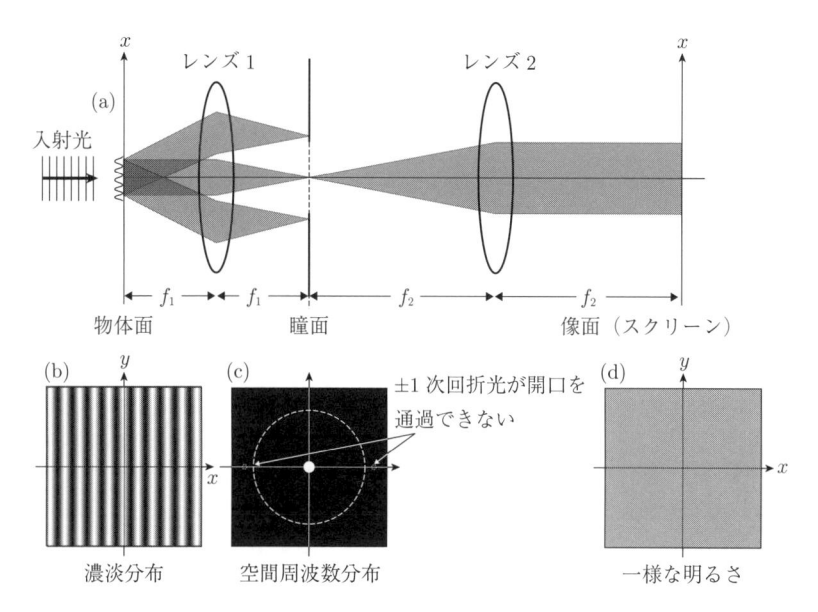

図 6.8 物体の濃淡構造の間隔がさらに小さくなり結像できない場合 (a)結像光学系。(b)濃淡の縞構造をもつ物体。(c)瞳面上での強度分布。±1 次回折光が開口絞りを通過しない。(d)スクリーン上での物体の像。一様な明るさとなり，明暗の縞は形成されない。

数により制限され，上限が存在する。これを結像光学系の**回折限界**（**diffraction limit**）と呼ぶ。この上限は，レンズの開口数で決定され，

$$\nu_x = \frac{a}{\lambda f_1} = \frac{N_a}{\lambda} \tag{6.15}$$

$$\mu_x = 2\pi\nu_x = kN_a \tag{6.16}$$

で与えられる。ここで，正弦条件式(6.7)（ただし f を f_1 に置き換えたもの）を用いた。この式は y 方向の空間周波数 ν_y についても同様に成り立つ。この値より高い空間周波数をもつ物体の構造は，光学系により結像することはできず，光学系によって結像できる微細構造の限界を表すものとなる。

6.6 任意の構造をもつ物体の結像と空間フィルタリング

物体が単純な縞構造ではなく，図 6.9 に示すように任意の形状をもつ場合にも，

第 6 章　結像系の光学

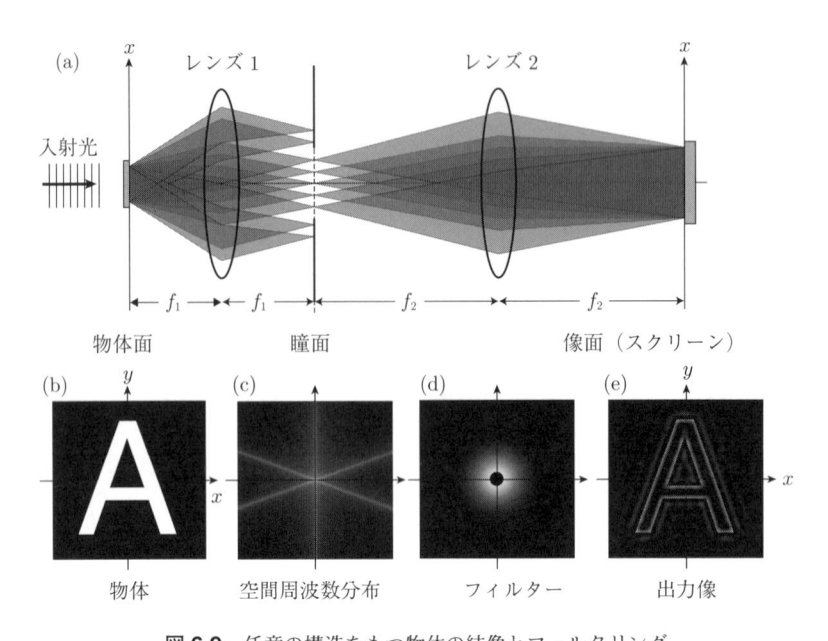

図 6.9　任意の構造をもつ物体の結像とフィルタリング
(a)結像光学系。(b)濃淡の縞構造をもつ物体。(c)瞳面上での強度分布。(d)低周波成分をカットした場合。(e)スクリーン上での物体の像。物体の高周波成分（エッジ部分）が強調されている。

アッベの結像理論をそのまま適用することができる。任意の構造をもつ物体は，フーリエ変換の関係を用いれば，さまざまな空間周波数をもつ縞構造の重ね合わせで表現することができるからである。つまり，それぞれの縞構造に対して独立に，6.5 節のアッベの結像理論を適用すれば，物体全体を結像できる。このとき，瞳面上の強度分布は物体のもつ空間周波数分布を表す。瞳面上の開口の大きさを制限し，結像される空間周波数成分をフィルタリングして一部の周波数成分のみを通すことにより，物体の結像特性を変えることができる。例えば図 6.9 (d) に示すように，瞳面上で原点に近い成分（低周波数成分）をカットし高周波数成分のみを結像させると，高周波数成分が強調され，物体のエッジが明るく光る画像となる（図 6.9 (e)）。x 軸方向と y 軸方向を別々に制御すれば，x 軸方向と y 軸方向で別の特性をもたせることも可能となる。

6.7 正弦条件と波数ベクトル

6.2 節で示したアッベの正弦条件についてその意味を回折光の波数ベクトルとの関係で考えてみよう。図 6.10 に示すように，間隔 d_1 の正弦波状の透過率分布を有する構造で回折した +1 次回折光について考える。より一般性をもたせるために屈折率 n_1 の媒質中に存在するものとする。+1 次回折光の波数ベクトルの x 成分は，

$$k_{1x} = \frac{2\pi}{d_1} = n_1 k_0 \sin\theta_1 \tag{6.17}$$

で与えられる。ここでは，真空中の波数を k_0 とした。この回折光が屈折率 n_2 の媒質内のスクリーン上に結像される。0 次回折光とレンズにより平面波となった +1 次回折光が干渉することによって物体の像がスクリーン上に形成される。干渉縞の間隔を d_2 とすると，スクリーン側での +1 次回折光の波数ベクトルの x 成分 k_{2x} は第 4 章 4.2 節より，

$$k_{2x} = \frac{2\pi}{d_2} = n_2 k_0 \sin\theta_2 \tag{6.18}$$

で与えられることがわかる。これらの波数ベクトルの x 成分の比が，レンズの倍率 M と一致しなければならない。任意の間隔 d_1 をもつ縞が一定の倍率 M で結像されなければ，間隔 d_1 ごとに倍率が異なることになってしまいスクリーン上に形成される物体の像が歪んでしまうからである。したがって，

$$M = \frac{f_2}{f_1} = \frac{d_2}{d_1} = \frac{k_{1x}}{k_{2x}} = \frac{n_1 \sin\theta_1}{n_2 \sin\theta_2} \tag{6.19}$$

となる。ここで，f_1, f_2 はそれぞれ前側の焦点距離，後側の焦点距離である。つ

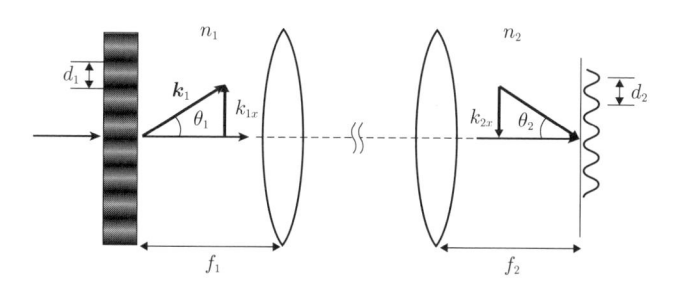

図 **6.10** 正弦条件と波数ベクトル

まりアッベの正弦条件は，物体を縞構造の重ね合わせで考えたときに，物体の縞構造の間隔とスクリーン上の干渉縞の縞間隔の比が，物体の縞構造の間隔 d_1 によらずに結像系の倍率 M になることを規定したものである。

f_1 を無限遠方とすると，θ_1 が無限小となり $n_1 f_1 \sin\theta_1 = h$（h はレンズに入射する光線の高さ）となるので，平行光をレンズで集光する場合の正弦条件は，式(6.5)と一致する。

6.8 吸収物体と位相物体の結像

これまで物体を透過率分布が異なる濃淡縞模様として説明してきた。濃淡分布をもつ物体では，光の透過率が小さくなる部分では入射光が吸収される。このような物体を**吸収物体**（**absorptive object**）と呼ぶ。正弦波状の透過率分布を有する物体の透過率 $t(\xi)$ は

$$t(\xi) = a_0 \{1 + (a_1/a_0)\cos(\boldsymbol{K}\cdot\boldsymbol{\xi})\} \tag{6.20}$$

とおくことができる。ここで，透過率は 0 と 1 の間をとるので，a_0, a_1 は

$$0 \leq a_0 - a_1, \quad a_0 + a_1 \leq 1 \tag{6.21}$$

を満たす定数である。したがって，物体直後の振幅分布を $u_1(\xi,\eta)$ とおくと，

$$u_1(\xi,\eta) = A a_0 \{1 + (a_1/a_0)\cos(\boldsymbol{K}\cdot\boldsymbol{\xi})\} \tag{6.22}$$

$$= A a_0 + \frac{A a_1}{2}\left(e^{i\boldsymbol{K}\cdot\boldsymbol{\xi}} + e^{-i\boldsymbol{K}\cdot\boldsymbol{\xi}}\right) \tag{6.23}$$

が得られる。式(6.23)をレンズによるフーリエ変換の式(5.94)に代入すると，式(6.23)の第1項が0次回折光，第2項と第3項が ±1 次回折光をそれぞれ表すことになる（図 6.11）。

次に透過率は1で屈折率のみが異なる物体について考えてみよう。この場合は，入射光の位相成分のみが変化するので，**位相物体**（**phase object**）と呼ばれる。特に屈折率変化の最大値 n_1 が平均屈折率 n_0 に比べて小さい物体を**弱位相物体**（**weak phase object**）と呼ぶ。位相物体の透過率分布 $t(x)$ は

$$t(\xi) = e^{i n_0 \{1 + (n_1/n_0)\cos(\boldsymbol{K}\cdot\boldsymbol{\xi})\}} \tag{6.24}$$

6.8 吸収物体と位相物体の結像

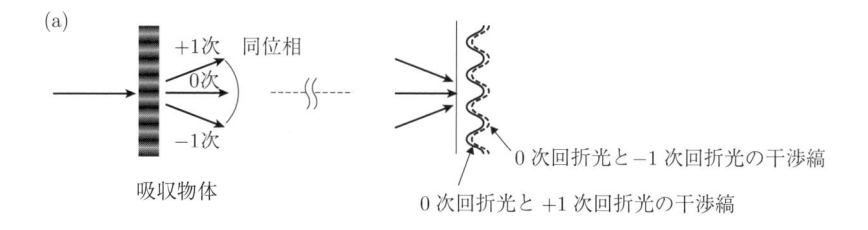

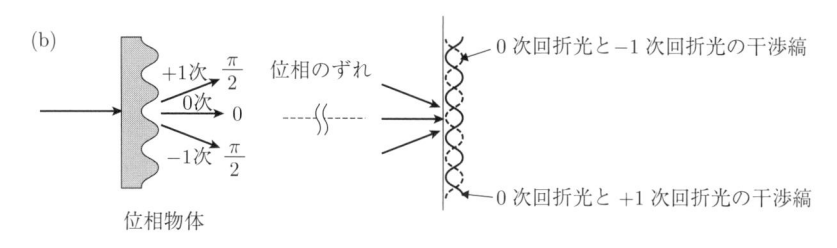

図 6.11 吸収物体と位相物体の結像
(a) 吸収物体の結像。0 次回折光と ±1 次回折光の位相が同位相。(b) 位相物体の結像。0 次回折光と ±1 次回折光の位相が $\pi/2$ ずれる。

と表される。振幅 A の平面波が入射した場合の透過光 u_1 は

$$u_1(\xi,\eta) = A e^{i n_0 \{1+(n_1/n_0)\cos(\boldsymbol{K}\cdot\boldsymbol{\xi})\}} \tag{6.25}$$

となる。ここで右辺は指数関数の肩に余弦関数があるため，ベッセル関数となる。弱位相物体を考えると $n_1 \ll n_0$ であるので，多項式で近似して，

$$\begin{aligned} u(\xi,\eta) &= A\left\{1 + i n_1 \cos(\boldsymbol{K}\cdot\boldsymbol{\xi})\right\} e^{i n_0} \\ &= A\left[1 + \frac{i n_1}{2}\left(e^{i\boldsymbol{K}\cdot\xi} + e^{-i\boldsymbol{K}\cdot\xi}\right)\right] e^{i n_0} \end{aligned} \tag{6.26}$$

と表すことができる。右辺の 3 つの項がそれぞれ，試料を通過した後の 0 次回折光および ±1 次回折光となる。弱位相物体を仮定することによって吸収物体の場合と同様の定式化が可能となり，0 次回折光と +1 次回折光および 0 次回折光と −1 次回折光の干渉による干渉縞が形成される。

位相物体と吸収物体の結像で大きく異なるのは，0 次回折光と ±1 次回折光との位相差である。吸収物体の場合は，0 次回折光と ±1 次回折光は同位相であるため，0 次回折光と +1 次回折光，および 0 次回折光と −1 次回折光がそれぞれ

形成する干渉縞が同位相で重なり，物体の像を形成する。

一方，位相物体の場合は，±1 次回折光にそれぞれ虚数 i がかけ算されているため，0 次回折光に対して位相ずれ $\pi/2$ が生じていることがわかる。0 次回折光と ±1 次回折光の間に位相ずれが生じているため，形成される干渉縞の強度分布は結像面上で横方向にずれる。0 次回折光と +1 次回折光とが形成する干渉縞強度分布と，0 次回折光と −1 次回折光とが形成する干渉縞強度分布は互いに逆方向に $\pi/2$ ずれるため，全体として位相が π ずれた干渉縞が重なり合う（図 6.11 (b)）。スクリーン上で明暗の反転した干渉縞が重なるため，結果として光強度は一様となり，屈折率分布の像は形成されない。物体が屈折率分布のみをもち吸収をもたない場合，光の透過率は一様であるため，スクリーン上に一様な強度分布が形成される。

位相物体を可視化するには，0 次回折光の位相を制御し，±1 次回折光と同位相にすればよい。同位相にすることによって，2 つの干渉縞の位相ずれがなくなり，吸収物体の場合と同様に明暗の物体構造が結像される。この方法は**位相差（phase contrast）法**と呼ばれ，光学顕微鏡において位相物体を可視化する手法として利用されている。また，0 次回折光と ±1 次回折光の位相差を π にずらしてもよく，この場合は同位相にした場合と像の明暗が反転する。0 次回折光の位相を $\pi/2$ ずらしたものは，屈折率が高い部分を明るくして結像するため，**ブライトコントラスト（bright contrast）**と呼ばれる。0 次回折光を $3\pi/2$ ずらして屈折率の高い部分を暗くして結像するものは**ダークコントラスト（dark contrast）**と呼ぶ。

他に位相物体を可視化する方法として，±1 次回折光のうちどちらか一方を，焦点面位置に空間フィルターを用いてカットする手法も利用されている。例えば ±1 次回折光のうち −1 次回折光をカットすると，観察面上には 0 次回折光と +1 次回折光による干渉縞強度分布のみが形成され，位相物体の像が観察可能となる。この方法は**シュリーレン（Schlieren）法**と呼ばれ，流体の流れを可視化する方法などとして広く用いられている。

6.9　光学的伝達関数

空間角周波数を横軸として結像される縞構造のコントラストを表示したものを**光学的伝達関数（OTF: optical transfer function）**と呼び，そのゼロ点までの幅，すなわち**帯域（band width）**が**空間分解能（spatial resolution）**を表

6.9 光学的伝達関数

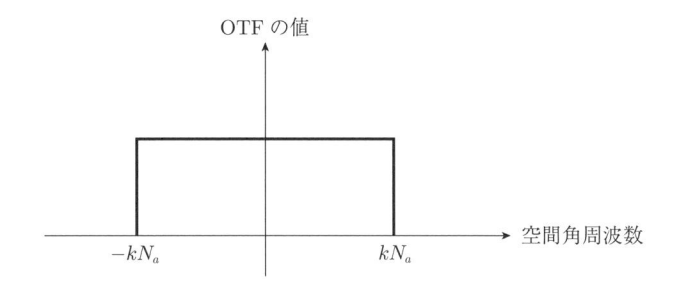

図 6.12 コヒーレント照明の場合の光学的伝達関数 OTF

す値となる。つまり OTF の帯域が広ければ空間分解能が高く，帯域が狭ければ空間分解能が低い結像系となる。制御系に対応させて考えると，光学的伝達関数（OTF）は，系の**伝達関数**（**transfer function**）に対応し，6.1 節で説明した点像分布関数は，系の**インパルス応答**（**impulse response**）に対応する。

OTF の形状は，物体を照明する照明系にも依存する。図 6.6 に示したように物体を光軸に対して平行に伝搬する平面波で照明し，透過光を結像系を用いて結像する場合を考える。物体が縞構造として回折格子ベクトル K の構造をもつと，0 次回折光と ± 1 次回折光がスクリーン上で干渉して，明暗の縞構造を形成する。物体の縞構造が結像されるかどうかは，± 1 次回折光が瞳面の開口を通過できるかどうかで決まることになる。縞構造による 1 次回折光の回折効率が一定であるとすると，回折光が開口を通過できる場合は，0 次回折光と ± 1 次回折光の形成する干渉縞のコントラストは一定になる。そのため，光軸に平行な方向に伝搬する平面波で照明した場合の OTF は，図 6.12 に示すような一定のコントラストを示す形状となる。このような照明方法を**コヒーレント照明**（**coherent illumination**）と呼ぶ。

物体にさまざまな方向からの平面波が入射し，それぞれの平面波の位相に相関がない場合の照明を**インコヒーレント照明**（**incoherent illumination**）と呼ぶ（図 6.13）。インコヒーレント照明の場合の OTF は，6.1 節で示した微小輝点の点像分布関数（PSF）のフーリエ変換で求めることができる。図 6.14 (a) に OTF の概形を，(b) に PSF の概形を示す。OTF は低周波数領域で大きな値をもち，レンズの開口数で決まる値 $2kN_a$ が**カットオフ空間角周波数**（**cut-off spatial angular frequency**）となり，それ以上では 0 となる。

第 6 章 結像系の光学

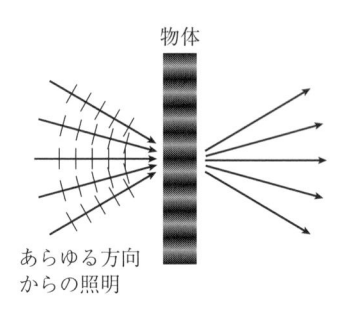

図 **6.13** インコヒーレント照明

(a) 光学的伝達関数 (OTF)

(b) 点像分布関数 (PSF)

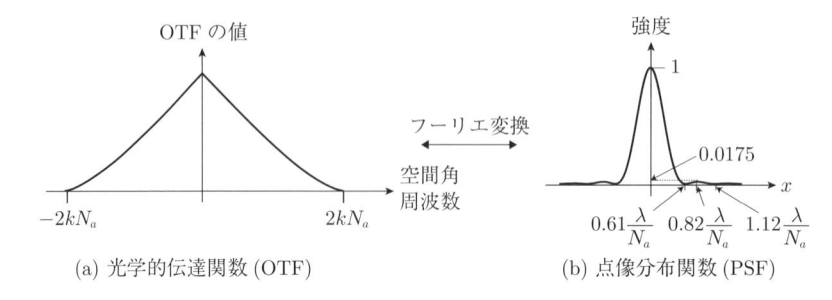

図 **6.14** インコヒーレント照明の場合の光学的伝達関数 OTF と点像分布関数 PSF の関係 (a) OTF の概形。(b) PSF の概形。OTF と PSF はフーリエ変換の関係で結ばれる。

6.10 瞳関数の自己相関による光学的伝達関数の導出

図 6.14 (a) に示した OTF は，図 6.13 に示すように，光軸に対して平行な光だけではなく，あらゆる方向からの平面波が物体に照射された場合に，スクリーン上に形成される像のコントラストを示したものとなる。この場合，OTF は瞳関数の自己相関関数

$$G(\mu_x, \mu_y) = \iint_{-\infty}^{\infty} P(\xi - \frac{\mu_x}{2}, \eta - \frac{\mu_y}{2}) P(\xi + \frac{\mu_x}{2}, \eta + \frac{\mu_y}{2}) d\xi d\eta \quad (6.27)$$

で与えられる。この物理的意味について考えてみよう。

物体を斜め方向から照明し，図 6.15 に示すように，0 次回折光が瞳面上で P_1 の位置に集光される場合を考える。1 次回折光と -1 次回折光の役割は等価なので，ここでは 0 次回折光と 1 次回折光が形成する干渉縞についてのみ考えること

6.10 瞳関数の自己相関による光学的伝達関数の導出

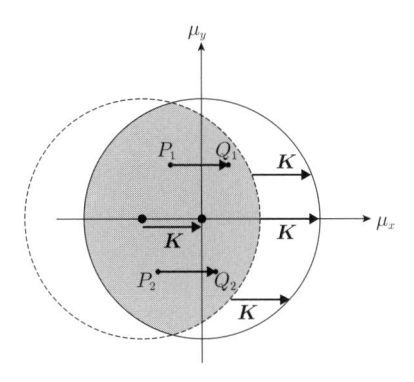

図 6.15 光学的伝達関数 OTF と瞳関数の自己相関との関係

にする。

物体の回折格子ベクトルを K とすると，1 次回折光は瞳面上で K だけ離れた点 Q_1 に集光される．別の角度で物体に入射した平面波の 0 次回折光が P_2 に集光されたとすると，その 1 次回折光は同じく K 離れた点 Q_2 に集光される．これらの 0 次回折光と 1 次回折光がスクリーン上で干渉することにより，同じ間隔の物体の像が形成される．したがって，回折格子 $|\boldsymbol{K}| = K$ の縞構造をもつ物体がどれくらいコントラストよく干渉縞を形成できるかという問題は，瞳面上でその間隔が K となる 0 次回折光と 1 次回折光の組み合わせがいくつあるかという問題に帰着する．

距離 K だけ離れた 0 次回折光と 1 次回折光がともに開口絞りを通過するためには，開口の縁から K 以上離れた領域（図 6.15 の網かけ領域）に 0 次回折光が入射することが必要である．この領域に 0 次回折光が入射すれば，それから K 離れた 1 次回折光も開口を通過できる．したがって，間隔が K 離れた 0 次回折格子と 1 次回折格子の組み合わせの数は，斜線領域の面積で表されることがわかる．この面積は，2 つの瞳関数の中心距離を K だけずらして重ねたものに等しい．したがって，結像系の OTF は物体の瞳関数の自己相関関数で求めることができるのである．

第 6 章 結像系の光学

6.11 点像分布関数と光学的伝達関数の関係

　点像分布関数（PSF）が大きいと光学的伝達関数（OTF）の帯域が狭くなり，分解能が低下する。逆に PSF が狭いと OTF の帯域が拡がり，分解能が向上する。PSF と OTF との関係について，その物理的意味を考えてみよう。

　PSF は微小な発光点を結像した場合の点の拡がりである。したがって，任意の物体をレンズを用いて結像した場合は，物体上の各点が PSF により拡がり，像は少しぼやけることになる。

　物体として濃淡の縞構造もつ物体を結像する場合を考える。縞構造のもっとも濃い部分は光の透過率が 0 であるとしよう。物体上の微小な各点からの光は PSF により拡がり，それらが重ね合わされてスクリーン上で像を形成する。図 6.16 (a) に示すように，PSF に比べて物体の縞構造の間隔が十分広い場合は，PSF によって各点の像が拡がっても縞間隔が広いため，結像される像のコントラストも十分高いものになるだろう（図 6.16 (b)）。

　図 6.16 (c) に示すように縞構造の間隔が狭くなると，物体上の各点が PSF の分だけ拡がって重なるため，縞構造における光の透過率が 0 の部分でも他の部分からの拡がりによる光量が積算され，光強度が 0 にならない。つまり結像される像のコントラストが低下する（図 6.16 (d)）。さらに縞構造が小さくなり，PSF と同程度の大きさになると，隣接する透過率の高い点からの PSF の拡がりが光の透過率が 0 の部分で大きく重なるため，大きな強度をもちスクリーン上にはほとんど縞構造が形成されなくなる。つまりコントラストが 0 になる。

　以上のことから，PSF が小さければより高い空間周波数（小さい縞構造）まで結像することができ，OTF の帯域が拡がる。逆に，PSF が大きくなると大きな縞間隔の構造しか結像できず，OTF の帯域が狭くなるのである。

6.12　レンズの収差

　単色光源ではなく，スペクトル幅の広い光源を用いて物体を照明し，レンズにより結像すると，波長によって集光位置が異なる**色収差**（**chromatic aberration**）が生じる。色収差は 2.5 節で示したように，レンズの材料が分散をもち，屈折率 n が光の周波数により異なるために生じる。図 6.17 に色収差の模式図を示す。常分散では図 2.10 に示したように，短波長（高周波数）の光に対して屈折率は大き

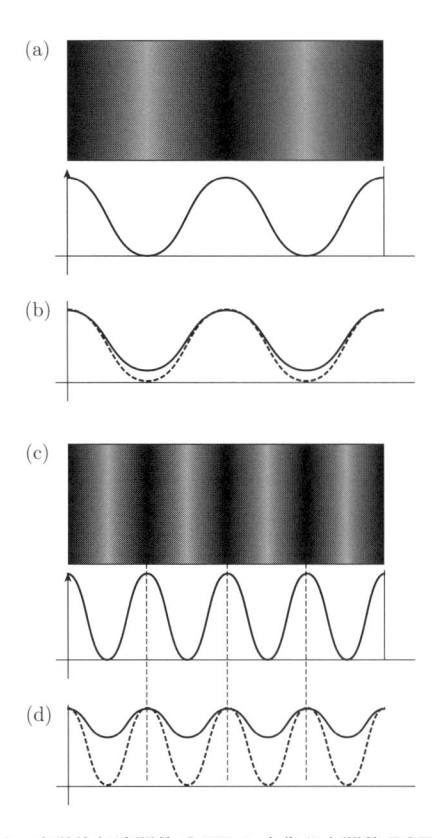

図 6.16 光学的伝達関数 OTF と点像分布関数 PSF の関係
(a)物体の縞構造の間隔が大きい場合。(b) PSF をコンボリューションして得られる像。
(c)物体の縞構造の間隔が小さい場合。(d) PSF をコンボリューションして得られる像。
物体の縞構造の間隔が小さい場合，スクリーン上の像は，PSF がコンボリューションされるため可視度が大きく低下する。

くなるので，短波長の紫外光がレンズに近い位置に集光され，逆に長波長の赤色光，近赤外光がレンズから遠い位置に集光される。

色収差を補正するには，凸レンズと凹レンズを貼り合わせて，分散を補正する。凸レンズの分散によって生じた波長による屈折方向の違いを凹レンズを用いて補正することが可能である。

顕微鏡に用いられる対物レンズには，色収差の補正方法によって，**アクロマート対物レンズ（achromat objective lens）**，**アポクロマート 対物レンズ（apoc-**

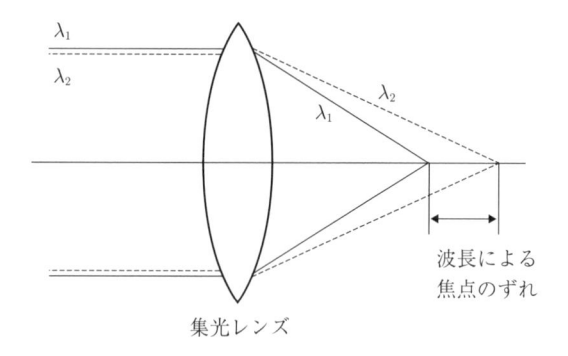

図 **6.17** レンズの色収差（$\lambda_1 < \lambda_2$）

hromat objective lens)と呼ばれるものがある。アクロマート対物レンズは，青色（波長 486.1 nm）と赤色（波長 656.3 nm）の 2 波長の光に対して，色収差補正を行ったものである。一方，アポクロマート対物レンズでは，赤色と青色に加えて一般的に紫色（波長 435.8 nm）の光でも色収差を補正し，3 波長で色収差を補正している。アポクロマート対物レンズは，紫外域から可視域全域にわたってほぼ収差が補正されているため，蛍光観察には最適なレンズとなっている。

6.13 ザイデルの 5 収差と試料の厚みにより生じる球面収差

収差（aberration）をもつレンズを用いて 1 点からの光を結像した場合，理想的な点像分布とはならず拡がったり歪んだりする像がスクリーン上に結像される。これは，像の分解能を低下させる大きな要因となる。図 6.18 にレンズによって結像する場合に生じる収差を示す。これらは**ザイデルの 5 収差**（five Seidel aberrations）と呼ばれ，(a) **球面収差**（spherical aberration），(b) **コマ収差**（coma aberration），(c) **像面湾曲**（field curvature），(d) **非点収差**（astigmatism），(e) **歪曲収差**（distortion）に分類されている。対物レンズにおいて，これらの収差を補正し像面が平坦になるように設計されているものを，**プラン対物レンズ**（plan objective lens）と呼ぶ。像面湾曲を補正しているため，カメラなどで記録する場合に，フィルムまたはセンサー上での歪みを小さくできる。

収差がよく補正されたレンズを用いた場合でも，結像する物体や光が透過する領域の屈折率によって，球面収差が生じる場合がある。この収差は光学顕微鏡で試

6.13 ザイデルの5収差と試料の厚みにより生じる球面収差

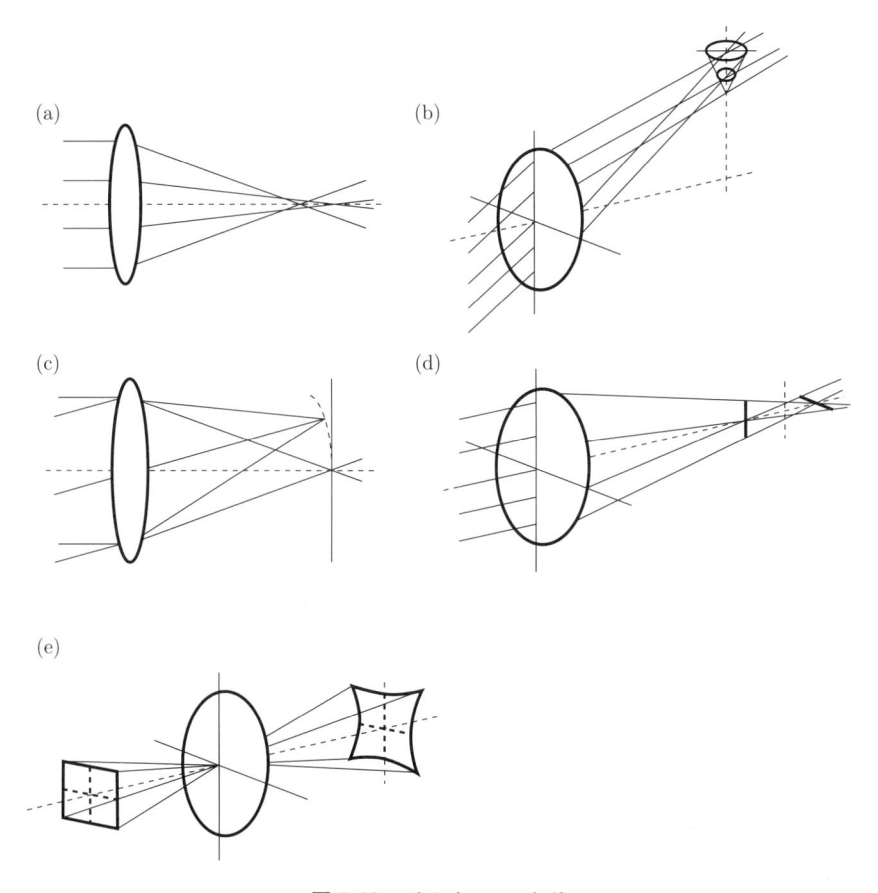

図 6.18 ザイデルの5収差
(a)球面収差。(b)コマ収差。(c)像面湾曲。(d)非点収差。(e)歪曲収差。

料を観察する場合に顕著にあらわれ，カバーガラスの厚みを適切に選択しなかったり，試料の深い位置を観察する場合に生じる球面収差である。

図 6.19 に適正な厚みのカバーガラスの下面に焦点が合っている場合と，試料の深い位置に焦点を合わせた場合の収束光の光線を示す。通常の生物観察用対物レンズでは，カバーガラスの下面に焦点が合っているときに収差が最小になるように設計されている。そのため，カバーガラスの下面に焦点を合わせた場合は，図 6.19(a)のように収差のない集光スポットが得られる。一方，試料の深い部分に焦点を合わせると，図 6.19(b)のように試料に入射する角度により光線の屈折

第6章 結像系の光学

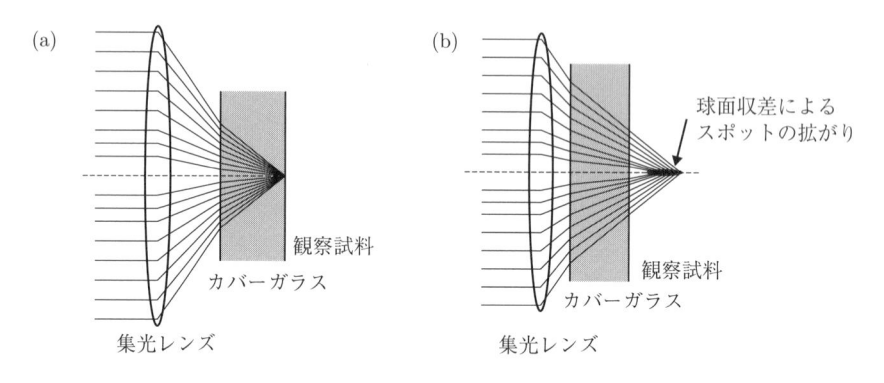

図 6.19 試料の屈折率による収差
(a)カバーガラスの下に焦点がある場合。(b)試料の深い位置に焦点がある場合。

角が異なり，試料中を伝搬する光路長が異なるため，収差が生じ，集光スポットが拡がる。

従来の光学顕微鏡では，生物試料を薄くスライスした切片や物質の表面などが，おもに二次元構造を観察するために用いられてきた。これは，観察する試料が厚いと，顕微鏡の焦点深度からはずれた位置にある試料のぼけた像が観察像に重畳するため，観察像の画質を劣化させ，分解能を低下させるからである。

しかしながら，近年，共焦点レーザー走査蛍光顕微鏡や2光子励起蛍光顕微鏡（共焦点レーザー走査蛍光顕微鏡と2光子励起蛍光顕微鏡の詳細は第7章を参照）などが開発され，薄くスライスせずに厚い試料のままで，その三次元構造を観察できるようになった。こうした三次元観察技術の発展とともに，これまではあまり問題とならなかった試料の屈折率による収差が問題となるようになってきた。この収差は，試料の内部を観察したときに，光が試料の中を伝搬するために，光の位相がずれることにより生じる。光が試料中を伝搬することにより生じるので，試料の深い位置を観察するときや屈折率の大きな半導体や誘電体結晶などを観察するときに，この収差は顕著になる。

試料の屈折率によって収差が生じると，集光スポットは拡がり，そのピーク強度は低下する。集光スポットが拡がると顕微鏡の分解能が低下し，強度のピーク値が減少すると，蛍光の励起効率などが悪くなる。特に，第7章で述べる非線形光学顕微鏡では，ピーク強度に依存して非線形光学効果の発生効率が大きく低下するため，大きな問題となる。

6.14 三次元結像理論——厚い試料の結像理論

次に厚い試料を結像する場合の結像理論について考えてみよう。この場合は，試料が奥行き方向にも分布をもつため，第5章5.13節で示したブラッグ回折を満たす必要がある。

図6.20に示すように，波長に比べて物体が厚い場合には，入射光の波数ベクトル k_i と回折光の波数ベクトル k_d，試料の構造を表す回折格子ベクトル K は，

$$k_d = k_i + K \tag{6.28}$$

を満たさなければならない。第5章5.12節で示した薄い回折格子での回折の場合には，回折格子ベクトルが光軸方向（z軸方向）に拡がりをもっており，面内方向についてのみ式(6.28)が成立すればよい。一方，物体が光軸方向にも構造をもつ場合には，試料の厚みが無視できないため，面内方向だけでなく，光軸方向にも式(6.28)が成り立つことが必要となる（図5.17）。つまり，入射光と回折光の波数ベクトルと回折格子ベクトルとの関係式(6.28)がエバルト球上で成り立つことが必要となる。

まずコヒーレント照明の場合を考えよう。コヒーレント照明では，光軸方向に対して平行に入射した光が，物体に入射し回折する。回折光も対物レンズを通過しなければならないので，回折光の波数ベクトルの先端は図6.21に示す円弧（三次元的に考えると球殻の一部）上に存在しなければならない。したがって，光軸方向に伝搬する平面波で物体を照明したコヒーレント照明の場合に結像できる物体の空間角周波数の分布は，図6.21で示される。ここで，μ_z は光軸方向の空間角周波数を，μ_x, μ_y は光軸に垂直な方向の空間角周波数を表す。回折格子ベクトル K を結像できることは，$-K$ も結像できることを意味しているので，空間角周波数の分布は μ_x-μ_y 面に対して対称となる。

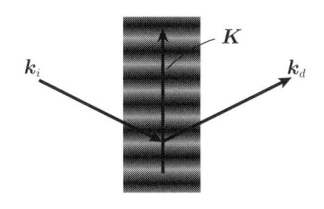

図 6.20 厚い試料の結像

第6章 結像系の光学

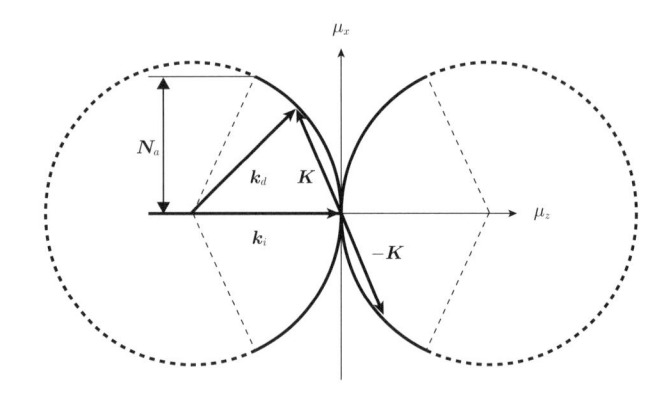

図 6.21 回折格子ベクトル K をもつ物体の結像：光軸方向に平行な平面波で照明した場合の光学的伝達関数 OTF

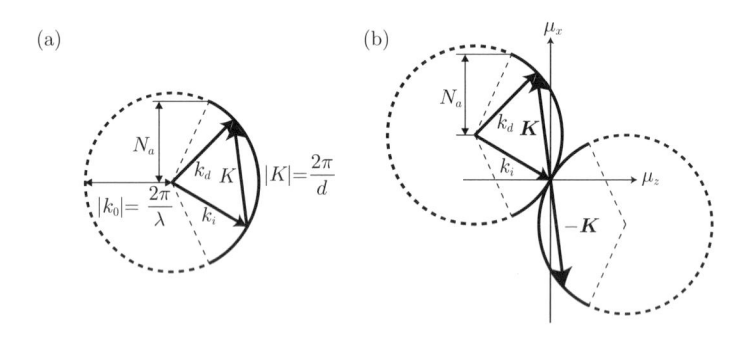

図 6.22 回折格子ベクトル K をもつ物体の結像：偏斜照明の場合の光学的伝達関数 OTF
(a)偏斜照明の場合の回折条件。(b)偏斜照明の場合の OTF

　次に光軸に対して斜めの方向から波数ベクトル k_i の平面波で物体を照射する場合を考える。このような照明方法を**偏射照明（oblique illumination）**と呼ぶ。この場合も単一の平面波で照明しているためコヒーレント照明となる。

　偏射照明の場合でも，開口を通過できる回折光の波数ベクトルの先端は，光軸に平行に伝搬する平面波で照明した場合と同様に，図 6.22 (a)に示す円弧（三次元的に考えると球殻の一部）上に存在しなければならない。入射光の波数ベクトル k_i は光軸と平行ではないため，入射光と回折光の組み合わせで表すことのできる波数ベクトルの分布は，図 6.22 (b)に示す領域となる。入射光の波数ベクトル k_i が光軸とは平行ではなく偏射照明であるので，結像できる空間角周波数の分布

6.14 三次元結像理論——厚い試料の結像理論

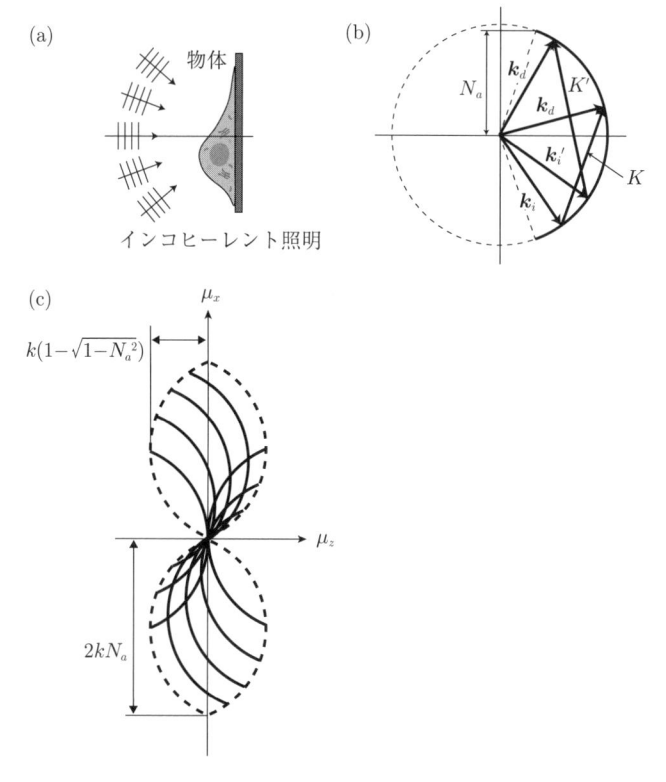

図 6.23 厚い試料をインコヒーレント照明で結像する場合
（a）インコヒーレント照明。（b）インコヒーレント照明での回折条件。（c）さまざまな方向からの偏斜照明の重ね合わせ。

は μ_x-μ_y 面に対して非対称となる。

次にインコヒーレント照明の場合を考えてみよう。図 6.23（a）に示すように，インコヒーレント照明ではさまざまな角度からの平面波で照明されることになる。それぞれの偏斜照明はコヒーレント照明であるが，k_i の異なる照明は互いにインコヒーレントであり，それぞれの偏斜照明で形成される像による強度の足し合わせとなる。0 次回折光が開口を通過できる範囲の偏斜照明は，結像レンズの最大の角度まであるので，その範囲までの波数ベクトルをもつ平面波で照明された偏斜照明の重ね合わせとなる（図 6.23（b），（c））。その結果，三次元 OTF は，図 6.24 で表される。図 6.24（a）は OTF が 0 以外の領域を表しており，8 の字型の形状

第 6 章　結像系の光学

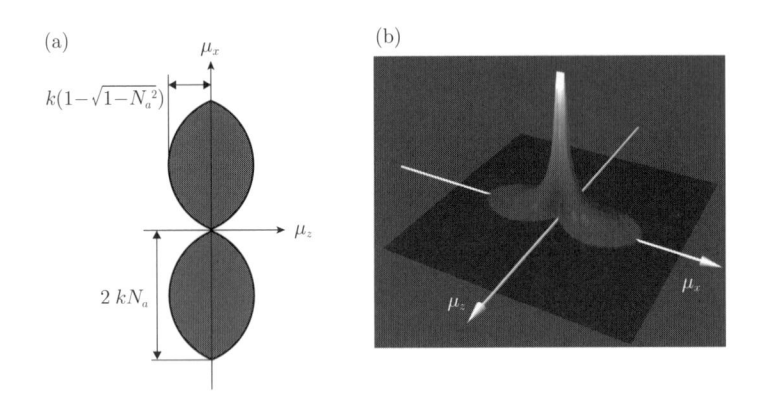

図 6.24　インコヒーレント照明系での三次元光学的伝達関数 OTF
(a) OTF の帯域。(b)三次元 OTF。μ_z 軸方向に積分すると二次元 OTF の値と一致する。

となり，μ_z 軸に対して回転対称な形状をもつ。図 6.24 (b) は μ_x-μ_z 面上の断面における OTF の値の分布を表している。図 6.24 (b) はインコヒーレント照明系の三次元 OTF を表しており，μ_z 軸に沿って積分した値は，図 6.14 に示した二次元 OTF と一致する。

インコヒーレント照明系の三次元 OTF の特徴は，μ_z 軸上で値が存在しないことである。これは，光軸方向にのみ構造をもつ試料，例えば多層膜構造などは結像できないことを表している。つまり，多層膜構造が光軸上で焦点の合った位置にいるのかどうかわからないことに対応する。一方，面内に構造を有する場合は，その構造が焦点位置からはずれるとぼけて見えるため，焦点位置に存在するかどうかを区別することができる。面内に構造が存在する場合は，三次元 OTF が幅をもつが，これは物体の奥行き方向の情報を結像可能であるからである。

第7章
顕微光学

本章では，前章で述べた結像系のもっとも重要な応用の一つとして光学顕微鏡にフォーカスし，以下のことについて述べる。
- 各種の光学顕微鏡
- レーザー走査光学顕微鏡と共焦点光学系
- 非線形光学顕微鏡
- 高分解能化

7.1 光学顕微鏡の特徴

　光学顕微鏡は16世紀ごろに発明されたといわれており，その歴史は古いものの，現在でも生物分野・医学分野では，細胞や組織などを高分解能で観察する手法として中心的に用いられている。光を用いて試料を観察するため，試料にダメージを与えることがなく，また大気圧や液中などでも観察できるなど使用環境の制限も少ないからである。分光測定と組み合わせれば定性分析を行うこともできる。光学顕微鏡の特徴としては次のようなものがあげられる。

(1) 高い空間分解能
　　光学顕微鏡の空間分解能は回折限界で制限されるものの，使用する光の波長，レンズの構成などによって 200 nm～500 nm 程度の大きさのものを観察することができる。

(2) 非接触・非破壊・非侵襲観察が可能

　光を用いて試料を観察するため，試料に対するダメージが少なく，非接触・非破壊で試料を観察することができる。もちろん非常に強いレーザー光や紫外線を試料に照射すると損傷する場合もあるが，他のプローブに比べて光は非侵襲であるといえる。

　この特徴は，生物分野・医学分野だけでなく工業の分野などでも有効に利用されている。その例として CD や DVD などの光メモリをあげることができる。CD では基板上に記録された微小なピットをレーザー光を用いて検出するため，一種の光学顕微鏡と考えることができる。レコードとは異なり，光メモリではデータを何度再生しても，ディスクに傷がついたり，データが劣化したりすることがない。これは光を使って，非接触・非破壊でデータを再生しているからである。

(3) 大気中，水中など多様な環境下で使用可能

　光学顕微鏡は，真空中はもちろんのこと，気体中や液体中などさまざまな環境下で使用することができる。この特徴も生物試料を観察する際には，大きな優位性となる。より高い分解能をもつ電子顕微鏡では，電子線が通過するために真空が必要であり，生物試料などを生きたまま観察することには大きな制限がある。また溶媒中の物体は観察できないなど工業的な応用における制約も多い。

(4) 観察像を直接見ることができ，わかりやすい

　光学顕微鏡では，観察像を接眼レンズを通して直接見ることができ，理解しやすいことも広く利用されている理由の一つであろう。試料の動態観察などを行うことも可能である。最近では，レーザー走査顕微鏡などが用いられるようになり，コンピューターで再構成された画像を観察する場合も多くなってきている。

(5) 光デバイスの発展による高機能化

　多くの光デバイスを取り込むことによって光学顕微鏡は，現在でもより高機能化，高分解能化が進められている。レーザー光源の進展はめざましく，高出力化，小型化，多波長化，短パルス化などの開発が進められている。フェム

ト秒レーザーやピコ秒レーザーも容易に使用可能となってきており，波長もある程度自由に選択できるようになってきている．また短パルスレーザーの出現により，非線形光学過程を容易に誘起することができ，試料の三次元構造を観察したり，スペクトル分光を行うことが可能となってきた．また，検出器の高感度化も光学顕微鏡の発展に大きく寄与している．高感度な光検出器が開発されたことにより，蛍光分子1つをイメージングすることが可能となっており，高速現象を観察したり，高ダイナミックレンジの観察像を取得することが可能となってきた．また，コンピューター技術の発展により，簡単に画像処理を行うことも可能となり，観察像を三次元的に表示したり，特徴的な量を抽出したりすることが可能となってきている．さらに，生体試料の特定の部位をマーキングする蛍光プローブなども高機能化が進められており，生体の反応に応じて状態を変化させるプローブなどが開発されている．

7.2 光学顕微鏡の原理

図 7.1 に光学顕微鏡の原理を示す．試料を光源により照明し，レンズで拡大してカメラの撮像面上に結像する．光学顕微鏡に用いられる拡大レンズは，**対物レンズ**（**objective lens**）と呼ばれ，収差なく結像するために多くのレンズを組み合わせた構成となっている．

光学顕微鏡の原理は非常に簡単で，レンズで拡大して像を観察，またはフィルムやカメラ上に感光させているだけである．人間の目で観察する場合は，**接眼レンズ**（**eyepiece**）を用いて，フィルムやカメラを配置する物体の結像面を拡大して観察している．

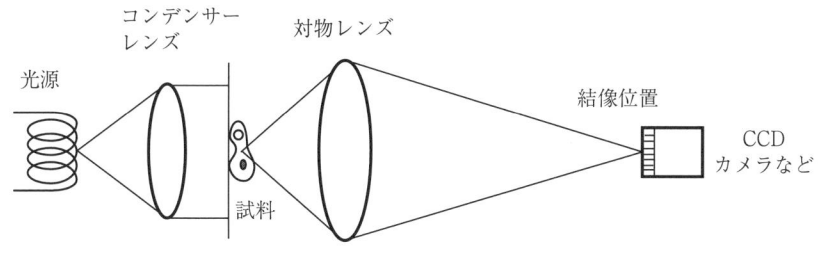

図 7.1 光学顕微鏡の原理

第 7 章 顕微光学

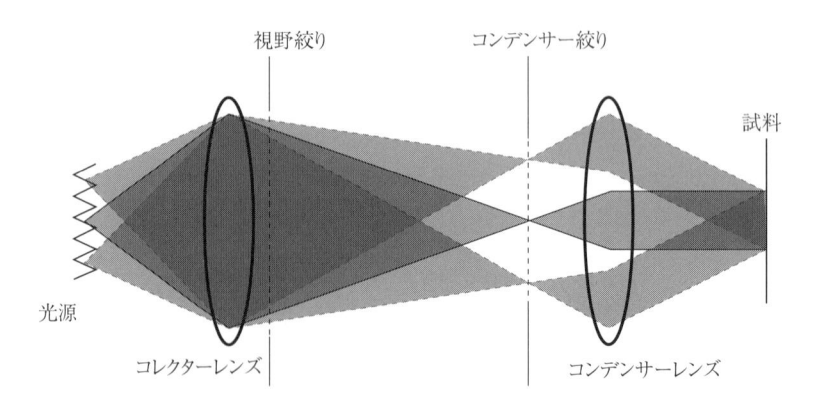

図 7.2 ケラー照明系の構成

　光学顕微鏡の観察像は用いる照明系にも依存し，第 6 章 6.9 節で示したインコヒーレント照明やコヒーレント照明では観察像が大きく異なる．図 7.2 にインコヒーレント照明系の代表的な例として，**ケラー照明系**（Köhler illumination）の構成を示す．ケラー照明系は，光源，視野絞り，コレクターレンズ，コンデンサー絞り，コンデンサーレンズから構成される．光源には輝度の高いハロゲンランプが用いられ，コレクターレンズで光を集め，コンデンサーレンズで試料に照射する．光源の像をコレクターレンズにより一度実像とし，その実像と試料とがコンデンサーレンズの焦点位置になるように配置する．この構成により，光源上の各点から出た光を平面波に変換して試料を照明する形となる．

　視野絞りは，試料上で光を照射する範囲を制限することができ，コンデンサー絞りでは，照明光のコヒーレンスを制御することができる．コンデンサー絞りを開くとさまざまな方向から試料が照明されるためインコヒーレント照明になる．一方，コンデンサー絞りを絞る（つまり開口の大きさを小さくする）と，光軸に平行に伝搬する平面波のみで照明されるので，コヒーレント照明になる．

　ケラー照明系ではインコヒーレントな光源上の任意の点から射出された光を空間的に一様な平面波として照明するため，光源の強度むらなどによる観察像の劣化が少ない，一様な照明を得ることができる．また，視野絞り，コンデンサー絞りを独立に調整することが可能であり，試料の観察範囲と照明の空間コヒーレンスを独立に制御できる．

　ケラー照明系によって対物レンズの性能を十分に引き出すためには，0 次回折

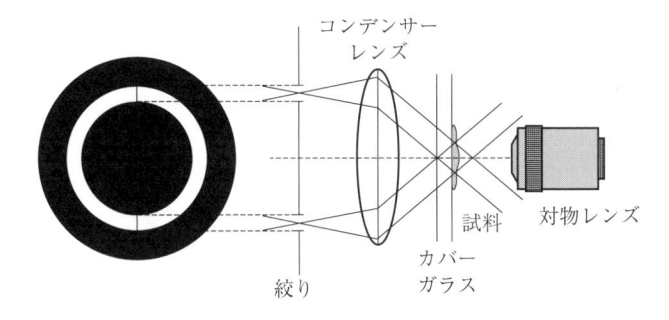

図 7.3 暗視野照明系の構成

光が開口の全領域を埋める必要があるので，使用する対物レンズより大きな開口数をもったコンデンサーレンズを使用する必要がある。

図 7.3 に示すように，試料を照明する際に 0 次回折光がレンズの開口を通過しないように設定した場合の照明を**暗視野照明（dark field illumination）**と呼ぶ。暗視野照明では，0 次回折光が開口を通過しないため，1 次回折光および−1 次回折光が干渉して像を形成する。そのため，観察像は試料構造を正確に結像しているものとはならないが，バイアス成分がなくなるため非常に高いコントラストで試料を観察することが可能となる。暗視野照明に対して，通常の照明方法を**明視野照明（bright field illumination）**と呼ぶ。

7.3　対物レンズの種類と利用方法

図 7.4 に対物レンズの模式図を示す。対物レンズには，多くの種類があり，目的によって適切なものを選択する必要がある。対物レンズには，収差補正，開口数，倍率，作動距離などに関する多くの情報が表示してある。レンズのメーカーによってもその内容は異なるが，基本的な種類は同等である。

有限系および無限系の対物レンズ

図 7.5 に有限系および無限系の対物レンズの使用方法を示す。有限系対物レンズでは，対物レンズ 1 枚で像面が形成される。生物試料観察用の対物レンズでは，レンズの胴付面から 160 mm，金属表面観察用の対物レンズでは 210 mm の位置で像面が形成される。

第 7 章　顕微光学

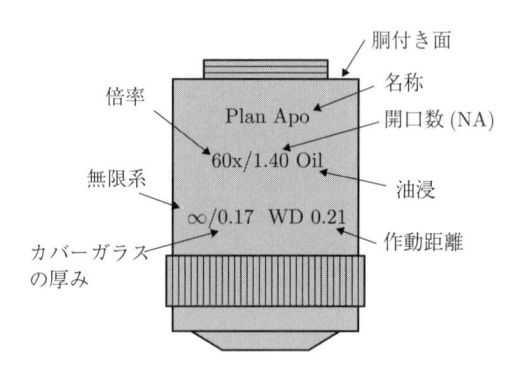

図 7.4　対物レンズに記載されている情報

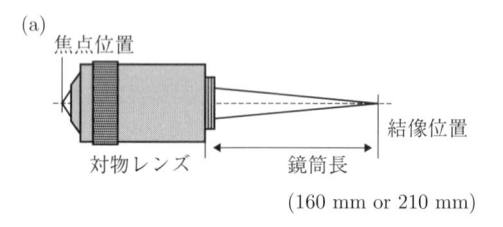

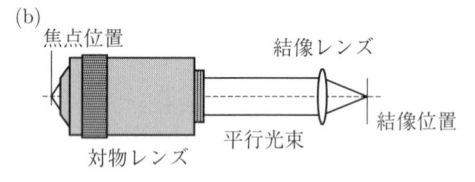

図 7.5　有限系および無限系の対物レンズ
（a）有限系対物レンズ。生物試料観察用と金属試料観察用とでは結像位置が異なる。
（b）無限系対物レンズ。

　有限系の対物レンズでは，レンズからの射出光が球面波となるため，フィルターや波長板などを使用すると，波面が歪む場合がある。特に干渉フィルターを使用する場合は，球面波がフィルターに入射するため，中央部と周辺部でフィルターの特性が異なる。
　一方，無限系対物レンズでは像面を無限遠に形成するため，試料のある 1 点から発せられた光は，レンズによって平行光に変換される。したがって像面を形成するには，結像レンズが必要となる。
　無限系の対物レンズでは，レンズからの射出光は平行光となるため，波面の歪

みがなく，またレンズからの距離にもあまり制限がなく，自由度が高い．現在は，多くの光学顕微鏡において，無限系の対物レンズが主流となっている．

開口数，倍率，作動距離

対物レンズの分解能を決めるもっとも重要な値は，開口数である．第6章で紹介したように，対物レンズの開口数を N_a としたとき，その対物レンズで観察可能な分解能は，使用する波長を λ として，$0.61\lambda/N_a$ で与えられる．

対物レンズには，**倍率**（**magnification**），**作動距離**（**WD: working distance**）も表示してある．倍率は観察する試料の拡大率で，接眼レンズの倍率との積により観察画像の倍率が決まる．作動距離は焦点位置とレンズの端までの距離で，実際に対物レンズを光軸方向に走査可能な距離を示している．生物試料観察用の対物レンズの場合でも，カバーガラスの厚みを除いた実際に走査可能な距離を示している．

作動距離が短いと試料と対物レンズの距離が近くなるため，観察時の操作性が悪くなる．開口数の大きな対物レンズの場合，作動距離は数百 μm しかない場合が多い．そのため，作動距離を長くした対物レンズも開発され，広く使用されている．

乾燥対物レンズと油浸対物レンズ，水浸対物レンズ

対物レンズの開口数は，第6章で示したようにレンズに入射できる最大の角度を $\theta_{\max}$，レンズのまわりの媒質の屈折率を n とすると，

$$N_a = n \sin \theta_{\max} \tag{7.1}$$

で与えられる．通常の対物レンズでは，レンズのまわりの媒質は空気であるため，屈折率 $n=1$ となり，開口数は最大でも1である．このような対物レンズは**乾燥対物レンズ**（**dry objective lens**）と呼ばれる．

より大きな開口数を実現するために，対物レンズとカバーガラスの間に屈折率 n の大きなオイルを満たして使用する対物レンズが用いられる場合がある．これは**油浸対物レンズ**（**oil immersion objective lens**）と呼ばれ，高分解能，高倍率の対物レンズとして使用される．油浸対物レンズでは，屈折率 $n=1.5$ 程度のオイルで満たすため，1を超える開口数を実現することが可能であり，開口数1.4程度のものが市販されている．油浸対物レンズでは，カバーガラスとオイル

との界面での反射や屈折を防ぐため，オイルにはカバーガラスと同じ屈折率をもつ材料を用いるのが普通である。

油浸対物レンズを用いた場合でも，水中の生物試料などの深部を観察する場合は，カバーガラスと試料との境界面で屈折が生じ，球面収差が発生する。そこで，対物レンズとカバーガラスとの間をオイルではなく，水で満たす**水浸対物レンズ**（water immersion objective lens）も開発されている。生物試料の観察においては，試料は培養液などの液中に存在する場合が多く，屈折率も水の屈折率と同程度である。そのため，水浸対物レンズを用いることにより，第6章6.13節で述べた試料の屈折率による球面収差の発生を大きく軽減することが可能である。収差がよく補正されたレンズでは，カバーガラスの上下の媒質の屈折率差によって，試料による球面収差が発生する。そのため，カバーガラスと対物レンズの間を培養液とほぼ同じ屈折率の水で満たすことによって，球面収差を発生することなく試料の深部を観察することが可能となる。

7.4 蛍光顕微鏡

蛍光顕微鏡（fluorescence microscope）は，生物試料の機能解明などの目的で，細胞などを**染色**（ラベリング：labeling）してその動態，変化を観察する手法として広く用いられており，バイオテクノロジーの分野で非常に重要な計測手法となっている。図7.6に物質の吸収，蛍光，リン光などの電子のエネルギー遷移を表した**ヤブロンスキーダイアグラム**（Jablonski diagram）を示す。蛍光は，励起準位 S_1 から基底状態 S_0 への緩和に対応する電子遷移により発光が生じるプロセスである。蛍光を生じる物質に対して励起に必要なエネルギーをもつ光を照射すると，基底状態の電子が外から照射される励起光のエネルギーを吸収し，励起される。励起電子は熱的に励起準位 S_1 の最低振動単位に緩和した後，発光をともなって基底状態へと遷移する。この過程で生じる発光が蛍光である。

蛍光では励起後，励起準位における熱的な緩和をともなうため，蛍光の発光波長は励起光の波長より長波長側のスペクトルをもつ。これは**ストークス・シフト**（Stokes shift）と呼ばれ，そのスペクトルを詳細に調べることにより，基底状態の電子遷移の構造を明らかにすることができる。

蛍光観察では，励起光と蛍光との波長が異なるため，干渉フィルターなどを用いることにより，蛍光だけを検出，観察することが可能になる。励起光をカット

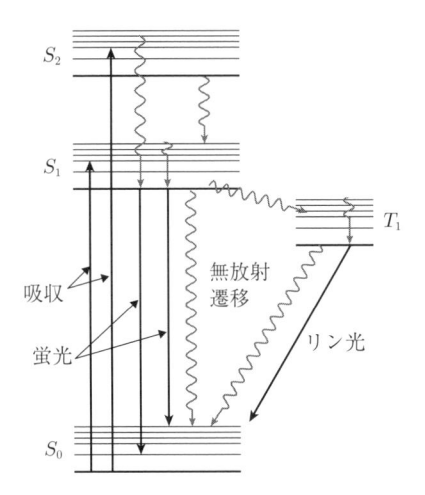

図 7.6 ヤブロンスキーダイアグラム
励起状態 S_1 から基底状態 S_0 への緩和過程により蛍光が発生する。

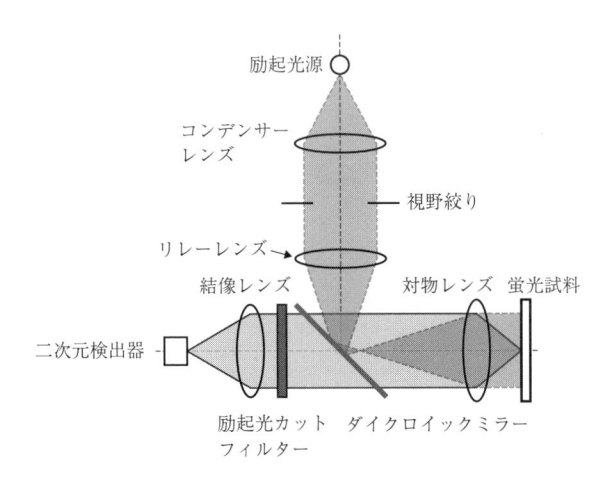

図 7.7 蛍光顕微鏡の構成
落射型の蛍光顕微鏡である。

することにより，背景光を完全に除去できる。そのため，理想的には，完全に暗い中で微弱な蛍光を検出することが可能となり，一分子の蛍光発光を観察することも可能となる。

図 7.7 に蛍光顕微鏡の光学系を示す。この光学系は対物レンズ側から試料を照

第 7 章 顕微光学

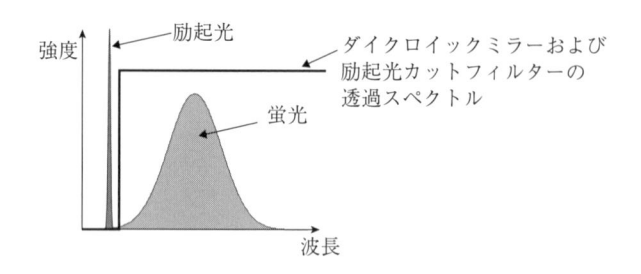

図 7.8 励起光と蛍光のスペクトル

明する**落射照明**（epi–illumination）の構成となっている。光源からの光を**ダイクロイックミラー**（dichroic mirror）で反射させ，試料に照射する。試料から生じた蛍光はダイクロイックミラーを通過し，観察面上に結像される。

蛍光顕微鏡では，透過型顕微鏡や反射顕微鏡と異なり，波長スペクトルの狭い光源が使用される。透過型顕微鏡と同様に白色光源を用いると，光源からの光と蛍光の波長域が重なってしまうため，蛍光像を観察することが難しくなる。一般に蛍光強度は小さく，励起光源からの光に埋もれてしまうからである。

蛍光顕微鏡の光源には，高圧水銀ランプが広く用いられている。高圧水銀ランプは，波長 365 nm, 404 nm, 546 nm, 577 nm, 613 nm の輝線スペクトルをもつ非常に明るい光源である。図 7.8 に蛍光顕微鏡の光源と検出するスペクトルの模式図を示す。励起光は狭帯域の輝線スペクトルであり，蛍光は長波長側のブロードなスペクトルをもつ。

一般に励起光を照射した際に試料から生じる蛍光は，その強度が小さいため，光学部品や光学フィルターなどを適切に選択する必要がある。以下におもな注意点を示す。

（1）励起光および蛍光の波長に合ったダイクロイックミラー，励起光カットフィルターの選択

励起光と蛍光に合うダイクロイックミラーおよび励起光カットのための**干渉フィルター**（interference filter）を用いることが重要である。図 7.8 には蛍光を感度よく検出するためのダイクロイックミラーおよび励起光カットフィルターの透過スペクトルも示した。ダイクロイックミラーでは，励起光を反射させ，蛍光の波長域を透過させる。試料で散乱した励起光はダイクロイッ

クミラーで反射して光源に戻るため，検出器には届かず，励起光と蛍光を分離することができる。さらに，干渉フィルターや色ガラスフィルターを検出器の前に配置し，励起光を除去する。励起光が検出器側にもれると，蛍光の背景光（バックグラウンド）になるので，観察像のコントラストが著しく劣化する。また蛍光の一部がフィルターでカットされると，検出信号が低下し，観察像の信号対雑音比が低下する。

(2) 自家蛍光のない光学素子の使用
光学顕微鏡の光学部品には，励起光の波長を照射しても蛍光の発生しないものを利用することが必要である。顕微鏡を構成している光学部品から蛍光が発生してしまうと，観察像の背景光となり，コントラストが低下してしまう。特に試料を保持するカバーガラス，スライドガラスには，紫外線を照射しても蛍光を生じない，無蛍光ガラスを使用することが必要である。

(3) 迷光，散乱光の除去
顕微鏡内で生じる迷光も観察像のコントラストを低下させる要因となるため，反射防止膜などをコートした光学素子を利用することが必要となる。迷光を除去することは，透過顕微鏡など他の構成においてもコントラストを向上させる手法として重要であるが，蛍光顕微鏡では，蛍光の強度が小さいため特に重要な要素となる。

(4) 退色による蛍光強度の減少の防止
蛍光色素は，観察中にその分子が壊れ，蛍光を生じなくなる場合が多い。この現象は**退色**（**bleaching**）と呼ばれ，蛍光顕微鏡の実用上の問題点となっている。退色は，励起光強度が大きく，かつ照射時間が長い場合により起こりやすくなる。退色を避けるため，励起光の照射エネルギーは，検出に必要な蛍光強度を得るための最低エネルギーにするのがよい。
最近では，退色の生じにくい蛍光プローブや半導体ナノ粒子を用いた量子ドットなどの開発が進められている。量子ドットは粒子サイズによって発光波長を制御でき，半導体材料であるために励起光照射による破壊が少なく，今後の応用が期待されている。

第 7 章 顕微光学

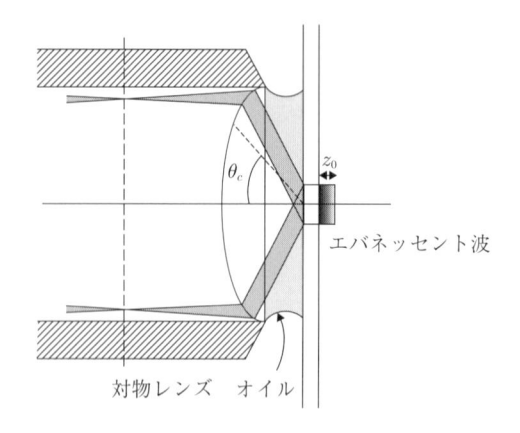

図 7.9 全反射蛍光顕微鏡の照明系
カバーガラスと試料との界面に生じるエバネッセント波で試料を照明する。

　蛍光顕微鏡は，生体試料の特定の部位を染色できるプローブ（色素や GFP などの発光タンパク質）が開発されているため，生物・医学分野の研究において幅広く応用されている。特に近年では，カルシウムなどの細胞内イオン濃度分布を可視化するためのプローブが開発され，細胞内のイオンの動きを実時間で観察し，シグナル伝達機構の解明などに関する研究が数多く進められている。

　また，高感度な二次元検出器の登場により，単一蛍光分子からの蛍光を観察することも可能となっている。単一蛍光分子からの蛍光を観察するには，励起光の散乱や不要な蛍光発光による迷光を抑えることが必要である。そのため，励起光の全反射を利用した**全反射蛍光顕微鏡**（total internal reflection fluorescence microscope）が開発されている。図 7.9 に全反射蛍光顕微鏡の照明光学系を示す。対物レンズの瞳面上に輪帯開口を挿入し，入射角の大きい励起光のみを入射させて基板と試料との界面で励起光を全反射させ，エバネッセント波を用いて試料を励起する。エバネッセント波のしみ出し長は波長オーダーと短く，基板界面近傍のみを選択的に励起することが可能である。そのため，試料の不要な部分からの蛍光などが生じず，界面近傍のみの構造を高感度で観察することができる。

　蛍光の強度測定は，細胞の染色状態による色素の濃度，細胞に到達する励起光の強度，生じる蛍光の集光効率などに左右されるため，単一の波長だけで細胞内の濃度を評価することが難しい場合もある。そのため，2 波長で励起したり，1 波長で励起して蛍光寿命を測定したりすることで，定量する方法などが用いられる。

蛍光寿命の測定では，強度の参照が不要であるため，照明強度のむらや蛍光分子の退色などによる強度変化の影響を受けにくい。また，蛍光寿命は蛍光分子の周囲環境に応じて変化するため，周囲環境をモニターする方法としても期待されている。

7.5 位相差顕微鏡

吸収分布がなく，屈折率のみをもつ位相物体を可視化する手法として，**位相差顕微鏡**（phase contrast microscope）が広く用いられている。図 7.10 に位相差顕微鏡の原理を示す。6.8 節ですでに説明したように，0 次回折光の位相を制御して回折光と同位相または逆位相にすることにより，位相物体を明暗の像として結像することができる。図 7.10 では，レンズの瞳面上で光軸上に位相板を配置し，0 次回折光の位相を制御している。

図 7.10 に示した光学系では，光軸に平行な平面波で試料を照明するコヒーレント照明を用いているため，分解能が低下し，コヒーレントノイズ（後述）が生じてしまう。そのため輪帯照明を用いて，これらの問題を解決している。

図 7.11 に一般的に用いられている輪帯照明系の場合の光学系を示す。輪帯開口を通して試料を照明し，輪帯状の位相板を使用して，0 次回折光の位相を制御する。このため位相差顕微鏡用の対物レンズの瞳をのぞくと，黒っぽいリング状の位相板を見ることができる。位相差顕微鏡では，照明系の輪帯開口の大きさも

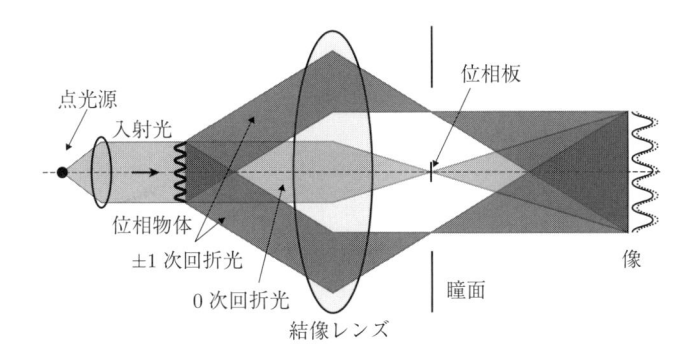

図 7.10 位相差顕微鏡の原理図
0 次回折光の位相を制御する。

第 7 章　顕微光学

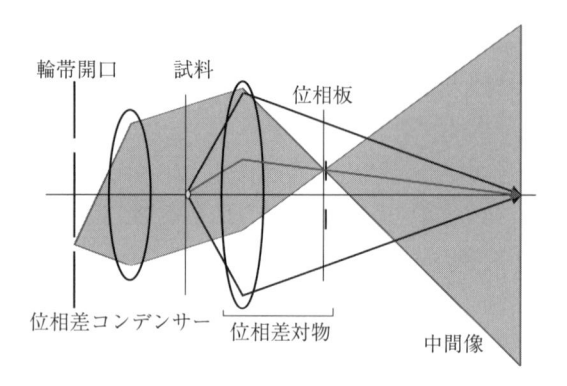

図 7.11　輪帯照明系を用いた位相差顕微鏡の構成

使用する対物レンズに合わせて適切に調整する必要がある。

　位相差顕微鏡は，$\lambda/1000$ 程度までの小さな位相差をもつ試料を明暗の像として観察することができ，試料の屈折率による位相の変化量を定量的に観察することが可能である。一方，屈折率が大きく変化する場所では，観察像にハロ（halo）と呼ばれる背景光が生じ，その領域の微細構造を観察することができなくなる。

7.6　微分干渉顕微鏡

　位相物体を可視化する手法として，**微分干渉顕微鏡**（differential interference microscope）も一般的に用いられる。図 7.12 に微分干渉顕微鏡の原理

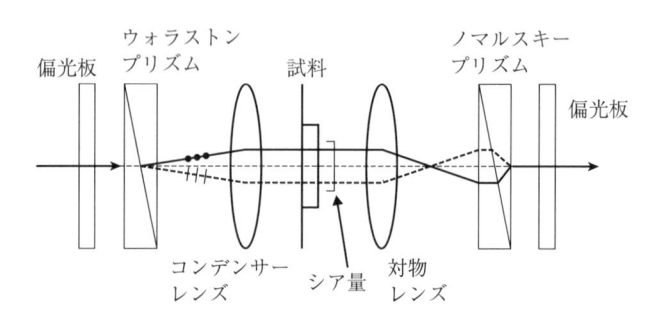

図 7.12　微分干渉顕微鏡の構成
ウォラストンプリズムを用いて横にシフトした 2 つの光線で試料を観察する。

を示す．通常の光学顕微鏡に偏光子と**検光子**（analyzer）と呼ばれる2枚の偏光板，および**ウォラストンプリズム**（Wollaston prism）と**ノマルスキープリズム**（Nomarski prism）をコンデンサーレンズの前側焦点位置と対物レンズの後ろ側に配置した構成となっている．

光源からの光は，偏光子で直線偏光に変換され，ウォラストンプリズムに入射する．偏光子の軸方向をウォラストンプリズムの光学軸に対して45°傾けた配置にすると，入射光はウォラストンプリズム内で互いに直交した偏光をもつ2つの光線に分離され，試料に入射する．試料を透過した光はノマルスキープリズムにより結合され，検光子を通してその干渉成分が検出される．

試料を透過する2光線はわずかに場所がずれているため，その透過した2点の屈折率差により観察像の明暗が決定される．2点間の屈折率差を検出するため，微分干渉顕微鏡と呼ばれる．

ウォラストンプリズムで分離する2つの光線の間隔（**シア量**（shear amount））は，あまり大きすぎると像が二重に見えるので，光学顕微鏡の分解能以下にする必要がある．また，微分干渉顕微鏡では2つの光線を分離するため，観察像に方向性をもち，観察する試料の方向を調整する必要がある．位相差顕微鏡とは異なりハロは生じず，大きな屈折率変化でも観察することが可能である．

微分干渉顕微鏡では位相物体の屈折率が変化する部分が立体的に見え，コントラストよく観察できるが，定量性はない．また，焦点深度が浅いため，厚い試料でも焦点面の構造のみをコントラストよく観察することが可能である．

7.7 レーザー走査顕微鏡

レーザー光源を光学顕微鏡に利用したシステムとして，**レーザー走査顕微鏡**（laser scanning microscope）が開発されている．レーザーは輝度および単色性が高く，集光性もよいため，コントラストよく画像を観察することが可能となる．また短パルスレーザーを用いれば，高速現象を可視化することもでき，尖頭値が高いことを利用して容易に非線形光学過程を誘起することも可能である．

通常の光学顕微鏡の構成においてハロゲンランプの代わりにレーザーを光源に使用すると，観察像をコントラストよく観察することは難しい．レーザーのコヒーレンスが高く，**スペックルノイズ**（speckle noise）または**コヒーレントノイズ**（coherent noise）が観察像に重畳されてしまうからである．スペックルノイズ

◯コラム　ウォラストンプリズム，ノマルスキープリズム，グラン・トムソンプリズム

第 3 章 3.7 節で説明した一軸性結晶を組み合わせることより，光を偏光方向によって分割したり，伝搬方向を制御したりすることが可能である．これらは**偏光プリズム**（polarizing prism）と呼ばれる．偏光プリズムは水晶や方解石など一軸性の結晶の組み合わせによりさまざまなものが開発されている．

図(a)にウォラストンプリズムの構成を示す．2 つのプリズムを貼り合わせた構成となっており，光学軸を光軸に垂直かつ互いに直交するように配置している．一軸性結晶に光が入射すると，互いに直交する進相軸方向の偏光と遅相軸方向の偏光に分離され，異なる速度で結晶内を伝搬する．遅相軸方向の偏光した光に対する屈折率を n_e，進相軸の方向に偏光した光に対する屈折率を n_o とし，$n_e > n_o$ とする．図(a)の構成では，遅相軸の方向が結晶の光学軸の方向に一致している．

紙面に平行な電場ベクトルをもつ光は，1 つ目のプリズムを屈折率 n_e で伝搬し，2 つ目のプリズムでは屈折率 n_o で伝搬する．2 つのプリズムの屈折率が異なるため，境界面で屈折が生じ，光の伝搬方向が変化する．

一方，紙面に垂直な電場ベクトルをもつ光は，1 つ目のプリズムを屈折率 n_o，2 つ目のプリズムを屈折率 n_e で伝搬する．そのため，2 つのプリズム界面で紙面に平行な電場ベクトルをもつ光と光軸に対して逆方向に屈折して伝搬する．したがって，ウォラストンプリズムを用いることにより，光の偏光方向によって，光を 2 つに分離することができることがわかる．

ノマルスキープリズム（図(b)）は，変形ウォラストンプリズムと呼ばれ，ウォラストンプリズムの 2 つのプリズムのうち，一方の光学軸を光軸対して斜めに傾けたものである．

グラン・トムソンプリズムは，図(c)に示すように，一方の偏光成分を 2 つのプリズム界面で全反射させて光路外に出し，もう一方の偏光成分のみ透過させる．2 つのプリズムの接着剤には屈折率が n_o と等しいものが用いられ，接着剤とプリズムとの境界面で全反射させる．入射偏光を直線偏光にするために用いられる．一般的に方解石（$n_e < n_o$）を用いたものが多い．

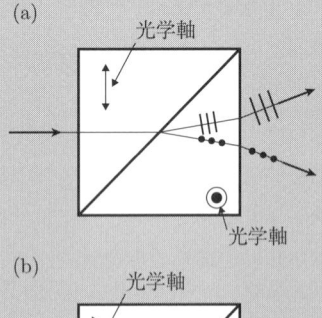

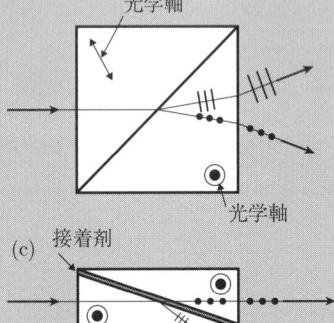

図　偏光プリズムの構成
(a) ウォラストンプリズム．(b) ノマルスキープリズム．(c) グラン・トムソンプリズム

7.7 レーザー走査顕微鏡

○コラム　スペックルノイズ

　すりガラスや紙のように表面がなめらかでない粗面にレーザー光を照射すると，その透過光や散乱光に不規則な粒状の模様が現れる。これをスペックルノイズ（またはコヒーレントノイズ）と呼ぶ。スペックルノイズは，レーザーのように可干渉性のよい光源を用いた場合に現れ，粗面の微小な凹凸で散乱した光がランダムに干渉することによって生じる。スペックルの明暗のコントラストは非常に高く，結像系などでは観察像に重畳されるため，観察像の画質を著しく劣化させる。そのため光学顕微鏡では，通常の顕微鏡の光源をレーザーに置き換えた構成はとらずに，試料にレーザーを集光して照射し，1点ずつ観察するレーザー走査顕微鏡が用いられる。1点ずつ観察する方式では，現在観察している点と，次の観察点の観察時間が異なるため，互いにインコヒーレントになる。

　スペックルノイズはホログラフィックメモリやレーザーディスプレイ，さまざまな計測装置で問題となる場合が多い。そこで，レーザーのコヒーレンスを低下させるために，拡散板を高速に回転させてスペックルパターンを移動させて時間平均をとったり，束になった光ファイバーを通してレーザー光の位相状態をよりランダムにしたりする手法が用いられている。逆にスペックル構造を利用して物体の形状を測定する**スペックル干渉計**（speckle interferometer）なども開発されている。

はコントラストが高く，微小な構造をもつため，試料の微細な構造を観察することは困難になる。

　レーザー光源を光学顕微鏡に用いるために，レーザーを集光して試料に照射する走査型の光学顕微鏡が開発されている。図 7.13 にレーザー走査顕微鏡の光学系を示す。ここでは一つの例としてレーザー走査蛍光顕微鏡を示した。レーザー光源からの光を試料上の1点に集光し，試料から発せられた蛍光を検出器で検出する。二次元の観察像を得るためには，レーザー光または試料を走査する。

　レーザー走査顕微鏡の分解能は，試料に集光するレーザー光の集光スポットの大きさで決定される。したがって，高分解能の画像を得るには，集光レンズに顕微鏡対物レンズを用い，できるだけ小さな集光スポットを形成する必要がある。これは，通常の白色光照明の光学顕微鏡では観察側に対物レンズを用いることと，対照的な構成となっている。

　集光スポットの大きさは，光源に使用するレーザーの波長を λ，対物レンズの開口数を N_a とすると，$0.61\lambda/N_a$ で与えられ，通常の光学顕微鏡と同じ分解能を有する。分解能は同等であるが，走査検出方式であるため，観察中のある瞬間

第 7 章　顕微光学

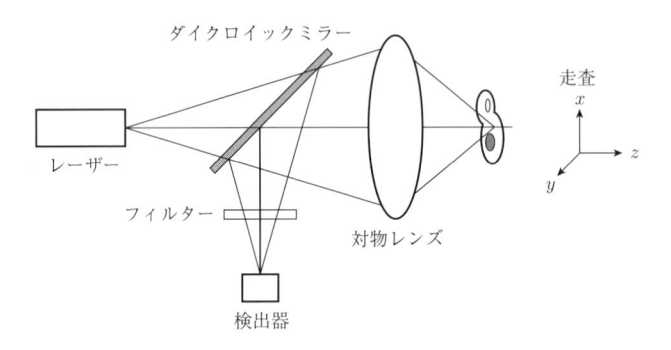

図 7.13　レーザー走査蛍光顕微鏡の構成
レーザー光を集光して試料の 1 点を照明し走査する。

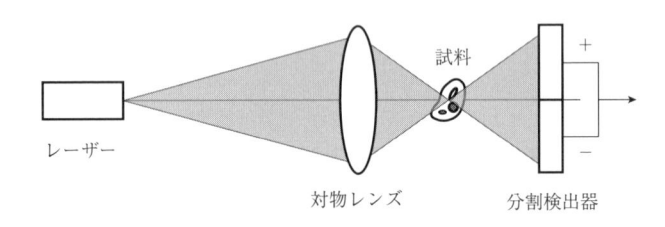

図 7.14　微分コントラスト顕微鏡の構成
試料の透過光を分割検出器で検出し，差をとる。

には試料上の 1 点のみにレーザー光が照射されており，それ以外の不要な部分からの散乱光が検出器に重畳することがない。そのため，観察像のコントラストは大きく向上する。

　レーザー走査顕微鏡では，レーザー光源，試料またはレーザーの高速スキャナー，取得データから画像を構成するためのコンピューターなどが必要となる。これらの装置は，最近の技術進歩，コンピューターの低価格化などにより，容易に顕微鏡システムに組み込むことが可能となっている。

　レーザー走査顕微鏡においても，蛍光顕微鏡，位相差顕微鏡，微分干渉顕微鏡を構成することができる。加えてレーザー走査顕微鏡では，**微分コントラスト顕微鏡**（**differential contrast microscope**）を構成することが可能である。図 7.14 に微分コントラスト顕微鏡の光学系を示す。これは通常のレーザー走査顕微鏡とほぼ同じ構成であり，検出器に分割検出器を用いる点が異なっている。試料にレーザー光を集光し，試料を透過した光の強度を光軸に対して対称に置かれた分割検

出器で検出する。試料に構造がない場合は，分割検出器で検出される強度は等しくなるため，それぞれの差を求めると信号は0となる。一方，試料の屈折率分布によってレーザー光が偏向されると，2つの検出器間に強度差が得られ，その差は屈折率変化の大きなところで大きくなる。この場合に得られる信号は屈折率分布の変化する領域で大きくなり，屈折率の変化する方向によってその符号が変わるので，試料の屈折率変化の微分的な画像を得ることができる。微分コントラスト顕微鏡は，レーザー走査顕微鏡において，検出器を分割検出器に変更するだけで構成することができ，また2つの検出器の信号の和を求めれば，通常の顕微鏡像を得ることも可能である。

7.8 共焦点レーザー走査光学顕微鏡

レーザー走査顕微鏡の大きな特徴の一つは，**共焦点レーザー走査顕微鏡**（confocal laser scanning microscope）を実現することによって，試料の三次元構造の観察および高分解能化を可能にしたことである。図7.15に典型的な共焦点レーザー走査蛍光顕微鏡の光学系を示す。共焦点光学系では，対物レンズによって検出される蛍光が集光される位置，つまり対物レンズの焦点と共役な位置にピンホールを配置し，ピンホールを透過した蛍光のみを検出する。通常のレーザー走査蛍光顕微鏡（図7.13）と比べるとその違いがわかりやすい。

共焦点光学系では，ピンホールを配置することによって，光軸方向の分解能お

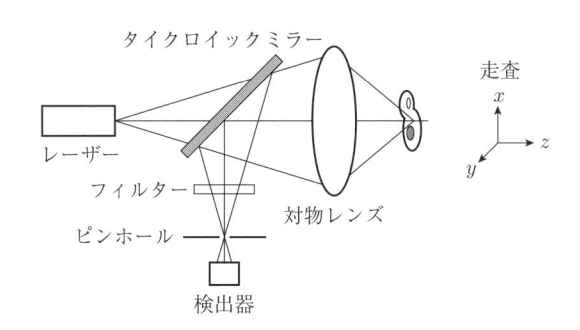

図7.15 共焦点レーザー走査蛍光顕微鏡の構成
検出器の直前にピンホールを配置して焦点位置のみを検出する。

第 7 章 顕微光学

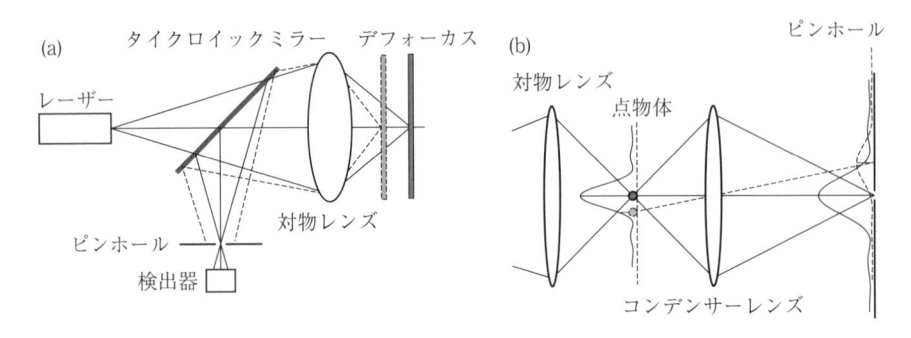

図 7.16 共焦点レーザー走査蛍光顕微鏡による分解能の向上
(a)光軸方向の分解能向上。(b)面内方向の分解能向上。

よび面内の分解能を向上させることができる。図 7.16 に共焦点レーザー走査蛍光顕微鏡の場合について分解能向上の原理を示す。図 7.16(a)に示すように，試料が蛍光性の薄膜の場合について考える。蛍光性の薄膜が対物レンズの焦点位置に存在する場合，励起された蛍光は，コンデンサーレンズによってピンホールを通過するように結像され，強度が検出される。点線で示すように，蛍光薄膜がレーザー光の焦点位置からずれると，試料から発生した蛍光強度はピンホール上で集光されず拡がったものになるため，検出光強度が減少する。したがって，共焦点レーザー走査蛍光顕微鏡は，面内に構造をもたない薄膜のような試料に対しても，試料が焦点内に存在するかどうかを検出することが可能であり，光軸方向の分解能を有する。

一方，共焦点光学系における面内の分解能向上は次のように説明できる（図 7.16(b)）。わかりやすくするため，透過光学系を用いている。蛍光性の点物体を試料として考える。励起光を試料上に集光すると，光軸上に点像分布関数（PSF）が形成される。蛍光の強度は励起光強度に比例するため，光軸上に点物体が存在する場合は，最大強度で蛍光が励起され，その像がコンデンサーレンズによって，ピンホール面上に結像される。光軸上に物体が結像されるため，多くの蛍光がピンホールを通過する。

発光する蛍光分子が光軸からずれた位置に存在する場合は，励起光強度が低下するため，蛍光の強度が低下する。点物体からの蛍光がコンデンサーレンズで検出面に結像されると，光軸からずれた位置を中心に PSF を形成する。ピンホールは光軸上に存在するため，ずれた位置に形成された PSF の中で，光軸上の強度

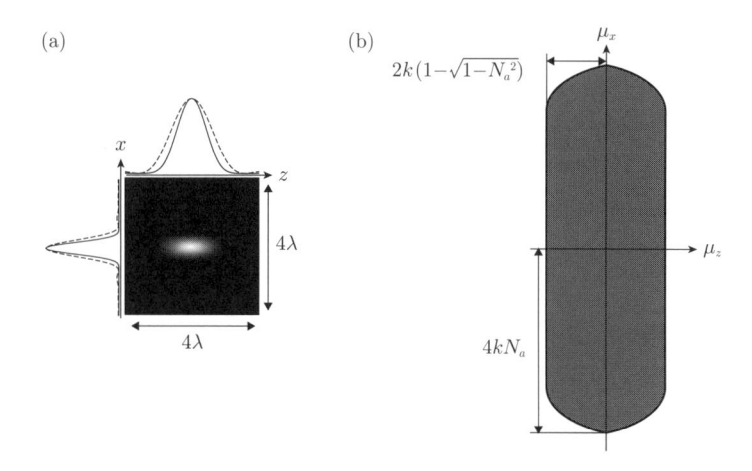

図 7.17 共焦点レーザー走査蛍光顕微鏡の点像分布関数（PSF）と光学的伝達関数（OTF）
(a) PSF。破線で通常の顕微鏡の PSF を示した。(b) OTF。

が検出されることになる。このとき，点物体と励起光の焦点位置との距離と点物体の結像位置とピンホールとの距離は，レンズの倍率を考慮すると等価になるので，ピンホールを通過できる光は対物レンズの PSF の 2 乗に比例する。つまり，共焦点レーザー走査蛍光顕微鏡の PSF は，通常の光学顕微鏡の PSF の 2 乗で与えられる。したがって，共焦点光学系を用いることにより，光学顕微鏡の分解能を大きく向上させることが可能である。

7.9 共焦点レーザー走査蛍光顕微鏡の三次元結像特性

上述のとおり共焦点レーザー走査蛍光顕微鏡の特徴は検出器の直前にピンホールを配置することである。レーザーからの光を試料上の 1 点に集光し，試料からの蛍光強度を検出器で検出する。そのため，照明系と観察系の PSF のかけ算となり，通常の光学顕微鏡の PSF の 2 乗となる。

図 7.17（a）および（b）に共焦点レーザー走査蛍光顕微鏡の PSF の x-z 平面および OTF の μ_x-μ_z 平面での分布を示す。共焦点レーザー走査蛍光顕微鏡の PSF は，通常のレーザー走査顕微鏡の PSF の 2 乗で与えられるため，その半値幅は 0.71 倍せまくなり，分解能が向上する。

共焦点レーザー走査蛍光顕微鏡の OTF は，PSF を三次元的にフーリエ変換す

ることによって得られる（図 7.17（b））。面内の空間角周波数軸は μ_x，光軸方向の空間角周波数軸は μ_z である。OTF が値をもつ帯域の広さで光学顕微鏡の分解能は定義され，図 6.24 に示した通常の光学顕微鏡の三次元 OTF に比べると広い帯域を有し，高い空間分解能をもつことがわかる。

共焦点光学系の OTF においてもっとも特徴的な点は，μ_z 軸上で値をもつことである。図 6.24 に示した OTF では，μ_z 軸上には値をもたない。したがって，共焦点レーザー走査光学系を用いることによって，面内に構造がなく光軸方向にのみ構造を有する試料，例えば多層膜構造などを観察することが可能となる。通常のレーザー走査顕微鏡では，図 7.16（a）で示したような蛍光薄膜を観察した場合，光軸上の焦点の位置に存在するのか，焦点からずれているのかを区別することはできない。

共焦点レーザー走査蛍光顕微鏡では，検出器面上にピンホールを配置することにより，PSF が 2 乗で与えられ，光学系によって非線形性を実現していることになる。つまり，物体が光強度に対してもつ非線形性を利用しているわけではなく，光学系による非線形顕微鏡であるといえる。

7.10 非線形光学顕微鏡

レーザー走査顕微鏡では，光源に高出力なレーザーや短パルスレーザーを容易に用いることができるため，**非線形光学過程（nonlinear optical process）**を誘起して試料を観察することが可能である。

まずは，レーザー光を集光した場合の光強度の大きさを見積もってみよう。光電場を E とすれば，光強度 I は

$$I = c\varepsilon_0 E^2 \tag{7.2}$$

で与えられる。ここで，c は光速，ε_0 は真空中の誘電率である。光のパワーを P として，その光が断面積 A の領域を通過するとすると，光強度 I は

$$I = \frac{P}{A} \tag{7.3}$$

で与えられるため，光電場 E は

$$E = \sqrt{\frac{P}{c\varepsilon_0 A}} \tag{7.4}$$

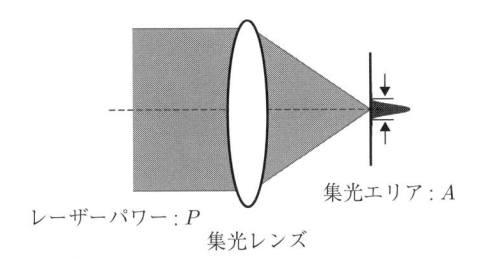

図 7.18 レーザー光の集光スポット
集光点では非常に大きな光強度が生じる。

となる。図 7.18 に示すように，1 W のレーザー光をレンズにより集光して，そのスポット径が 1 μm 程度になった場合を考える。その集光スポットの位置の強度は

$$I = \frac{1 \text{ W}}{(1 \text{ μm})^2} = 1 \times 10^{12} \text{ [W/m}^2\text{]} = 1 \text{ [TW/m}^2\text{]} \quad (7.5)$$

となり，光電場の大きさは

$$E = \sqrt{\frac{1 \text{ [TW]}}{2.9979 \times 10^8 \times 8.854 \times 10^{-12}}} = 1.94 \times 10^7 \text{ [V/m]} \quad (7.6)$$

となる。つまり，電場の大きさは 194 kV/cm であり，レーザー光を照射することにより非常に大きな電場が形成されることがわかる。そのため，レーザー光を照射することより，通常では誘起することが難しい非線形光学過程を容易に励起することが可能となる。

さらに，最近では超短パルスレーザーを光源として利用することが比較的容易になってきており，短パルス光を利用すればより大きな非線形光学過程を誘起することが可能である。短パルス光では，光のエネルギーが時間的に集中しているため，大きな光電場を形成することができる。1 パルスのエネルギーを 1 μJ，パルス幅を 100 fs とすると，そのパルスの尖頭値は 1×10^7 W となる。

顕微鏡に利用されている非線形光学過程としては，2 光子励起過程，第 2 高調波発生，stimulated emission depletion（STED）などがあり，すでに多くの実験に用いられている。

2光子励起蛍光顕微鏡

2光子励起蛍光顕微鏡は，1990年にW. Denkらによって提案された非線形光学顕微鏡である．従来の光学顕微鏡では実現できない多くの特徴をもつ顕微鏡として，広く利用されている．

図7.19に1光子励起過程と2光子励起過程の原理を示す．通常の1光子励起過程では，基底状態に存在する電子が角周波数 ω_{ex1} の光子1つを吸収して，励起状態に遷移する．励起電子が緩和し，基底状態に戻る際に ω_f の蛍光を発する．

2光子励起過程では，基底状態の電子が励起状態に励起される際に，同時に2つの光子を吸収する．この場合，光子1つがもつエネルギーは，1光子過程の場合の半分でよいので，光の周波数 ω_{ex2} について

$$\omega_{ex2} = \omega_{ex1}/2 < \omega_f \tag{7.7}$$

が成立する．したがって，2光子励起過程では，励起光より高エネルギー（短波長）の蛍光が発光する．

2光子励起過程の遷移確率を W_2，入射光のパワーを P，光子1つのエネルギーを $\hbar\omega$（$\hbar = h/2\pi$）とおくと，2光子励起過程の吸収断面積 σ_2 は

$$\sigma_2 = W_2 \left(\frac{\hbar\omega}{P}\right)^2 \tag{7.8}$$

となる．

2光子吸収の吸収断面積は，2光子吸収過程を理論的に予言したGöppert-Mayer

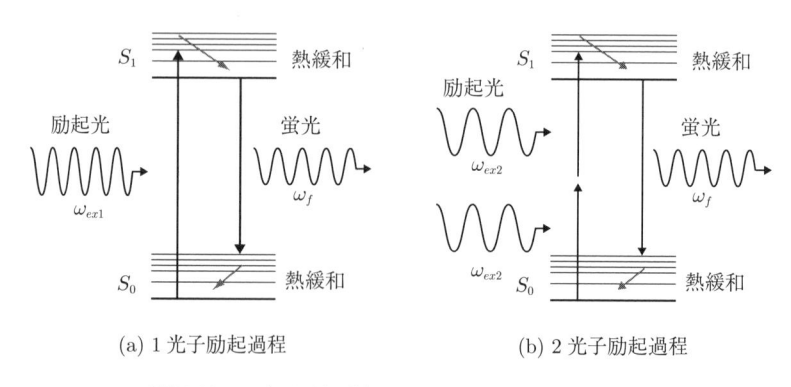

図7.19 1光子励起過程と2光子励起過程の電子遷移
(a) 1光子励起過程．(b) 2光子励起過程．2つの光子を同時に吸収して励起される．

の名前にちなんで，次のように定義される GM という単位で示される．

$$1\ \text{GM} = 1 \times 10^{-50} \left[\frac{\text{cm}^4\ \text{s}}{\text{photon} \times \text{molecule}} \right] \tag{7.9}$$

例えば，波長 1 μm，出力 1 W，パルス幅 100 fs，繰り返し周波数 100 MHz のレーザーを直径 1 μm 程度に集光したとすると，1 GM の吸収断面積をもつ分子は単位時間あたり 4.1×10^{13} 個の光子を吸収することになる．

2 光子励起過程を効率よく励起するためには，パルスレーザーの使用が不可欠である．例えば，光源に使用するパルスレーザーのパルス幅を 100 fs，繰り返し周波数を 100 MHz とすると，平均出力を同じにした連続（CW）光に比べて，パルスのピーク出力は，10^5 倍高くなる．2 光子励起過程は，光強度の 2 乗に比例して発生するので，その発生確率は，CW 光に比べて 10^{10} 倍も高くなる．

パルスレーザーの場合，その平均出力 P_ave は，パルス幅 τ，パルスの繰り返し周波数 f，ピークパワー P_peak を用いて，

$$P_\text{ave} = P_\text{peak} \tau f \tag{7.10}$$

となるため，平均出力 P_ave のパルスレーザーを用いるときの蛍光 1 分子の単位時間あたりの吸収の総量 ϕ_2 は，レーザーを面積 s の領域に照射すると，

$$\phi_2 = \left(\frac{P_\text{ave}}{\hbar \omega s \tau f} \right)^2 \sigma_2 \tau f \tag{7.11}$$

$$= \frac{\left(\frac{P_\text{ave}}{\hbar \omega s} \right)^2}{\tau f} \sigma_2 \tag{7.12}$$

となり，$1/(\tau f)$ 倍大きくなる．したがって，できるだけパルス幅を短くするとともに，再生増幅器などを用いて 1 パルスあたりのエネルギーを大きくし，パルスの繰り返し周波数を小さくすることにより，2 光子励起の確率は飛躍的に向上させることができる．

図 7.20 に 2 光子励起蛍光顕微鏡の光学系を示す．図 7.13 に示したレーザー走査蛍光顕微鏡の構成とほとんど同じであるが，光源に短パルスレーザーを用いる点が大きく異なる．

2 光子励起過程を顕微鏡に利用すると，その 2 乗特性により高分解能化が実現できる．図 7.21 に 2 光子励起蛍光顕微鏡の PSF と OTF を示す．PSF は，1 光子過程の場合の PSF を 2 乗することにより求めることができ，OTF は，PSF

第7章 顕微光学

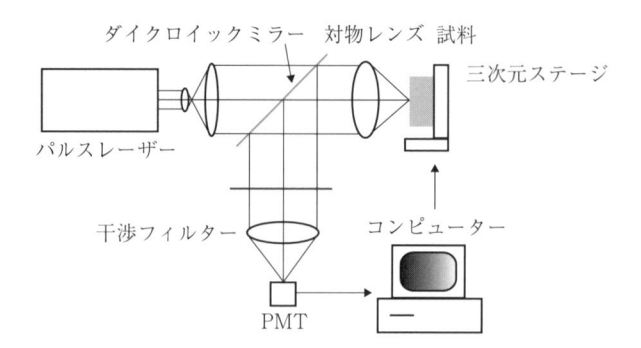

図 7.20 2光子励起レーザー走査蛍光顕微鏡の構成

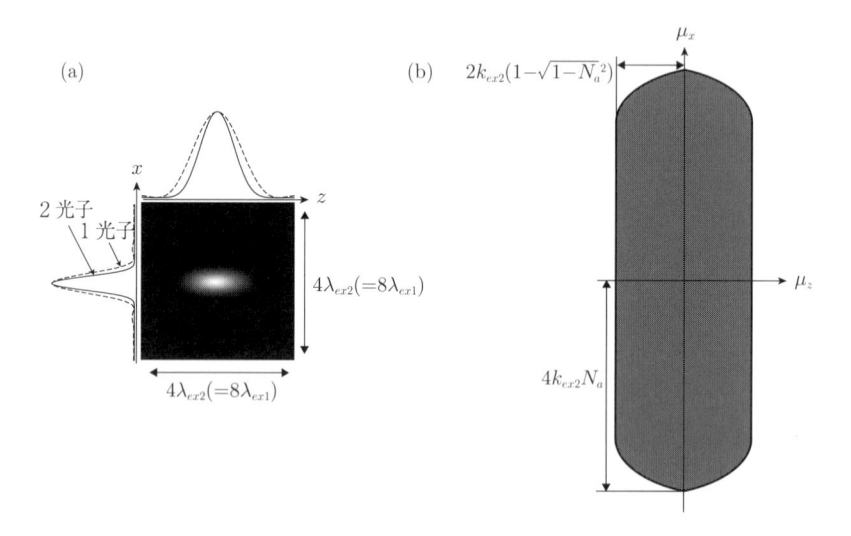

図 7.21 2光子励起レーザー走査蛍光顕微鏡の点像分布関数（PSF）と光学的伝達関数（OTF）
（a）PSF。破線で1光子励起過程の場合のPSFを示した。（b）OTF。

を三次元フーリエ変換することにより求まる．PSF と OTF の形状は，図 7.17 に示した共焦点レーザー走査蛍光顕微鏡のものと相似形であるが，励起光の波長 λ_{ex2} が1光子励起の場合の波長 λ_{ex1} に比べて2倍になっていることに注意する必要がある．

2光子励起過程では倍の長さの波長を使用し，その2乗特性を利用するため，面内の分解能は1光子過程の場合と比べるとほぼ同じである．しかし，面内に構造

をもたない場合の光軸方向（つまり μ_z 軸上）の分解能は大きく異なり，光軸方向の高い分解能が実現可能となる．

2光子励起蛍光顕微鏡は，さまざまな利点を有する．2光子励起蛍光顕微鏡の利点をまとめると次のようになる．

（1）試料の三次元構造を観察可能

2光子励起過程を利用すれば，生物試料や蛍光材料の三次元構造を観察することが可能になる．2光子励起過程は光強度の2乗に比例して発生するため，光強度の大きなレーザーの集光スポットでは発生するが，集光位置からはずれた平面では2光子励起過程がほとんど発生せず，蛍光は生じない．
通常の1光子励起過程では，焦点位置以外でも励起光が通過する領域全体で蛍光が発生する．光軸に垂直な平面で発生する蛍光量を積分すると，光軸上の場所によらず一定になり，光軸方向の分解能を有していない．

（2）吸収の大きな材料の深部を観察可能

長波長の光を用いて蛍光試料を励起できるので，励起光に大きな吸収をもつ材料でも，長波長域に吸収の少ない材料であれば，深部まで光を伝搬させることができ，観察することが可能である．一般に，有機材料，半導体材料などは，紫外域に大きな吸収をもつので，可視光を用いて材料内部の発光を励起できるのは，大きなメリットとなる．

（3）波長域の拡大が可能

近赤外光や可視光を用いることによって，励起波長が紫外域の蛍光分子を励起することができ，波長域を拡大することができる．

（4）低バックグラウンドノイズ

励起光と生じる蛍光との波長域が大きく離れているため，励起光と蛍光との分離が容易であり，バックグラウンドノイズを除去することが可能である．また長波長の光を用いるため，レーリー散乱光が減少する．散乱光の減少は，生体などの強散乱物体を観察する場合に大きな利点となり，組織内部を薄片化せず，そのまま観察する手法として応用が試みられている．

(5) 蛍光分子の退色の軽減

2 光子励起過程では，集光スポット内に存在する分子のみが励起される。集光点以外の領域では，分子が励起されない。これは，蛍光分子の退色を避けるために重要である。退色は，励起と発光を繰り返すうちに分子が壊れるために発生し，励起と発光の回数に大きく依存する。したがって，退色をできるだけ抑えるには，検出に寄与する蛍光分子以外は，できるだけ光らないようにすることが必要である。2 光子励起蛍光顕微鏡では，焦点位置以外の蛍光分子を励起しないので，蛍光分子の退色を大きく抑えることが可能である。1 光子励起過程の共焦点レーザー走査蛍光顕微鏡では，励起光が通過した領域全体で蛍光分子が励起され，検出する蛍光をピンホールで制限する。したがって，1 光子励起過程の場合は，検出に寄与しない蛍光分子も励起しており，使用する蛍光分子によっては，退色が著しくみられる。

2 光子励起蛍光顕微鏡の課題の一つは，2 光子励起に使用される蛍光物質の吸収断面積が小さいことである。この問題を克服するため，2 光子励起過程の吸収断面積の大きな物質を設計しようとする研究も，最近盛んに進められている。

SHG 顕微鏡

非線形光学過程の一つである**第 2 高調波発生**（SHG: second harmonic generation）を利用した光学顕微鏡の開発も進められている。**SHG 顕微鏡**（**SHG microscope**）は，1978 年に C. J. R. Sheppard らによって提案された。KDP（KH_2PO_4）結晶および LBO（LiB_3O_5）結晶から発生する第 2 高調波の検出により，結晶のエッジ部分が画像化された。

SHG の発光強度は入射光強度の 2 乗に比例するため，2 光子励起顕微鏡と同様に，三次元分解能を有する。また，励起光として，近赤外光を利用できるので，生物試料に対する毒性も低く，不要な散乱光を低減することも可能である。

図 7.22 に，SHG 発生の原理を示す。角周波数 ω_{ex} の光を試料に入射すると，基底状態の電子は，2 つの光子を同時に吸収して，仮想準位に励起され，基底状態に緩和する際に角周波数 ω_{SHG}（$= 2\omega_{ex}$）の光子を放出する。仮想準位への励起確率は，入射光強度の 2 乗に比例する。SHG は，励起光の電場によって物質内の電荷が振動し，非線形な分極を生じることによって発生する。

角周波数 ω の光が物質に入射すると，その電場により物質内に分極 P が誘起

7.10 非線形光学顕微鏡

○コラム　電気感受率

物質に外部から電場が印加されると，物質の内部の電荷が移動し分極が生じる。電束密度を D，印加された電場を E，物質内部に生じた分極を P とすると，

$$D = \varepsilon_0 E + P = \varepsilon_0(1+\chi)E$$

が成り立つ。このときの χ を電気感受率と呼ぶ。電気感受率は物質内に生じる分極（$P = \varepsilon_0 \chi E$）の大きさを表す物性値となる。等方性の媒質では χ はスカラー量となるが，異方性媒質ではテンソルとなる。

式(2.38)より比誘電率 ε_r と感受率 χ との関係は，

$$\varepsilon_r = 1 + \chi$$

となる。

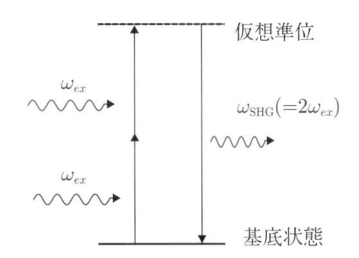

図 7.22　第 2 高調波発生の電子遷移

される。分極 P は**電気感受率**（electric susceptibility）χ_n を用いて，

$$P = \chi_1 E + \chi_2 EE + \chi_3 EEE + \cdots \tag{7.13}$$

となり，光の電場が小さいときは，分極 P は入射光の電場 E と比例する。この場合は，図 7.23（a）に示すように，入射光と同じ周波数の光が放射される。

レーザーなどを用いて非常に大きな光電場を物質に入射すると，電荷の振動の大きさが光電場に追従できなくなり，上式の第 2 項以上の非線形分極が無視できなくなる。物質によっては大きな非線形電気感受率をもつものもあり，図 7.23（b）に示すように光電場と分極が非線形性を示す。この場合は，入射光の電場が正弦波状に振動しても，分極は歪みを生じ，正弦波状からずれてくる。図 7.23（b）の例では，電場の正の方向では振幅が小さくなっているが，負の方向では大きな振

第 7 章　顕微光学

(a) 光電場が小さい場合（線形）

(b) 光電場が大きい場合（非線形）

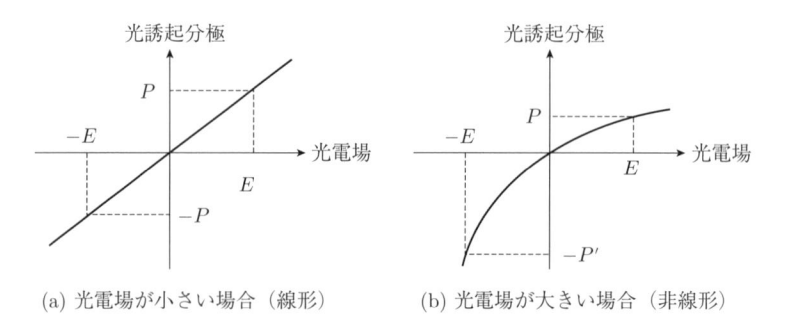

図 7.23　光電場と誘起される分極との関係
（a）光電場が小さい場合（線形）。（b）光電場が大きい場合（非線形）。

(a) 光電場が小さい場合（線形）

(b) 光電場が大きい場合（非線形）

(c) 角周波数分解による高調波成分の表示

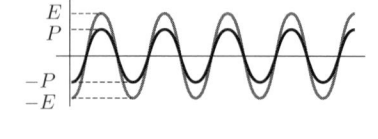

光電場（角周波数：ω）

誘起分極のバイアス成分（角周波数：0）

誘起分極の基本波成分（角周波数：ω）

誘起分極の高調波成分（角周波数：2ω）

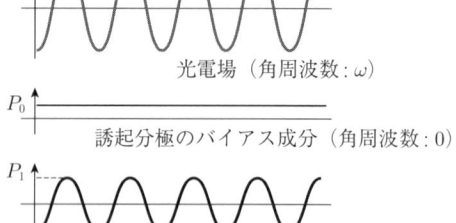

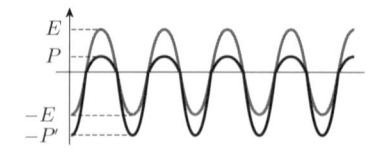

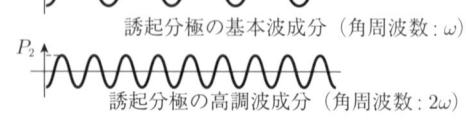

図 7.24　光電場の振動と誘起される分極の振動
（a）光電場が小さい場合（線形）。（b）光電場が大きい場合（非線形）。（c）非線形な振動による高調波の発生。

幅となっている。この波形は，図 7.24（a）〜（c）に示すようにフーリエ変換を利用すれば，単なる ω の正弦波では表すことができず，$2\omega, 3\omega$ などの高調波成分の重ね合わせで実現されていることがわかる。したがって，この非線形な分極からは，角周波数 $2\omega, 3\omega$ などの高調波が発生する。

式(7.13)の第 2 項が第 2 高調波の発生に寄与するため，大きな二次の非線形電気感受率が必要となる。そのためには，物質が中心非対称性をもつことが条件と

なる．したがって，対称性をもつ物質からは第 2 高調波は発生しないが，物質界面などの非対称性が現れる領域では，第 2 高調波を観察することが可能である．そのため，SHG は物質界面を特異的に観察する目的などにも利用することができる．

SHG 顕微鏡と 2 光子励起顕微鏡のもっとも大きな違いは，SHG が反転対称性をもたない構造からのみ発生することである．したがって，SHG 顕微鏡を用いて生物試料を観察すると，反転対称性をもたない細胞膜などの構造を選択的に観察することが可能となる．また生体分子，タンパク質の配向観察，細胞間のシグナル伝達の観察に非常に有効な観察方法になる．

SHG 顕微鏡の分解能は，定性的にはレーザー光を集光した際に試料上に形成される点像分布関数の 2 乗で決まると考えてよいが，より厳密には，試料の構造に強く依存するため，試料の構造を考慮する必要がある．

CARS 顕微鏡

生物試料の観察には，これまで特定の部位に結合する蛍光分子で染色し，蛍光顕微鏡で観察する手法が広く用いられてきた．試料の染色にはある程度の技術が要求されることも少なくなく，また染色の過程によって生物試料にダメージを与える場合も多い．

コヒーレントアンチストークスラマン散乱（CARS: coherent anti-Stokes Raman scattering）顕微鏡は，試料を染色することなく，分子振動を直接観察することよって，物質の同定を行うことを可能としている．図 7.25 に CARS の発生原理を示す．試料に ω_1 と ω_2 の 2 つの光を入射させる．2 つの励起光の角周波数差 $\Omega_{\mathrm{mol}} = \omega_1 - \omega_2$ が分子の振動周波数と一致すると，分子振動が励起される．振動分子が入射光 ω_1 によって仮想準位に励起され，緩和することよって，$\omega_{\mathrm{CARS}} = 2\omega_1 - \omega_2$ の光子が放出される．

図 7.26 に CARS 顕微鏡の光学系を示す．ピコ秒再生増幅器からの光を ω_1，**光パラメトリック発振器（OPO: optical parametric oscillator）**の出力を ω_2 として用いている．2 つの光を光学的遅延回路を用いて時間的に合わせ，空間的に同軸にして，試料上に集光する．試料から発生した CARS 光は，フィルターを通して励起光と分離され，検出器で検出される．分子の振動スペクトルは，OPO の波長を走査することによって求めることができる．

CARS は 4 つの光子が関与する非線形光学過程である．したがって，光強度に

第 7 章 顕微光学

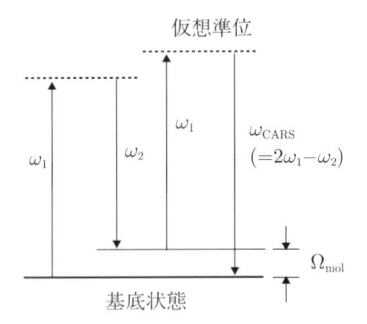

図 7.25 コヒーレントアンチストークスラマン散乱（CARS）過程の電子遷移

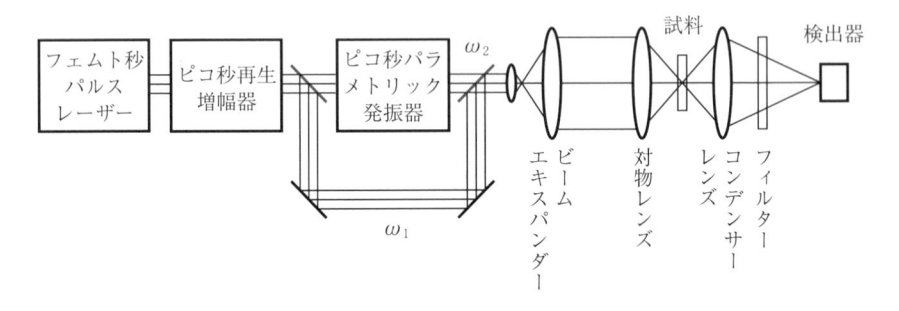

図 7.26 CARS 顕微鏡の構成

大きく依存し，三次元分解能を有する．CARS 顕微鏡の分解能は，試料の構造によって決まるコヒーレント過程であるため簡単には議論できないが，目安としては，2 つの励起光の周波数差があまり大きくない限り，ω_1 の光が試料上に形成する PSF の 3 乗程度の大きさと考えてよい．

CARS 顕微鏡の特徴をまとめると，次のようになる．

(1) 蛍光との分離が容易

CARS 光の角周波数は $(2\omega_1 - \omega_2)$ となるため，2 つの励起波長よりも短波長側に放出される．したがって，励起光よりも長波長側に生じる蛍光と重ならず，容易に分離することが可能である．

(2) 検出側に分光器が不要

2 つの励起光の周波数差によって励起される分子の振動周波数が決定される

7.10 非線形光学顕微鏡

○コラム　光パラメトリック発振器

　光パラメトリック発振器は，非常に広い波長域で連続して波長を可変な光源である。非線形結晶に強度の大きなポンプ光を入射させると，ポンプ光の光子 1 つが周波数の異なる光子 2 つに分かれる現象が生じ，波長変換をする方法である。ポンプ光の角周波数を ω_p，生成される光子 2 つの角周波数をそれぞれ ω_s および ω_i とすると，

$$\omega_p = \omega_s + \omega_i$$

の関係が成り立つ。生成される 2 つの光子のうち，一方を信号光，もう一方をアイドラー光と呼ぶ。生成される 2 つの光子の周波数は，非線形結晶で再生される波の位相整合条件で決定される。そのため，結晶への入射角を変えることで，連続的に出力波長を変えることが可能である。

　通常のレーザー光源では，発振が単一波長または数波長程度に限られるが，光パラメトリック発振器では，可視から赤外域までの非常に幅広い帯域の光を出力することが可能である。特に中赤外領域では，明るい光源として非常に有効である。またテラヘルツ光源としての応用も進められている。

ため，検出する際に分光器は不要である。ω_1 と ω_2 の周波数差を任意に走査するために，光パラメトリック発振器などのレーザー装置が必要となる。

PALM 顕微鏡

　PALM（photo-activated localization microscopy）は光機能性を有する蛍光プローブを用いて高分解能化を実現する方法である。第 6 章で説明したように，光学顕微鏡の分解能は 2 つの輝点を分離して検出可能な距離で定義される。2 つの蛍光分子間の距離が PSF に比べて小さくなると，2 つの輝点の像が重なり，分離して観察することができない。

　もし，近接した 2 つの輝点を時間的に別々に発光させることができれば，2 つの輝点を区別することが可能となる。図 7.27 に示すように同時に 2 つの輝点が発光するとそれぞれの PSF が重なってしまい，区別することが困難である。しかし，時刻 t_1 に蛍光分子 1 のみが発光すれば，その像の重心位置を求めることにより分子の位置を検出することができる。別の時刻 t_2 には蛍光分子 1 が消光し，蛍光分子 2 が発光する状態を形成すれば，その像の重心位置を検出することにより，蛍光分子の位置を検出することができる。つまり，光の回折限界を超えた分

第 7 章　顕微光学

$I(x)$　　　　　　　　$I(x)$　　PSFの重心位置　$I(x)$

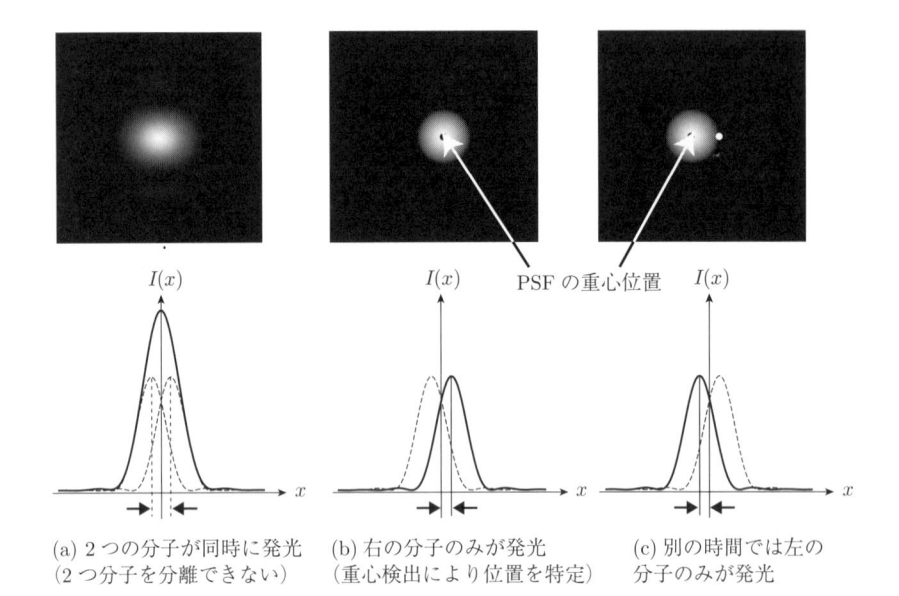

(a) 2つの分子が同時に発光　(b) 右の分子のみが発光　(c) 別の時間では左の
　　(2つ分子を分離できない)　　(重心検出により位置を特定)　　分子のみが発光

図 7.27　PALM 顕微鏡による高分解能化の原理
(a) 2つの分子が同時に発光した場合。2つの分子を分離することはできない。(b) 右の分子のみが発光した場合。観察される PSF の重心位置から分子の位置を決定できる。(c) 左の分子のみが発光した場合。この場合も PSF の重心位置から分子の位置を決定可能。

解能で観察像を形成することが可能である。

　蛍光分子の発光を制御するために光機能性の蛍光プローブを利用する。蛍光分子には，ふだんは蛍光を放射しないが，発光を制御する光を照射することにより構造が変化し，蛍光を放出する機能を有するものを用いる。まず，蛍光を放出しない状態に制御された蛍光分子で試料を染色する。その試料に分子構造を制御する光を低強度で照射する。すると，確率的にいくつかの分子が制御光を吸収して蛍光を放出する分子に変化する。それらの分子を励起光により励起し，その観察像から分子位置を決定する。構造が変化した分子は退色により蛍光を放出しなくなるか，緩和により蛍光放出しない分子に戻る。その後，再び制御光を照射すると，確率的にいくつかの分子の構造が変化し，蛍光を放出する。以上のプロセスを繰り返すことによって，個々の蛍光分子の位置を決定することができ，大きく分解能を向上させることができる。

　PALM では，得られた点像分布の像からどれぐらい正確に分子位置を決定でき

るかによってその分解能が決定される。つまり信号対雑音比の悪い点像からその重心位置を求めると位置の誤差が大きくなる。したがって，観察画像の信号対雑音比で分解能が決定されることになる。そのため高い分解能を実現するには検出信号の積算などが必要となり，計測時間が長くなることが問題点となる。

STED 顕微鏡

STED 顕微鏡（stimulated emission depletion microscopy）では，励起された分子に STED 光を入射させて，誘導放出を行うことで超解像を実現している。図 7.28 に STED 顕微鏡の原理を示す。励起光が照射された蛍光分子は励起準位に励起され，蛍光寿命後に基底状態に戻る。STED 顕微鏡では，分子を励起した直後に STED 光を照射し，誘導放出を誘起する。すると，STED 光が照射された領域の蛍光分子は，STED 光と同じ波長の光を放出し，蛍光寿命より短い時間で基底状態に遷移する。したがって，STED 光として図 7.28（b）に示すようなドーナツ状のビームを照射すると，励起光の PSF 強度分布に従って励起された蛍光分子のうち，STED 光が照射された領域では誘導放出によりすぐに緩和する。STED 光が照射されていないドーナツ状ビームの中心部分は，通常の蛍光寿命と同じ時間で発光し，波長幅も通常の蛍光の成分と同程度になる。したがって，STED 光以外の波長成分を検出することにより，励起光の中心部分の信号のみを検出することができる。STED 顕微鏡では，面内だけでなく奥行き方向の分解能を向上させることができ，三次元的な超解像が可能となっている。

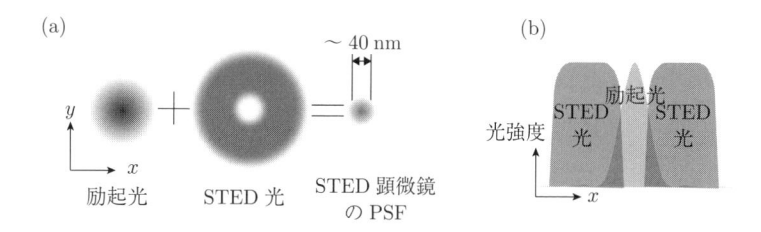

図 7.28 STED 顕微鏡による高分解化の原理
（a）ドーナツ状の強度分布をもつ STED 光を照射し，誘導放射を誘起して PSF を先鋭化する。（b）励起光と STED 光の強度分布。

第8章
近接場光学

本章では，界面近傍に局在する波として近接場光について記述する。おもに以下の内容について述べる。
- 近接場光学顕微鏡
- 表面プラズモンの励起と局在プラズモン：金属表面での自由電子の集団的振動
- 深紫外域での表面プラズモン

8.1 近接場光と応用

第3章「光の伝搬」において説明したように，光は電磁波として空間中や媒体内を伝搬することができる。しかし，ある特殊な界面では，入射した光が伝搬しなくなり，界面近傍に局在する光となる。具体的には，全反射によりエバネッセント波などが生じる場合である。このような光は**近接場光**（near-field light）と呼ばれ，界面からの距離に対してその振幅が指数関数的に減少する。通常の伝搬光とは異なるため，**非伝搬光**（non-propagating light）とも呼ばれる。

近接場光は，金属内の自由電子と共鳴して電子の疎密波を誘起したり，伝搬光に比べて大きな波数をもつなど，通常の光とは大きく異なる特徴を有するため，**近接場光学**（near-field optics）と呼ばれる新しい学問分野，応用分野が展開されている（図8.1）。近接場光の高波数性および局在性を利用した高分解能および高感度計測手法，例えばプローブ顕微鏡などが開発され，高密度メモリや光加工などへの応用も展開されている。近接場光を利用すれば，光の回折限界を超えた分

8.2 微小開口によるエバネッセント波の発生

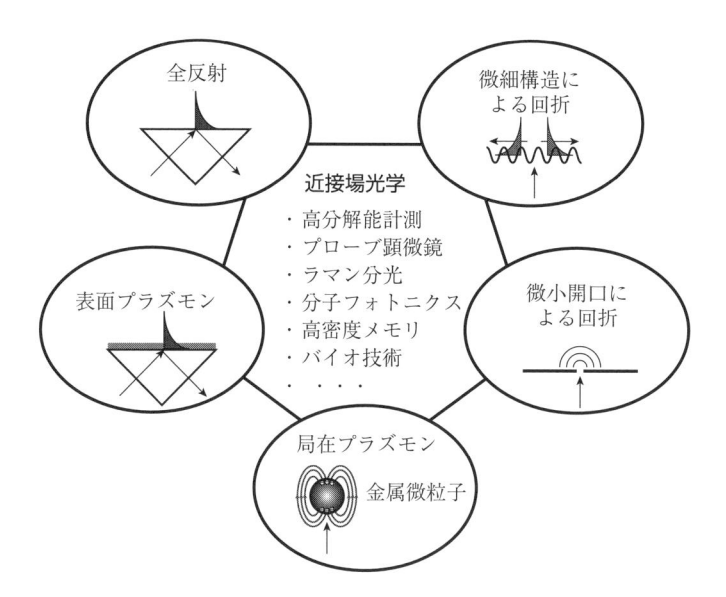

図 8.1 近接場光の発生方法と応用

解能での計測や加工を行うことが可能である．また，金属内の自由電子との共鳴は**プラズモニクス**（**plasmonics**）と呼ばれる分野を創出し，さまざまな応用展開が進められている．近接場光が金属内の自由電子と共鳴することにより金属表面に大きな電場強度を形成するため，高感度光センサー，高感度分光法，分子フォトニクスデバイスなどが提案，開発されている．

8.2 微小開口によるエバネッセント波の発生

金属などの光を遮蔽する物体に微小な開口が存在し，その開口に光が入射する場合を考えよう．微小な開口は，フーリエ変換の関係により，さまざまな周期をもつ回折格子の重ね合わせで表すことができる．微小開口に入射した光は，その個々の回折格子により回折し，重ね合わされると考えることができる．

図 8.2 に微小開口をフーリエ変換して得られる開口を構成する空間角周波数分布を模式的に示す．図 8.2 (a) には開口の径が大きい場合，(b) には開口の径が波長に比べて小さい場合を示している．開口が十分大きい場合には，空間角周波数分布が低周波数側に局在するが，一方，開口の径が波長に比べて小さい場合には，

第 8 章　近接場光学

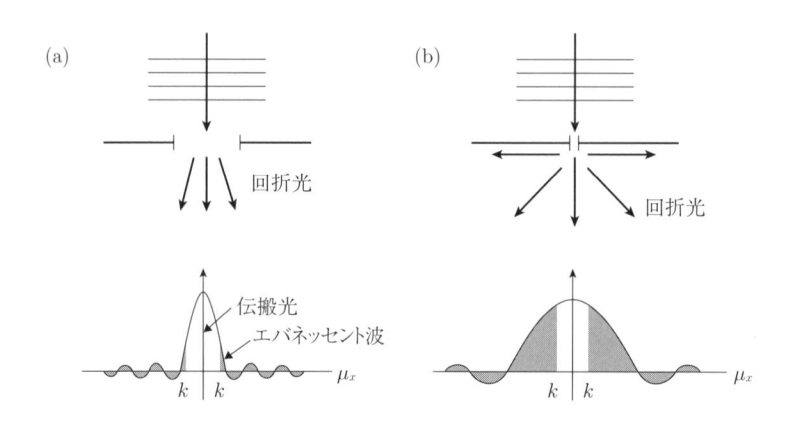

図 8.2　微小開口によるエバネッセント波の発生
(a)開口が波長に比べて大きい場合。(b)開口が波長に比べて小さい場合。多くの回折光がエバネッセント波になる。

開口のもつ空間角周波数分布が高周波数側に大きく拡がっていることがわかる。

周期が波長より大きな回折格子で回折した光は通常の**伝搬光（propagating wave）**となり空間中を伝搬する。波長以下の周期をもつ微細周期構造で回折された光では，面内の波数ベクトル成分が伝搬光の波数より大きくなる。第 5 章 5.12 節で示したように，光の伝搬方向の波数ベクトル成分は純虚数となり，エバネッセント波を生じる。

開口の径をより小さくすると，開口のもつ空間角周波数分布が高周波数側に大きく拡がるため，開口で散乱された光のうちエバネッセント波の占める割合が大きくなる。開口により発生したエバネッセント波は，開口から離れるに従ってすぐに減衰してしまう。このため，開口から開口径程度の距離までは開口径と同程度の大きさの光スポットが形成されるが，それ以上の距離になると，エバネッセント波が減衰し光強度が低下する。開口から離れた位置では，高波数成分をもつエバネッセント波がほとんど存在しなくなるので，スポットが拡がり微小なスポットを形成することはできない。

微小な開口に限らず，微小散乱体など微細な構造を有する物体に光が入射した場合は，その回折光の一部はエバネッセント波を生じる。したがって，エバネッセント波は微小開口近傍のみでなく，微小散乱体，微細構造近傍に局在することになる。結像系では，微細構造によるエバネッセント波はレンズまで届かず結像

に寄与できないため，微細構造の情報が失われ，回折限界が生じることになる。

8.3　近接場光学顕微鏡

　レンズによる結像系においては，伝搬光により画像を形成するため回折限界を超えることができない。これは試料の微細構造によって生じたエバネッセント波がレンズに届かず，像の形成に寄与しないからである。

　近接場光学顕微鏡では，微細構造近傍に局在するエバネッセント波を散乱体で伝搬光に変換して検出する。図 8.3 に近接場光学顕微鏡の原理を示す。試料近傍に微小な散乱体を配置し，局在化しているエバネッセント波を散乱させる。散乱光は伝搬光に変換されるため，レンズを通して検出することが可能となる。試料の表面近傍を走査して微小散乱体からの散乱光を検出することにより，試料の観察像を得る。観察される像は，試料表面近傍に局在している近接場光の強度分布である。これが回折限界を超えた分解能を有する近接場光学顕微鏡の原理である。

　前節で説明した微小開口も微小散乱体の一種であり，試料表面近傍に微小開口を近づけることにより，近接場光を散乱させて検出していると理解することができる。図 8.4 (a) に微小開口を用いた場合の近接場光学顕微鏡の構成を示す。微小開口として，先端を先鋭化したガラスファイバーに金属をコートし，その先端に開口を設けたものを用い，試料とファイバー先端との距離を制御しながら近づける。試料表面近傍に形成された近接場光を微小開口で散乱させて伝搬光に変換

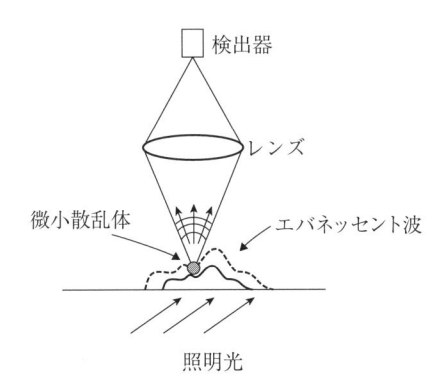

図 8.3　近接場光学顕微鏡の原理
試料近傍の散乱体でエバネッセント波を伝搬光に変換して検出する。

第 8 章　近接場光学

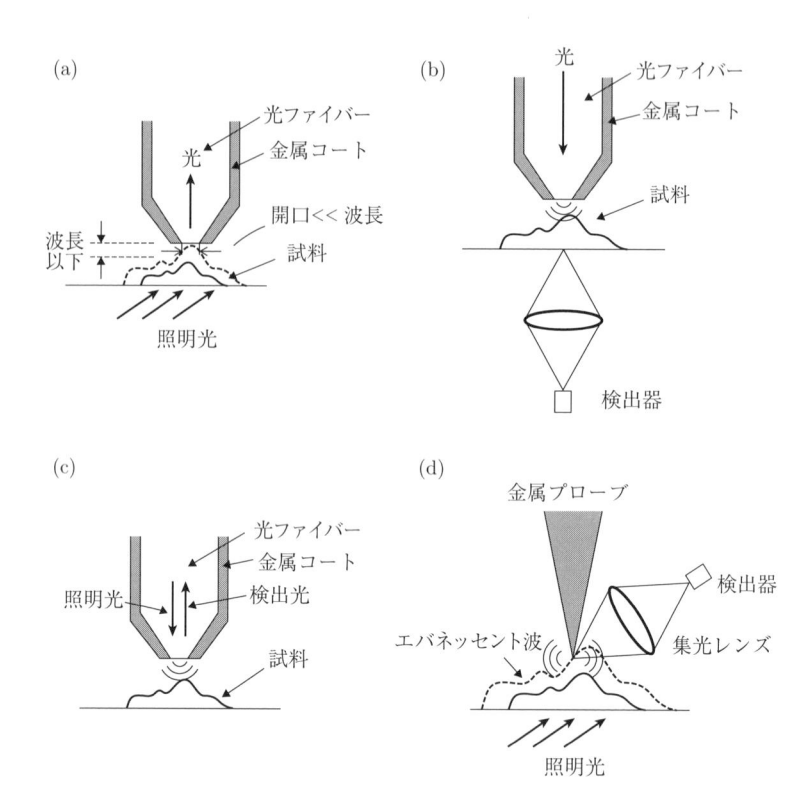

図 8.4 微小開口を用いた場合の近接場光学顕微鏡
(a)検出型。(b)照明型。(c)照明–検出型。(d)散乱型。

し，ファイバー中を伝搬させてその強度を検出する。この近接場光学顕微鏡の構成では微小開口を通して近接場光の散乱光を検出するため，検出型と呼ばれる。検出型では，不要な背景光を除去できるためコントラストの高い像が得られる。

一方，微小開口側から光を照射し，試料により散乱された光を検出する照明型の近接場光学顕微鏡も開発されている。図 8.4(b) に照明型の近接場光学顕微鏡の構成を示す。照明型では，微細開口近傍に生じた近接場光を試料の微細構造で散乱させて検出する。微細開口で生じたエバネッセント波は，試料のもつ波長以下の微細構造で回折して伝搬光に変換される。照明型の近接場光学顕微鏡では，試料への光の照射領域を局所化できるため，光照射に対してダメージ，光化学反応などを示す試料を観察するのに適している。

図 8.4(c)に，微小開口を通して試料を照明し，検出も微小開口を通して行う照明–検出型の近接場光学顕微鏡を示す．この構成では，微小開口により生じた近接場光が試料により散乱され，伝搬光に変換されるため，開口からの反射光が減少する．この形態では近接場光と試料との相互作用が小さい場合は，開口からの反射光が支配的になり背景光が大きくなるため，背景光を除去するための工夫が必要となる．

図 8.4(d)に，散乱型の近接場光学顕微鏡の原理を示す．散乱型の近接場光学顕微鏡は，図 8.3 で示した原理に基づく構成となっている．散乱型では，ガラスファイバーではなく，先端を先鋭化した金属プローブが用いられる．金属プローブの先端を微小な散乱体として用い，試料表面の近接場光を散乱させて検出する．

散乱型の近接場光学顕微鏡では，プローブ先端を先鋭化すればよく，微小開口を作製する必要がないため，プローブの作製が容易であり，分解能も高くすることができる．さらに波長と使用する金属を選択することにより，プローブ先端に**局在プラズモン**（localized plasmon）を励起することができ，電場強度を増強することが可能である．そのため高い信号対雑音比で試料を観察することが可能となる．一方，散乱型の近接場光学顕微鏡では，試料から直接検出器に入る散乱光が背景光として信号に重畳されるため，信号成分のみを検出する工夫が必要である．金属プローブ先端を振動させ，試料表面との距離を変調させて**ロックイン**（lock-in）**検出**する方法が開発されている．試料からの近接場光のうち，エバネッセント波成分は試料表面から指数関数的にその強度が変化するため，金属プローブを振動させることで，散乱される強度が変化する．一方，近接場光成分のうちの伝搬光成分は，数 nm の距離の変化に対して，その強度変化が小さいため，検出される光強度はほぼ一定である．つまり，試料とプローブ先端との距離を変調することにより，エバネッセント波成分と伝搬光成分を分離して検出している．

8.4 表面プラズモン

近接場光を用いると，金属表面に**表面プラズモン共鳴**（surface plasmon resonance）を励起することができ，光電場の局在化，電場増強，表面状態の高感度検出などを実現することができる．抗原抗体反応の高感度検出，化学センサー，ガスセンサーなどさまざまな応用分野が提案されている．

プラズマ（plasma）とは自由に運動する正・負の荷電粒子が共存して電気的に

●コラム　ロックイン検出法

ロックイン検出法は，微弱な信号を検出する際に，測定信号に変調を加えることにより，雑音を除去して信号のみを高感度に測定する手法である。信号を検出する際に雑音を除去するため，信号検出後に雑音除去などの処理を行う方法に比べて，検出器や測定システムの性能を十分活かすことが可能である。

ロックイン検出法を理解するために，レーザー光を用いて大気中のごみや埃などの大気汚染を測定する場合を考えてみよう。大気中にレーザー光を照射すると，ごみや埃によってレーザー光が散乱され，散乱光を検出することができる。大気の汚染がひどくがごみや埃が多ければ，それだけ多くの光が散乱され，検出器に届く光強度が大きくなる。つまり散乱される光強度を測定することによって，大気中のごみや埃の量を測定することができる。

しかし，検出器に届くすべての光強度を測定しても，それがそのまま大気中のごみや埃の量に対応するわけではない。太陽からの光や街燈，電飾などからの背景光も，ごみや埃からの散乱光と一緒に検出器に入射してしまうからである。特にごみや埃からの散乱光は微弱なので，太陽光のもとで測定すると，信号が埋もれてしまい，太陽光の信号を測定したことにしかならない。

このような状況において太陽光とレーザー光を分離して測定することが，ロックイン検出法の目的である。具体的には，レーザー光を時間的にオン／オフして強度変調して大気に照射する。検出器に届いた光のうち，照射レーザー光からの散乱光は，最初に与えた強度変調と同期して信号が変化するが，太陽からの光はほぼ一定である。したがって，検出信号を変調信号と同期して取得することにより，太陽からの光を除去し，大気中のごみや埃からの散乱光のみを高感度に測定することが可能となる。

中性になっている状態を指す。金属は結晶格子点に存在する陽イオンのまわりを自由電子が動き回っており，全体として電気的に中性になっている。したがって，金属は一種のプラズマ（**固体プラズマ**（solid-state plasma））と考えることができる。金属に電場などの外力が作用すると，自由電子の均衡が乱れ，互いに働くクーロン力により集団的な振動運動を生じる。この自由電子の振動をプラズマ振動と呼び，それを量子化したものを**プラズモン**（plasmon）と呼ぶ。

プラズモンには，金属中を伝搬する**バルクモード**（bulk mode）と表面近傍に局在する**表面モード**（surface mode）が存在する。この表面モードを表面プラズモンと呼ぶ（図 8.5）。表面プラズモンは自由電子の振動であり，振動電場をもつため，電磁波の電場と結合することができる。金属に外部から電場が作用すると，金属の表面に対して垂直な方向では電場成分が不連続になるため，表面電荷

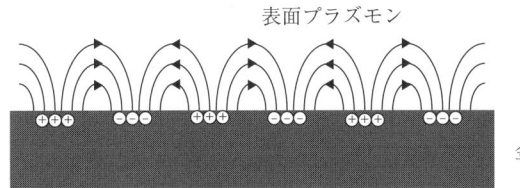

図 8.5 表面プラズモン
金属内の自由電子の疎密波が表面に沿って伝搬する。

が生じる。作用する外部電場が電磁波による振動電場の場合には，表面電荷の疎密波が生じ，これが表面プラズモンとなる。

表面プラズモンの分散関係は，金属の誘電率およびそれに接している媒質の屈折率に大きく依存している。表面プラズモンの分散関係はマクスウェルの方程式と境界面における電場と磁場の連続条件から求めることができる。

8.5　表面プラズモンの分散関係

表面プラズモンが金属表面に誘起されるために必要な条件について考えてみよう。図 8.6 に示すように，誘電体（媒質 1）に接した金属（媒質 2）を考える。媒質 1 および媒質 2 の誘電率をそれぞれ ε_1, ε_2 とする。x, y, z 軸を図 8.6 に示すように定義する。境界面に沿って伝搬する表面プラズモンを考えると，表面プラズモンは **TM 波**（**transverse magnetic wave**）であり，電場，磁場の成分はそれぞれ，

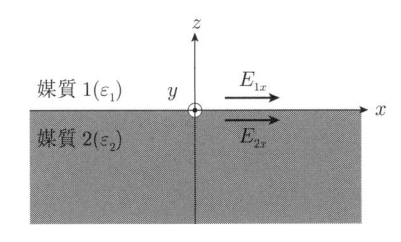

$$\bm{E} = (E_x, 0, E_z)$$

図 8.6 表面プラズモン発生のための境界条件

第8章 近接場光学

$$\boldsymbol{H} = (0, H_y, 0)$$

と表すことができる。マクスウェルの方程式(2.4)より電流密度を $\boldsymbol{j} = \boldsymbol{0}$ とすると，

$$\mathrm{rot}\boldsymbol{H}_n = \varepsilon_n \frac{\partial \boldsymbol{E}_n}{\partial t} \quad (n = 1 \text{ or } 2) \tag{8.1}$$

が成り立つので，

$$-\frac{\partial H_{ny}}{\partial z} = \varepsilon_n \frac{\partial E_{nx}}{\partial t} = -i\omega\varepsilon_n E_{nx} \tag{8.2}$$

$$\frac{\partial H_{ny}}{\partial x} = \varepsilon_n \frac{\partial E_{nz}}{\partial t} = -i\omega\varepsilon_n E_{nz} \tag{8.3}$$

となる。ここでは，表面プラズモンの電場が角周波数 ω で振動しており，時間項 $e^{-i\omega t}$ をもつものと仮定し，$\partial \boldsymbol{E}/\partial t = -i\omega\boldsymbol{E}$ とした。

表面プラズモンのつくる表面波として，境界面からの距離に対して指数関数的に減衰するものについて考える。媒質1および2における減衰定数を k_{1z}, k_{2z}, x方向の波数を k_{1x}, k_{2x} とおくと，磁場はそれぞれ次のように表される。

$$\text{媒質 1：} \quad H_{1y} = A e^{-k_{1z}z} e^{ik_{1x}x} \tag{8.4}$$

$$\text{媒質 2：} \quad H_{2y} = B e^{k_{2z}z} e^{ik_{2x}x} \tag{8.5}$$

A, B は振動する磁場の振幅を表す値である。x 方向の波数は，媒質1と媒質2において同じ速度で伝搬するため等しくなる，つまり $k_x = k_{1x} = k_{2x}$ となる。以上より電場成分は，式(8.2),(8.4),(8.5)より，

$$E_{1x} = \frac{1}{i\omega\varepsilon_1} A(-k_{1z}) e^{-k_{1z}z} e^{ik_x x} \tag{8.6}$$

$$E_{2x} = \frac{1}{i\omega\varepsilon_2} B(k_{2z}) e^{k_{2z}z} e^{ik_x x} \tag{8.7}$$

となる。媒質1, 2の境界面では，電場と磁場の境界面に平行な成分が連続でなければならないので，$E_{1x} = E_{2x}$, $H_{1y} = H_{2y}$ となり，

$$\frac{k_{1z} e^{-k_{1z}z}}{\varepsilon_1} A + \frac{k_{2z} e^{k_{2z}z}}{\varepsilon_2} B = 0 \tag{8.8}$$

$$e^{-k_{1z}z} A - e^{k_{2z}z} B = 0 \tag{8.9}$$

が成り立つ。上の連立方程式において，0以外の A, B の値が存在するためには，

$$\frac{k_{1z}}{\varepsilon_1} + \frac{k_{2z}}{\varepsilon_2} = 0 \tag{8.10}$$

が成り立たなければならない。したがって,

$$k_{1z} = -\frac{\varepsilon_1}{\varepsilon_2} k_{2z} \tag{8.11}$$

の関係を満たす。

媒質1および2を伝搬する光の波数ベクトル $\bm{k}_1$, $\bm{k}_2$ はそれぞれ, $|\bm{k}_1| = k_1 = \sqrt{\varepsilon_1}k_0$, $|\bm{k}_2| = k_2 = \sqrt{\varepsilon_2}k_0$ であり, 波数ベクトルの z 成分は, 存在する波が境界面から指数関数的に減少すること仮定しているため純虚数となり, 媒質1, 2でそれぞれ $ik_{z1}, -ik_{z2}$ となる。波数ベクトル $\bm{k}_1$ および $\bm{k}_2$ はそれぞれ,

$$|\bm{k}_1|^2 = k_1{}^2 = \varepsilon_1 \left(\frac{\omega}{c}\right)^2 = k_x{}^2 + (ik_{1z})^2 = k_x{}^2 - k_{1z}{}^2 \tag{8.12}$$

$$|\bm{k}_2|^2 = k_2{}^2 = \varepsilon_2 \left(\frac{\omega}{c}\right)^2 = k_x{}^2 + (-ik_{2z})^2 = k_x{}^2 - k_{2z}{}^2 \tag{8.13}$$

を満たす。

上記の式(8.10)〜(8.13)から k_x を求める。具体的には式(8.12)と式(8.13)からそれぞれ $k_{1z}{}^2$ と $k_{2z}{}^2$ を求め, それらの比をとり, 式(8.11)を適用する。得られた式を k_x について解くと,

$$k_x = \left(\frac{\omega}{c}\right) \sqrt{\frac{\varepsilon_1 \varepsilon_2}{\varepsilon_1 + \varepsilon_2}} \tag{8.14}$$

が得られる。これは, 表面プラズモンの波数と角周波数の分散関係である。

誘電体の誘電率 ε_1 は通常正の値をもつので, 式(8.11)を満たす表面波が存在するためには金属の誘電率が負であることが必要である。金属の誘電応答が自由電子のみであると近似した場合, その誘電率 ε_2 は自由電子が外部電場の振動(角周波数)に応答して振動する**ドルーデモデル(Drude model)**により次のように表すことができる。

$$\varepsilon_2 = 1 - \frac{\omega_p{}^2}{\omega^2 + i\gamma\omega} \tag{8.15}$$

ここで, ω_p は**プラズマ振動数(plasma frequency)**, γ は**減衰定数(decay constant)**と呼ばれる量である。図8.7に示すように, 角周波数が ω_p より小さな領域では誘電率の実部が常に負となり, また虚部に比べ実部の絶対値がはるか

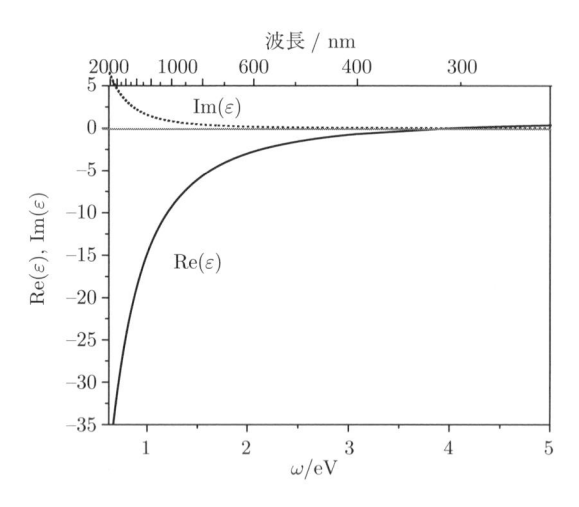

図 8.7 金属の誘電率の分散曲線

ドルーデモデルの式から計算したもの。$\omega_p = 4$ [eV], $\gamma = 0.1$ [eV] とした。

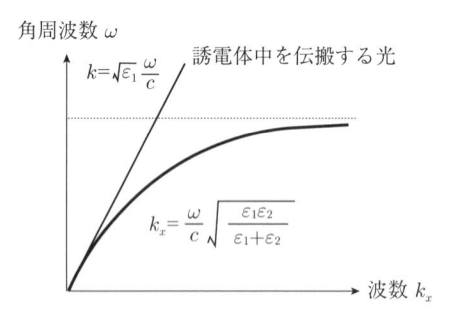

図 8.8 表面プラズモンの分散関係

に大きい。プラズマ周波数および減衰定数の値は金属の種類ごとに異なるが，同様の誘電率の分散関係が可視域から近赤外域にわたって多くの金属について成り立つことが知られている。したがって，表面プラズモンは，金属の誘電率が負になる角周波数領域において，金属の表面に特徴的に誘起される TM 波である。また，金属の誘電率が角周波数に依存して大きく変化するため，式(8.14)の波数の分散関係は図 8.8 に示すような曲線となる。波数 k_{sp} が大きくなるほど，すなわち波長が短くなるほど，曲線の勾配が小さくなることがわかる。このことは，表面プラズモンの位相速度が小さくなることを意味する。さらに，表面プラズモン

○コラム　ドルーデモデル

ドルーデモデルは，金属中の自由電子の運動から金属の誘電率を記述するものである。金属中の自由電子の運動方程式は，衝突による減衰を γ で表すと，

$$m\left(\frac{d^2\boldsymbol{x}}{dt^2} + \gamma\frac{d\boldsymbol{x}}{dt}\right) = -e\boldsymbol{E}_0 e^{-i\omega t}$$

となる。電子の電荷の大きさを e とおき，負の電荷をもつことを考慮した。この方程式と第2章2.5節で示した誘電体内中の電荷の運動方程式 (2.56) と比べてみると，共鳴周波数 ω_0 に関連する項がないことがわかるだろう。金属中の自由電子は入射電場によって振動するものの，自由電子に復元力が働くわけではないからである。式 (2.56) の解を導出したときと同様に，上記方程式の一般解として $\boldsymbol{x} = \boldsymbol{x}_0 e^{-i\omega t}$ を仮定すると，

$$\boldsymbol{x}_0 = \frac{e\boldsymbol{E}_0}{m(\omega^2 + i\omega\gamma)}$$

となる。したがって式 (2.57) と比較することにより，q を $(-e)$，ω^2 を $(\omega^2 + i\omega\gamma)$ に置き換え，$\omega_0 = 0$ とすればよいことがわかる。したがって，金属中の比誘電率 $\varepsilon_r(\omega)$ と屈折率 $n(\omega)$ は式 (2.65) から，

$$\varepsilon_r(\omega) = n(\omega)^2 = 1 - \frac{\omega_p}{\omega^2 + i\omega\gamma}$$

で与えられる。減衰定数 γ が無視でき，電場の振動周波数 ω がプラズマ周波数 ω_p より小さい場合，誘電率が負となる。そのため屈折率が純虚数となる。したがって第3章3.6節で述べたように光波は金属中では伝搬できず，指数関数的に減少する。ω が ω_p より大きくなると，屈折率は実数となり，光波は金属中を伝搬する。

の分散曲線が，誘電体中を伝搬する光の分散関係を表す直線より常に下側（右側）に位置することは，同じ角周波数の伝搬光に比べ表面プラズモンの速度が遅いことを表している。一方，界面に垂直な電場成分の波数は式 (8.6), (8.7) に示すように純虚数であり，電場強度は金属表面から遠ざかるつれて指数関数的に減衰する。したがって，表面プラズモンはエバネッセント波の一種である。

8.6 表面プラズモンの励起

図 8.8 に示したように，表面プラズモンの波数は金属表面上の媒質を伝搬する光の波数よりも常に大きいので，伝搬光（平面波）と直接結合しない。そのため，表面プラズモンを励起するためには，エバネッセント波を利用する必要がある。そのような励起法としては，図 8.9 (a), (b) に示す**オットー配置（Otto configuration）**と**クレッチマン配置（Kretschmann configuration）**がよく知られている。オットー配置では金属表面近くに高屈折率プリズムを配置し，プリズム底面での全反射により生じたエバネッセント波で表面プラズモンを励起する。一方，クレッチマン配置ではプリズム底面に金属薄膜をコーティングし，全反射条件で光を入射させ，底面で生じたエバネッセント波で表面プラズモンを励起する。両方の配置において，プリズムに入射する光の角度を変化させ，エバネッセント波の波数とプラズモンの波数を一致させると，金属表面に共鳴的に表面プラズモンを励起することができる。表面プラズモンが励起されると，入射光のエネルギーが表面プラズモンに利用されるので，光の反射率は大きく減少する。一方，8.5 節で述べたように，励起された表面プラズモンは表面近傍に局在した振動電場であり，さらにその波は入射光の位相速度に比べはるかに遅い速度で金属表面を伝搬する。このような効果の結果，表面プラズモン励起によって金属表面近傍には，入射光よりも増強された電場が生じる。

図 8.10 にさまざまな金属の場合について，表面プラズモンの励起特性を示す。表面プラズモンの励起にはクレッチマン配置を用い，金属の膜厚を変化させたときの金属とプリズムとの界面での光の入射角に対する強度反射率の依存性を示し

(a) オットー配置　　　(b) クレッチマン配置

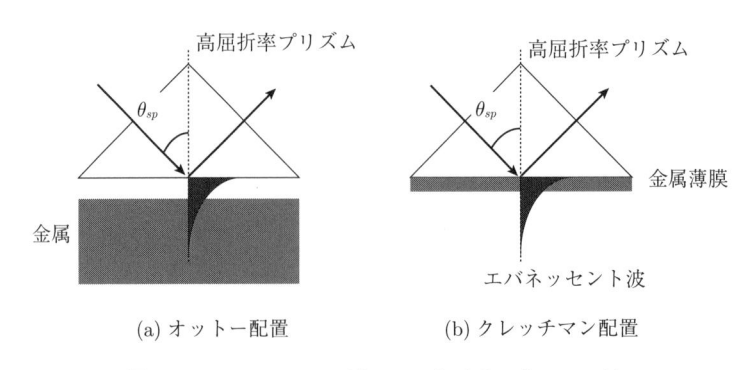

図 8.9 エバネッセント波による表面プラズモンの励起

8.6 表面プラズモンの励起

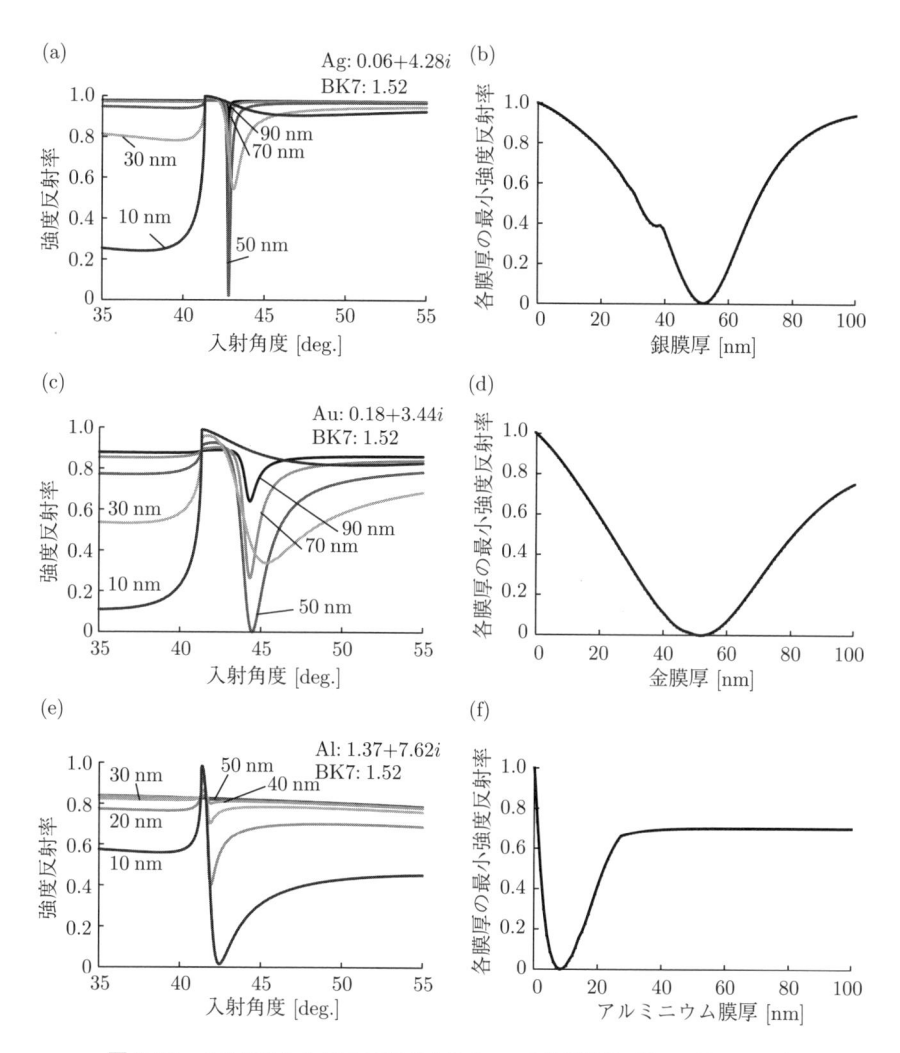

図 8.10 さまざまな金属での表面プラズモンの励起特性（$\lambda = 632.8\,\text{nm}$）(a)銀（Ag）の場合の強度反射率の入射角依存性。(b)銀（Ag）の場合の最小強度反射率の膜厚依存性。(c)金（Au）の場合の強度反射率の入射角依存性。(d)金（Au）の場合の最小強度反射率の膜厚依存性。(e)アルミニウム（Al）の場合の強度反射率の入射角依存性。(f)アルミニウム（Al）の場合の最小強度反射率の膜厚依存性。(a), (c)においては金属膜厚は 10 nm, 30 nm, 50 nm, 70 nm, 90 nm とし，(e)では金属膜厚は 10 nm, 20 nm, 30 nm, 40 nm, 50 nm とした。

た．使用した光の波長は 632.8 nm，プリズムの屈折率は 1.515（BK7 を仮定）とした．金属の屈折率は銀（$n_{Ag} = 0.06 + 4.28i$），金（$n_{Au} = 0.18 + 3.44i$），アルミニウム（$n_{Al} = 1.37 + 7.62i$）とした．

図 8.10 (a) は銀の場合について，膜厚 10 nm, 30 nm, 50 nm, 70 nm, 90 nm のときの強度反射率を示している．膜厚が 50 nm のときに入射角 42.8°で反射率が大きく減少し，くぼみ（ディップ）があることがわかる．反射光の減少は，入射光のエネルギーが表面プラズモンの励起に使用されたために生じたものであり，表面プラズモンを励起するための入射角 $\theta_{sp} = 42.8°$ であることを意味している．図 8.10 (b) には，銀の膜厚を横軸にとり，各膜厚に対して強度反射率の入射角依存性を求め，各膜厚での最小の強度反射率の値をプロットしたものである．銀の場合，強度反射率が最小となる最適な膜厚は 52.0 nm であり，強度反射率は 0 まで減少する．

同様に図 8.10 (c), (d) に金の場合の強度反射率の入射角依存性と各膜厚に対する強度反射率の最小値の膜厚依存性を示す．金では，最適な膜厚は 51.7 nm であり，入射角 44.1°のときに強度反射率が 0 となっている．

図 8.10 (e), (f) にアルミニウムの場合の強度反射率の入射角依存性と各膜厚に対する強度反射率の最小値の膜厚依存性を示す．アルミニウムでは，屈折率の虚数部が大きく吸収が大きいため，強度反射率減少のくぼみが銀や金に比べると広くなっており，特に高入射角側で反射率が低くなっている．

図 8.11 は，図 8.10 と同様の条件下で金属表面での電場強度の入射角依存性，および各膜厚での電場強度の最大値を膜厚を横軸にプロットとしたものである．ここで，金属表面での電場強度は入射光の電場強度で規格化しており（つまり $|E^2|/|E_0|^2$），入射光に対する電場の増強度を表している．図 8.11 (a), (b) は銀，(c), (d) は金，(e), (f) はアルミニウムの場合である．銀では，入射電場強度に対して銀表面で電場強度が 289 倍に増強される．金では 44.9 倍，アルミニウムでは 25.7 倍である．図 8.10 と図 8.11 を比較すると，反射率が最小になるための最適条件と金属表面の電場強度が最大になる最適条件が少しずれていることに気がつくかもしれない．これは金属内を光が伝搬することによる吸収および位相のずれに起因するものである．

図 8.12 に表面プラズモンが (a) 銀および (b) 金表面に励起された場合の光軸方向の電場強度分布を示す．金属表面で電場強度が不連続となり，金属表面からの距離に依存して指数関数的に電場強度が減少する．図 8.12 (a) の銀の場合は入射

8.6 表面プラズモンの励起

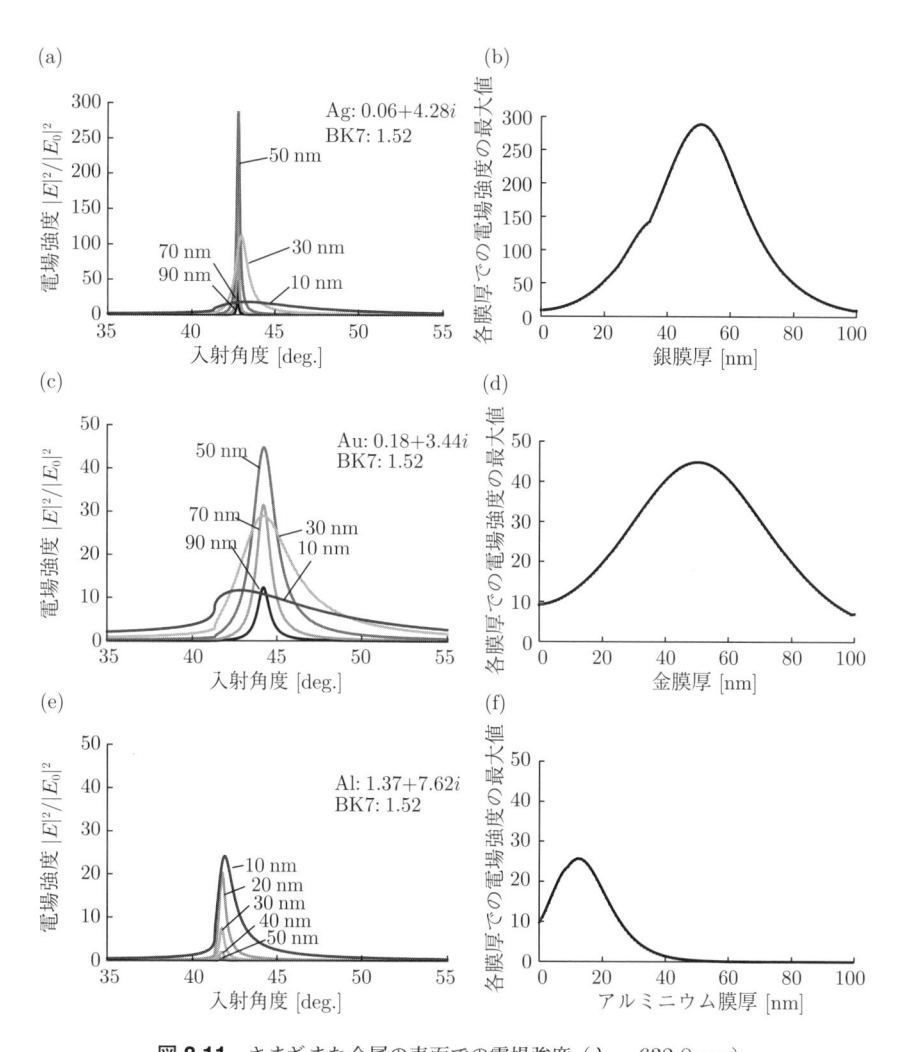

図 8.11 さまざまな金属の表面での電場強度（$\lambda = 632.8\,\text{nm}$）
(a)銀（Ag）の表面での電場強度の入射角依存性。(b)銀（Ag）の表面での電場強度の最大値の膜厚依存性。(c)金（Au）の表面の電場強度の入射角依存性。(d)金（Au）表面での電場強度の最大値の膜厚依存性。(e)アルミニウム（Al）の表面での電場強度の入射角依存性。(f)アルミニウム（Al）表面での電場強度の最大値の膜厚依存性。(a), (c)において金属膜厚は 10 nm, 30 nm, 50 nm, 70 nm, 90 nm とし, (e)では金属膜厚は 10 nm, 20 nm, 30 nm, 40 nm, 50 nm とした。

第 8 章 近接場光学

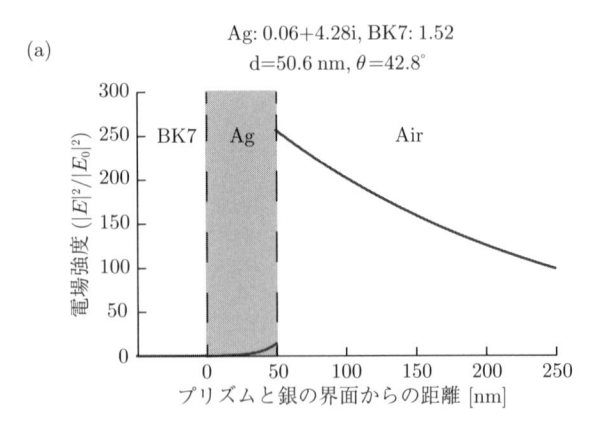

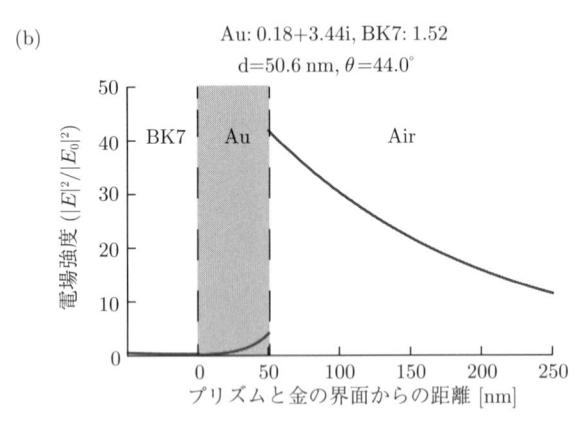

(a) Ag: 0.06+4.28i, BK7: 1.52
d=50.6 nm, θ=42.8°

(b) Au: 0.18+3.44i, BK7: 1.52
d=50.6 nm, θ=44.0°

図 8.12 表面プラズモンを励起した場合の光軸方向の電場強度分布 (a)銀 (Ag) の場合。銀膜厚を 50.6 nm, 入射角を 40.8°とした。(b)金 (Au) の場合。金膜厚を 50.1 nm, 入射角を 44.0°とした。

角が $\theta = 42.8°$，金膜厚が 50.6 nm であり，図 8.12 (b) の金の場合は入射角が $\theta = 44.0°$，金属膜厚が 50.1 nm である。

図 8.13 は銀に接する媒質の屈折率を 1.31 から 1.41 まで変化させた場合の反射率の入射角依存性である。媒質の屈折率が大きくなるにつれて，最小の反射率となる入射角が大きくなる方向にシフトしている。つまり表面プラズモンの励起角 θ_{sp} が銀に接する媒質の屈折率に大きく依存していることがわかる。したがって，表面プラズモンの励起角 θ_{sp} を測定することにより，媒質の屈折率変化を検

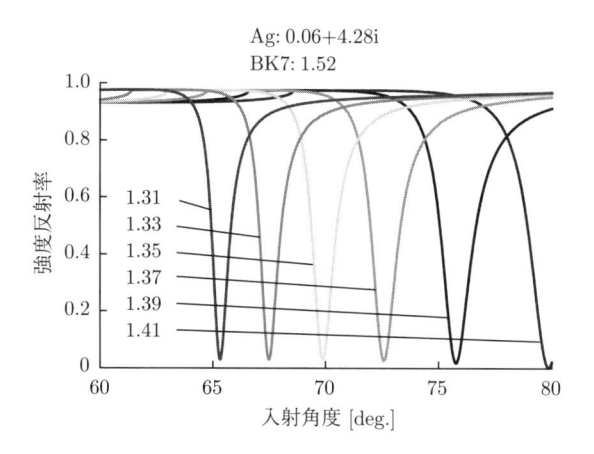

図 8.13 銀（Ag）表面に接する媒質の屈折率を変化させた場合の表面プラズモンの励起特性 媒質の屈折率を 1.31, 1.33, 1.35, 1.37, 1.39, 1.41 とした．屈折率の値が大きくなるとともに表面プラズモンを励起するための入射角が大きくなる．

出することが可能となる．これは抗原抗体反応の検出，ガスセンサー，液体センサーなどさまざまな用途に利用されている．

8.7 局在プラズモン

平坦な界面でのプラズモンは表面を伝搬するので，**伝搬型表面プラズモン**（**propagating surface plasmon**）とも呼ばれる．同様の自由電子のプラズマ振動による電場は，微粒子のような閉じた表面にも生じる．この表面プラズモンは金属粒子に局在するため，**局在表面プラズモン**（**localized surface plasmon**），あるいは単に局在プラズモンと呼ばれる．局在プラズモンは通常の伝搬光と直接結合するので，伝搬型表面プラズモンの場合のような特殊な光学配置を使うことなく，金属ナノ粒子に光を照射するだけで励起することができる．

大きさが光の波長に比べて十分小さい球形の金属ナノ粒子に光を照射した場合に誘起される分極を図 8.14 に示す．紙面上に電場成分をもつ平面波によって，球の極付近に反対符号の表面電荷が誘起され，入射光の振動数で振動する分極が誘起される．（図 8.5 と比較すると平面とナノ粒子の場合の類似・相違がわかる．）このとき，誘電体中にあるナノ粒子に誘起される分極 P は

第 8 章　近接場光学

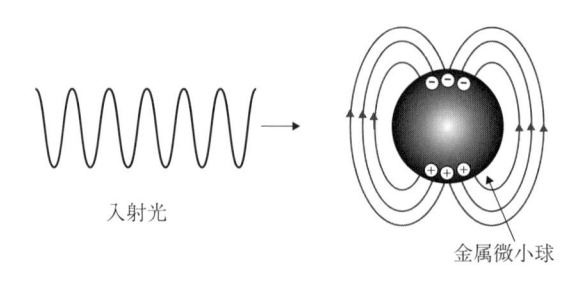

入射光

金属微小球

図 8.14　金属ナノ粒子における局在プラズモンの励起

$$P = 4\pi r^3 \frac{\varepsilon_m - \varepsilon_1}{\varepsilon_m + 2\varepsilon_1} E \qquad (8.16)$$

で与えられる。ここで，r は金属ナノ粒子の半径，ε_m は金属ナノ粒子の誘電率，ε_1 は金属ナノ粒子の周囲の媒質の誘電率，E は入射光電場の強度である。金属の誘電率が $\mathrm{Re}[\varepsilon_m] = -2\varepsilon_1$ を満たすとき，分極率 P は非常に大きな値を示し，分極が入射電場に対して共鳴する。また，図 8.7 からわかるように，誘電率の実部 $\mathrm{Re}[\varepsilon_m]$ は入射光の角振動数（波長）によって大きく変化するので，特定の波長域付近でのみこの共鳴条件が成り立つ。これが原因となって，金属ナノ粒子はバルクとは異なる特有の発色を示す。これが金属ナノ粒子における局在プラズモン共鳴である。この現象は，ステンドグラスなどにおいて，さまざまな色合いを出すために使用されている。

　直径が波長に比べて十分小さな球形の金属ナノ粒子に生じる分極は，式(8.16)に示すように，金属の誘電率と周囲の媒質の誘電率によって決定される。直径や光の入射方向には依存しない。粒子が非球形のときや，粒子の直径が波長に比べて無視できないときは，ミー散乱の理論などを用いて解析を行う必要がある。

　金属ナノ粒子を用いれば，表面プラズモンを容易に光励起することができるので，応用範囲が広くさまざまな分野での活用が期待されている。最近では，バイオセンサー，太陽電池，生物・医療などの分野で，金属ナノ粒子を分散し局在プラズモンを励起することにより，光吸収の高効率化，高感度化を実現する試みが多くの研究者によって進められている。ただし，伝搬型表面プラズモンが非輻射的電磁波であるのに対し，局在プラズモンには輻射モードが含まれている。したがって，単純な球形ナノ粒子の局在プラズモンでは，表面プラズモンほど大きな電場増強効果が期待できない。そのため，ナノ粒子二量体構造やより複雑なナノ

構造の利用が研究されている。

8.8 深紫外域での表面プラズモン

　表面プラズモンの新しい展開として，深紫外域での応用が進められている。深紫外域では，光子のもつエネルギーが高いため，金属表面からの光電子放出，さまざまな蛍光色素の励起，さまざまな材料のレーザーアブレーション，紫外線硬化樹脂による光造形など，多くの応用分野への展開が期待できる。深紫外光領域において表面プラズモンが励起できれば，プラズモン励起による電場増強作用を利用したプラズモニクスの新しい応用分野が切り拓かれるであろう。

　表面プラズモンの励起にはこれまで，可視域〜近赤外域の光が用いられてきた。これは，この領域において，金や銀などの誘電率が負となり，高い効率で表面プラズモンを励起できるからである。

　一方，紫外域では金や銀の誘電率の実部は正の値を示すため，表面プラズモンを励起することができない。そのため，紫外域〜深紫外域での表面プラズモンはほとんど研究されてこなかった。

　最近になって，アルミニウムでは深紫外域において減衰成分が小さいため，表面プラズモンを励起することが可能であることが報告され，紫外域〜深紫外域での表面プラズモンの研究が進められるようになってきた。図 8.15 に励起波長 224.3 nm の場合について，強度反射率の入射角依存性と強度反射率の最小値の膜厚依存性を示す。また同様に図 8.16 に金属表面での電場強度の入射角依存性と電場強度の最大値の膜厚依存性を示す。これらは図 8.10 および図 8.11 とそれぞれ対応するものである。波長 224.3 nm での銀の屈折率を $1.22 + 1.3i$，金の屈折率を $1.45 + 1.44i$，アルミニウムの屈折率を $0.15 + 2.59i$ としている。またプリズムには深紫外光を透過可能な材料として石英を仮定し，屈折率を 1.53 としている。

　図 8.15 (a) および (c) の銀および金の反射率の入射角依存性は，強度反射率が大きく減少しており，金属での吸収が大きいことがわかる。特に図 8.16 (b) および (d) をみると，表面上の電場強度は金属が存在しないときがもっとも大きくなっている。一方，図 8.15 (e) のアルミニウムでは，膜厚が 20 nm のときに反射光強度が大きく減少しており，ディップが形成されている。図 8.15 (f) よりアルミニウムでは反射光強度が最小になる最適膜厚は 22.0 nm となっている。

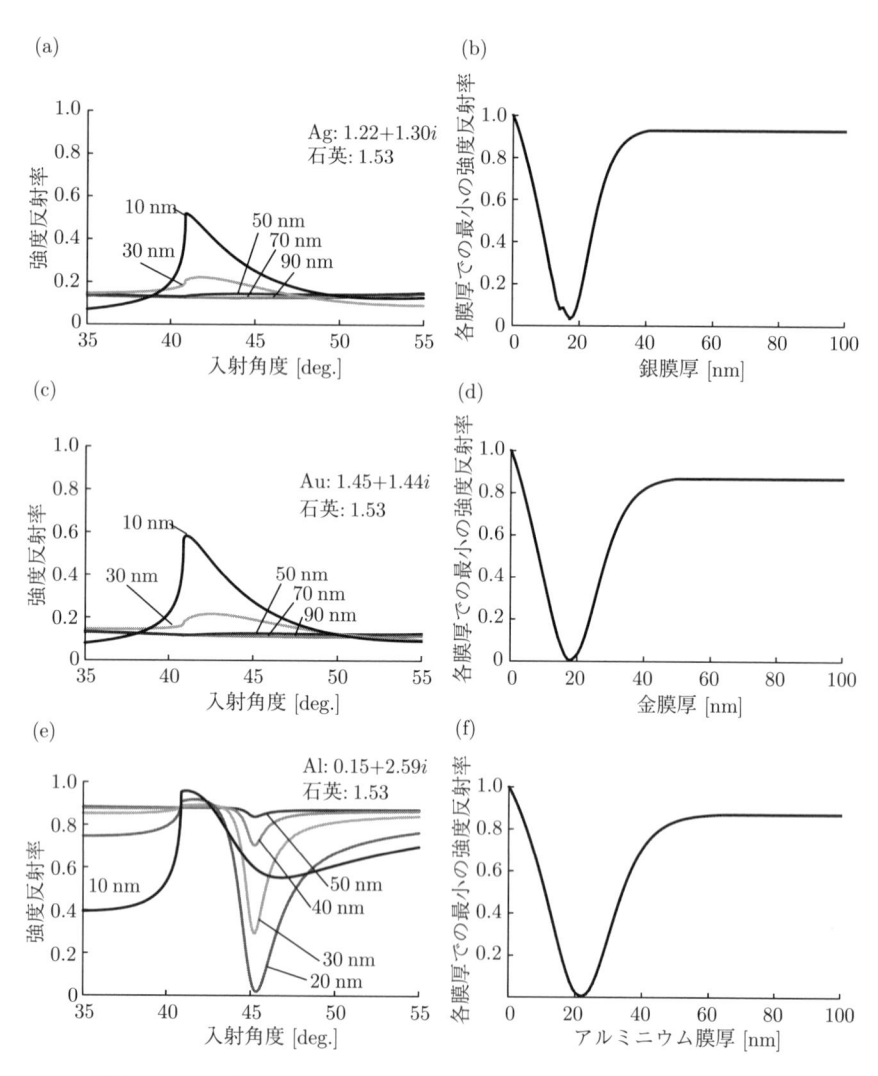

図 8.15 さまざまな金属での表面プラズモンの励起特性（$\lambda = 224.3$ nm）(a)銀（Ag）の場合の強度反射率の入射角依存性。(b)銀（Ag）の場合の最小強度反射率の膜厚依存性。(c)金（Au）の場合の強度反射率の入射角依存性。(d)金（Au）の場合の最小強度反射率の膜厚依存性。(e)アルミニウム（Al）の場合の強度反射率の入射角依存性。(f)アルミニウム（Al）の場合の最小強度反射率の膜厚依存性。(a)，(c)においては金属膜厚は 10 nm, 30 nm, 50 nm とし，(e)では金属膜厚は 10 nm, 20 nm, 30 nm, 40 nm, 50 nm とした。

8.8 深紫外域での表面プラズモン

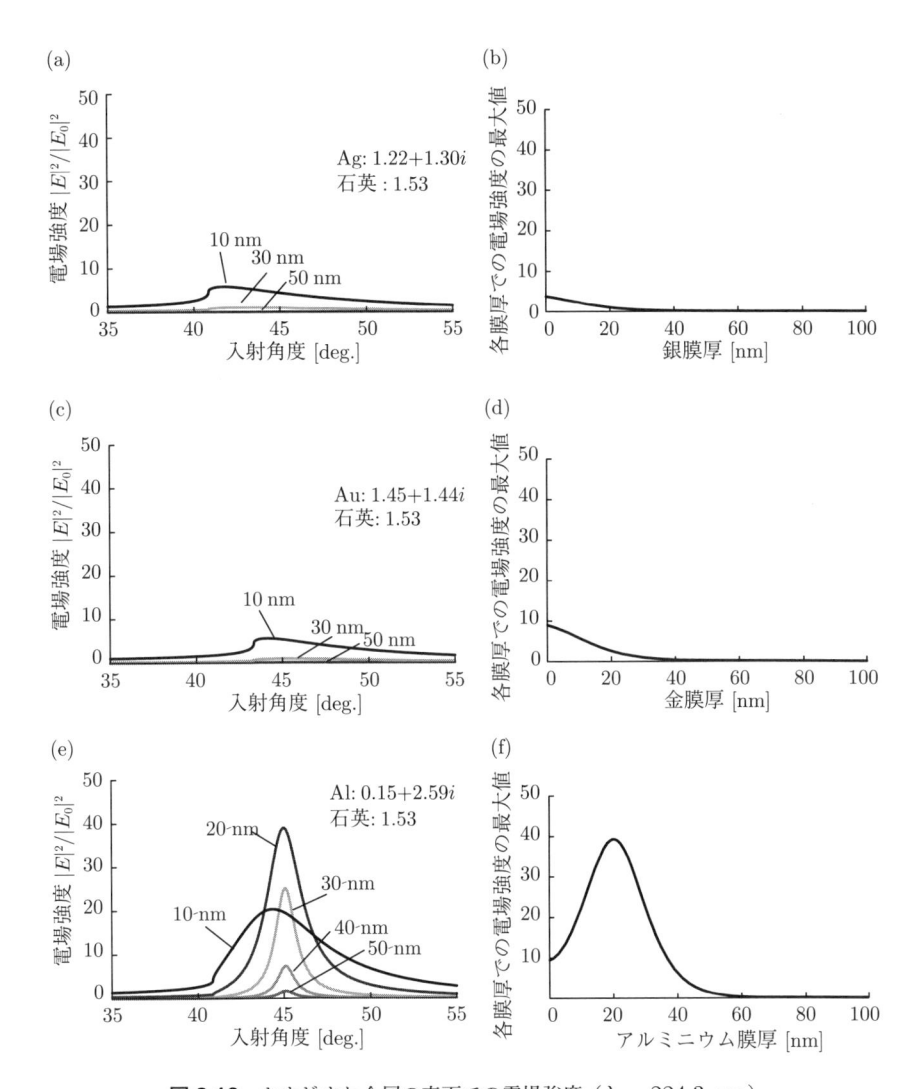

図 8.16 さまざまな金属の表面での電場強度（$\lambda = 224.3$ nm）
(a)銀（Ag）の表面の電場強度の入射角依存性。(b)銀（Ag）の表面での電場強度の最大値の膜厚依存性。(c)金（Au）の表面の電場強度の入射角依存性。(d)金（Au）表面での電場強度の最大値の膜厚依存性。(e)アルミニウム（Al）の表面の電場強度の入射角依存性。(f)アルミニウム（Al）表面での電場強度の最大値の膜厚依存性。(a), (c)において金属膜厚は 10 nm, 30 nm, 50 nm とし，(e)では金属膜厚は 10 nm, 20 nm, 30 nm, 40 nm, 50 nm とした。

第 8 章　近接場光学

図 8.16 (e) ではアルミニウム表面での電場強度が膜厚 20.0 nm のときに 39.3 倍に増強され，図 8.16 (f) から電場増強が最大になる最適膜厚は 20.2 nm になっている。

アルミニウムの酸化による反射光強度の変化

アルミニウムの表面は大気中で容易に酸化し，厚み数 nm の酸化アルミニウム (Al_2O_3) 被膜を形成する。この被膜を考慮した場合の表面プラズモンの励起特性を示す。ここで，酸化被膜の屈折率は膜厚 224.3 nm において，$n = 1.83 + 0i$ とおいた。

図 8.17 (a), (b) にアルミニウムの一部が酸化し，酸化アルミニウム (Al_2O_3) になった場合の反射率と酸化アルミニウム表面での電場増強を示す。ここでは，最適な膜厚である 22.0 nm のアルミニウムの表面の一部が酸化して酸化アルミニウムに変化し，全体の厚みは一定と考えている。図 8.17 では，酸化アルミニウムの膜厚は 1 nm～10 nm の範囲で 1 nm ずつ変化させている。アルミニウムの表面が酸化すると，電場増強比が減少し，電場増強比のピーク位置および反射率曲線のディップ位置が入射角の大きくなる方向にシフトしていることがわかる。

深紫外域では光子のもつエネルギーが高いため，数多くの蛍光物質を励起することが可能となり，また生物試料においては染色せずに生物を構成する物質そのものからの蛍光（**自家蛍光（autofluorescence）**）を励起することが可能となる。例えば DNA は，深紫外光で励起することによって蛍光を発生することが知

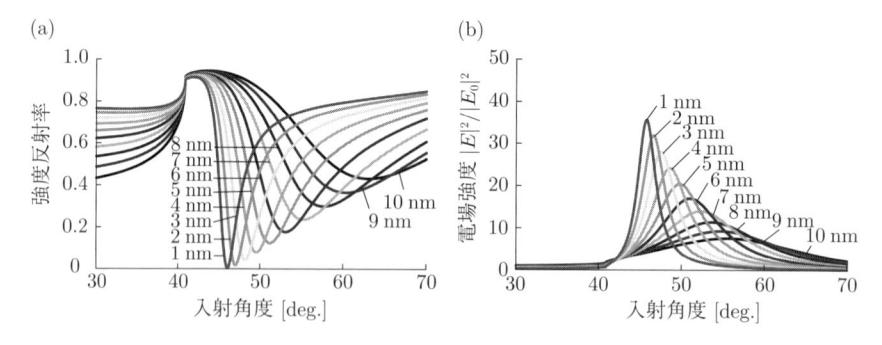

図 8.17　アルミニウムの酸化被膜の厚みを変えた場合の反射率および電場強度の入射角依存性
(a) 強度反射率の入射角依存性。(b) 酸化被膜表面での電場強度の入射角依存性。

られている。生物試料において自家蛍光を励起できれば，染色作業が不要となり生きたままの動態観察が可能となる。

　工業的な応用では，深紫外光は高い光子エネルギーをもつため，物質の化学結合を光エネルギーで切断する加工（フォトンモード）が可能となる。レーザー光の吸収による熱による加工（ヒートモード）とは異なり，化学結合を直接切断するため熱膨張などによる歪みが少なく，高い精度での加工を実現することが可能となる。

　深紫外域において表面プラズモンを利用できれば，電場増強作用，表面近傍への局在効果により，さまざまな応用分野で利用できるものと考える。またナノ粒子における局在プラズモンとの組み合わせにおいても，金属からの光電子の励起や光触媒反応の高効率化など新しい波長域における応用として期待できる。深紫外域におけるプラズモニクスは新しい応用分野を拓くものとして，今後の展開が期待できる。

付録A
フーリエ変換の意味

フーリエ変換について,その意味を考えてみよう。端的にいえば,フーリエ変換は任意の関数 $f(t)$ を正弦波の重ね合わせで表すものである。関数 $f(t)$ のフーリエ変換 $F(\omega)$ は,

$$F(\omega) = \int_{-\infty}^{\infty} f(t) e^{-i\omega t} dt \tag{A.1}$$

で求めることができる。なぜ,関数 $f(t)$ に $e^{-i\omega t}$ をかけて積分するのだろうか。その意味は何であろうか。

まず,簡単のため,関数 $f(t)$ は $t=0$ に対して対称,つまり偶関数であるとする。$f(t)$ を多くの周波数 ω_n をもつ余弦関数の足し算で表すことができるとすると,

$$\begin{aligned} f(t) =& a_0 + a_1 \cos(\omega_1 t) + a_2 \cos(\omega_2 t) + \cdots \\ &+ a_n \cos(\omega_n t) + \cdots \quad (n = 0, 1, 2, \cdots) \end{aligned} \tag{A.2}$$

とおくことができる。実はこのような形で表現できるのは関数 $f(t)$ が周期関数の場合である。その周期を T とおくと,

$$\omega_n = \frac{2\pi}{T} n \tag{A.3}$$

の関係がある。図 A.1 に矩形関数を余弦関数の足し合わせで近似した例を示す。足し合わせる余弦関数の数が増えるにつれて,矩形関数により近づいていることがわかる。

式(A.2)において関数 $f(t)$ は既知であるが,余弦関数の係数 $a_0, a_1, \cdots, a_n, \cdots$ はすべて未知数である。関数 $f(t)$ から係数 a_n をどのようにして求めるかがここ

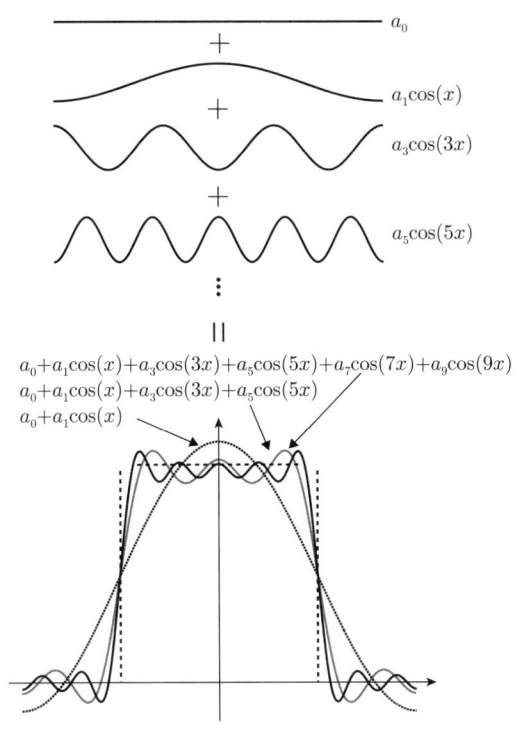

図 A.1 フーリエ変換の意味
多数の余弦関数の足し合わせで矩形関数を近似する。

での課題である．係数 a_n を求めるために，$f(t)$ に $\cos(\omega_n t)$ をかけて 1 周期分積分して，時間平均をとることを考える．つまり，

$$\frac{1}{T}\int_{-\frac{T}{2}}^{\frac{T}{2}} f(t)\cos(\omega_n t)dt$$

$$= \frac{1}{T}\int_{-\frac{T}{2}}^{\frac{T}{2}} a_0 \cos(\omega_n t)dt + \frac{1}{T}\int_{-\frac{T}{2}}^{\frac{T}{2}} a_1 \cos(\omega_1 t)\cos(\omega_n t)dt$$

$$+ \cdots + \frac{1}{T}\int_{-\frac{T}{2}}^{\frac{T}{2}} a_m \cos(\omega_m t)\cos(\omega_n t)dt$$

$$+ \cdots + \frac{1}{T}\int_{-\frac{T}{2}}^{\frac{T}{2}} a_n \cos^2(\omega_n t)dt + \cdots \quad (\text{A.4})$$

付録 A　フーリエ変換の意味

$$\cos(\omega_m t)\cdot\cos(\omega_n t)\ (m\neq n)$$

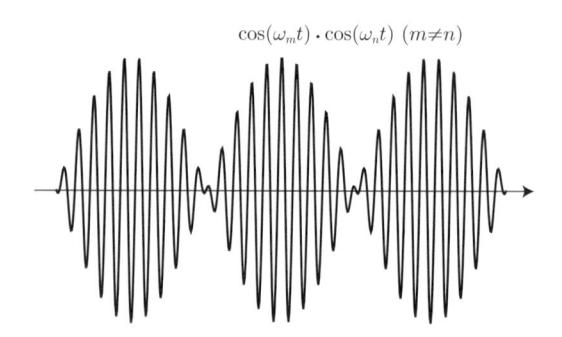

図 **A.2**　$m \neq n$ の場合の $\cos(\omega_m t)\cdot\cos(\omega_n t)$
正負に振動する関数となり積分すると 0 になる。

の計算を行う。$m \neq n$ の場合，右辺の各被積分関数 $a_m \cos(\omega_m t)\cos(\omega_n t)$ $(m=0,1,2,\cdots)$ は，図 A.2 に示すように正負に振動する関数となる。したがって，これらの項は，1 周期分積分すると積分値は 0 になる。一方 $m=n$ の場合，$a_n \cos^2(\omega_n t)$ の積分の項は，$\cos^2(\omega_n t)$ が正の値のみをもつため 0 にはならず，

$$\frac{1}{T}\int_{-\frac{T}{2}}^{\frac{T}{2}} a_n \cos^2(\omega_n t)dt = \frac{1}{T}\int_{-\frac{T}{2}}^{\frac{T}{2}} a_n\left(\frac{1+\cos(2\omega_n t)}{2}\right)dt = \frac{a_n}{2} \tag{A.5}$$

の値をとる。したがって，関数 $f(t)$ に $\cos(\omega_n t)$ をかけて積分することにより a_n の値を求めることができる。a_n は次式で与えられる。

$$a_n = \frac{2}{T}\int_{-\frac{T}{2}}^{\frac{T}{2}} f(t)\cos(\omega_n t)dt \quad (n=1,2,\cdots) \tag{A.6}$$

また係数 a_0 については，式(A.2)の定義より，

$$a_0 = \frac{1}{T}\int_{-\frac{T}{2}}^{\frac{T}{2}} f(t)dt \tag{A.7}$$

で与えられる。

したがって，式(A.2)に求めた係数 a_n を代入すると，

$$f(t) = \frac{1}{T}\int_{-\frac{T}{2}}^{\frac{T}{2}} f(\tau)d\tau + \frac{2}{T}\sum_{n=1}^{\infty}\left\{\left(\int_{-\frac{T}{2}}^{\frac{T}{2}} f(\tau)\cos(\omega_n \tau)d\tau\right)\cos(\omega_n t)\right\} \tag{A.8}$$

が得られる。ここでは不要な混乱を避けるために，係数 a_n に関する積分変数を τ に変えて表記している。

$a_n = 2a'_n$ ($n = 1, 2, \ldots$) を満たす新しい係数 a'_n を導入すると，

$$a'_n = \frac{1}{T} \int_{-\frac{T}{2}}^{\frac{T}{2}} f(\tau) \cos(\omega_n \tau) d\tau = \frac{1}{T} \int_{-\frac{T}{2}}^{\frac{T}{2}} f(\tau) \cos(-\omega_n \tau) d\tau \tag{A.9}$$

$$= \frac{1}{T} \int_{-\frac{T}{2}}^{\frac{T}{2}} f(\tau) \cos(\omega_{-n} t) d\tau = a'_{-n} \tag{A.10}$$

と表記することができる。また，$n = 0$ のときは，$a_0 = a'_0$ となるので，式(A.8)は

$$f(t) = \frac{1}{T} \sum_{n=-\infty}^{\infty} a'_n \cos(\omega_n t) \tag{A.11}$$

$$a'_n = \int_{-\frac{T}{2}}^{\frac{T}{2}} f(\tau) \cos(\omega_n \tau) d\tau \tag{A.12}$$

となる。足し合わせる余弦関数の周波数間隔を $\Delta\omega$ とおくと，

$$\Delta\omega = \omega_{n+1} - \omega_n = \frac{2\pi}{T} \tag{A.13}$$

となるので，式(A.11)を $\Delta\omega$ を使って書き直すと，

$$f(t) = \frac{1}{2\pi} \sum_{n=-\infty}^{\infty} a'_n \cos(\omega_n t) \Delta\omega \tag{A.14}$$

$$= \frac{1}{2\pi} \sum_{n=-\infty}^{\infty} \left(\int_{-\frac{T}{2}}^{\frac{T}{2}} f(\tau) \cos(\omega_n \tau) d\tau \right) \cos(\omega_n t) \Delta\omega \tag{A.15}$$

となる。

式(A.15)は，周期 T の周期関数を余弦関数の和で表したものであるので，非周期関数に対応するために $T \to \infty$ の極限をとると，

$$\sum_{-\infty}^{\infty} (\cdots) \Delta\omega \to \int_{-\infty}^{\infty} (\cdots) d\omega \tag{A.16}$$

になり，周波数 ω_n は連続的な値になるので，

$$f(t) = \frac{1}{2\pi} \int_{-\infty}^{\infty} \left(\int_{-\infty}^{\infty} f(\tau) \cos(\omega \tau) d\tau \right) \cos(\omega t) d\omega \tag{A.17}$$

付録 A　フーリエ変換の意味

となる。したがって，非周期関数の場合でも余弦関数の係数を求めるには，$\cos(\omega t)$ をかけて積分すればよいことがわかる。右辺の係数部分を $F(\omega)$ とおくと，

$$F(\omega) = \int_{-\infty}^{\infty} f(t)\cos(\omega t)dt \tag{A.18}$$

となる。ここでは積分変数を τ から t に戻して表記した。$F(\omega)$ を関数 $f(t)$ の **フーリエ余弦変換**（Fourier cosine transform）と呼ぶ。

ここまでの議論では，関数 $f(t)$ が偶関数の場合について考えてきた。任意の関数の場合は，余弦関数が $t=0$ で対称となるとはかぎらないので，位相ずれが生じる。つまり，$a_n\cos(\omega_n t + \phi_n)$ と表されることになる。この場合には，

$$a_n\cos(\omega_n t + \phi_n) = (a_n\cos\phi_n)\cos(\omega_n t) - (a_n\sin\phi_n)\sin(\omega_n t) \tag{A.19}$$

となるため，式(A.4)の積分で求まるのは $\cos(\omega_n t)$ の係数である（$a_n\cos\phi_n$）であり，係数 a_n と ϕ_n を別々に求めることはできない。つまり，余弦関数の位相ずれ ϕ_n が未知数として増えたために，$\cos(\omega_n t)$ をかけて積分しただけでは，係数 a_n を求めることができなくなってしまったのである。

係数 a_n と位相ずれ ϕ_n を別々に求めるためには，$f(t)\cos(\omega_n t)$ の積分だけでなく，$f(t)\sin(\omega_n t)$ の積分も計算すればよい。係数 a_n と位相ずれ ϕ_n の未知数2つに対して2つの値を得ることができ，係数 a_n と位相ずれ ϕ_n をそれぞれ求めることが可能となる。

以上のことから，関数 $f(t)$ に $e^{-i\omega t}$ をかけて積分することは，オイラーの公式を使って，

$$\int_{-\infty}^{\infty} f(t)e^{-i\omega t}dt = \int_{-\infty}^{\infty} f(t)\cos(\omega t)dt - i\int_{-\infty}^{\infty} f(t)\sin(\omega t)dt \tag{A.20}$$

を計算することと同じであり，もとの関数 $f(t)$ に $\cos(\omega t)$ と $\sin(\omega t)$ をそれぞれかけて積分し，係数 a_n と位相ずれ ϕ_n を求めることを意味している。2つの積分の値を別々に求める必要があるため，$\sin(\omega t)$ をかけた積分は虚数として計算し，2つの積分の値が混じってしまわないようにしているのである。

付録B
集光スポットの数値計算

　レーザー光をレンズで集光した場合の集光スポットの強度分布を解析的に求めることは他の専門書に譲ることとして，ここでは簡便な数値的手法によって集光スポットの三次元的な形状を求める方法を紹介しよう．レンズの瞳面での開口形状を変化させることにより，高開口数や低開口数の場合，輪帯照明の場合などさまざまな条件での集光スポットを求めることが可能である．レンズの瞳面での位相分布を考慮すれば，収差がある場合の集光スポットを計算することもできる．

　集光スポットの光強度分布は，レンズにより集光される球面波を平面波により展開し，平面波の振幅分布の足し合わせとして求めることができる．図 B.1 (a) に示すように瞳面に平面波が入射し，開口数 N_a のレンズで集光される場合を考える．レンズによって集光される球面波を平面波として展開すると，1 つの平面波は瞳面上の 1 点で表される．

　図 B.1 (b)に示すように瞳面を $N \times N$ に分割すると，メッシュ上の各点が分割した伝搬方向の異なる平面波に対応する．i 番目と j 番目の点 P を通過した光はレンズによって集光され，波数の x 成分と y 成分がそれぞれ，

$$k_{xi} = \frac{2k}{N} i \tag{B.1}$$

$$k_{yj} = \frac{2k}{N} j \tag{B.2}$$

をもつ平面波となる．波数ベクトルの z 成分を k_{zij} とすると，

$$k_{zij} = \sqrt{k^2 - k_{xi}^2 - k_{yj}^2} \tag{B.3}$$

となる．$+z$ 方向に伝搬する平面波を考えればよいので，k_{zij} は正の値をとるものとした．最終的に点 P を通過した光は，レンズによって，波数ベクトル

付録 B 集光スポットの数値計算

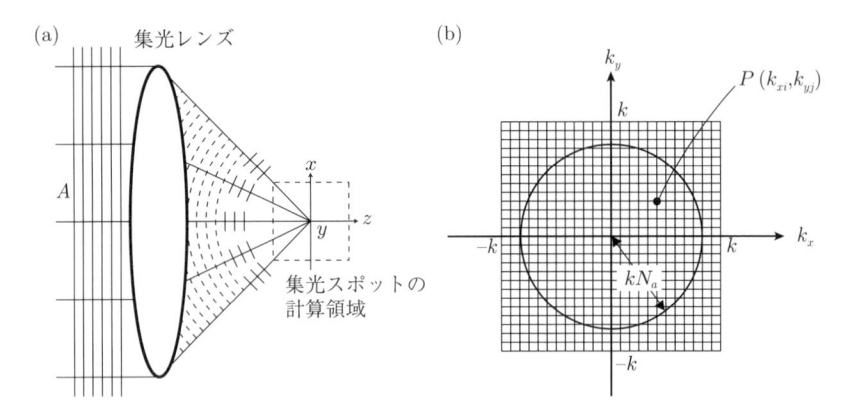

図 B.1 平面波展開による集光スポット強度分布の計算方法
(a)レンズによる収束光の平面波展開。(b)レンズの瞳面上の分割。瞳面上の点 $P(k_{xi}, k_{yj})$ を通過した光は波数ベクトル $\bm{k}_{ij} = (k_{xi}, k_{yj}, \sqrt{k^2 - k_{xi}^2 - k_{yj}^2})$ の平面波になる。

$\bm{k}_{ij} = (k_{xi}, k_{yj}, \sqrt{k^2 - k_{xi}^2 - k_{yj}^2})$ をもつ平面波に変換される。

レンズによって集光する場合は，すべての平面波が x-y-z 空間の原点で同位相になるため，原点での位相を 0 とおくと，x-y-z 空間の平面波の振幅分布 $u_{ij}(x, y, z)$ は振幅を A_{ij} として，

$$u_{ij}(x, y, z) = A_{ij} e^{i(k_{xi} x + k_{yj} y + k_{zij} z)} \tag{B.4}$$

と表すことができる。レンズによって集光される平面波は開口数 N_a 内を通過したものであるので，振幅 A_{ij} は次式で与えられる。

$$A_{ij} = \begin{cases} A & k_{xi}^2 + k_{yj}^2 \leq (kN_a)^2 \\ 0 & \text{それ以外} \end{cases} \tag{B.5}$$

振幅 A_{ij} の値を適切に選ぶことにより，輪帯開口による集光スポットや収差がある場合の集光スポット形状などを計算することが可能となる。

集光点では半径 kN_a の開口を通過した平面波がすべて足し合わされるので，任意の位置 $\bm{r} = (x, y, z)$ においてすべての k_{xi} および k_{yj} に対して，振幅分布を足し合わせればよい。したがって，集光位置の光強度分布 $I(x, y, z)$ は

$$I(x, y, z) = \left| \frac{1}{N_0} \sum_{k_{xi}, k_{yj}} u_{ij}(x, y, z) \right|^2 \tag{B.6}$$

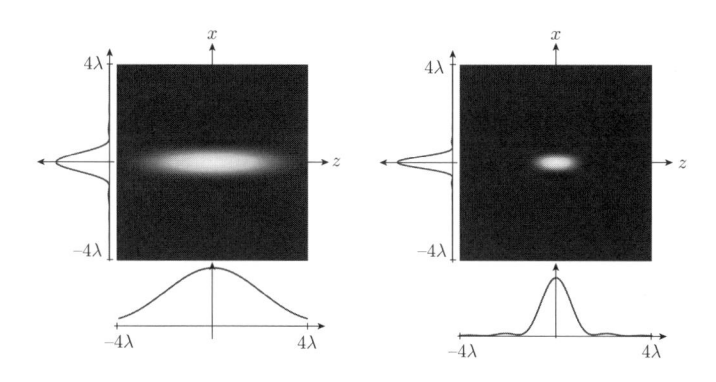

図 B.2 集光スポットの x-z 断面の強度分布
(a)開口数 0.6 のレンズで集光した場合。(b)開口数 0.95 のレンズで集光した場合。
(a), (b)ともに計算した領域は $8\lambda \times 8\lambda$ である。

で求めることができる。ここで，N_0 は足し合わせた平面波の数，つまり $k_{xi}{}^2 + k_{yj}{}^2 \leq (kN_a)^2$ を満たす (k_{xi}, k_{yj}) の組み合わせの数で，原点位置での強度を A^2 に規格化するために導入している。

図 B.2 (a)と(b)に開口数が 0.6 の場合と 0.95 の場合の光強度分布を求めた結果を示す。式(B.6)を計算することによって，集光スポットの三次元形状を求めることができる。ここで瞳面に入射する光は平面であるので，振幅 A_{ij} は 1 で一定とした。

図 B.3 に輪帯開口を通過した平面波を集光した場合の集光スポットの計算結果を示した。輪帯照明の場合は，式 (B.5)において半径 $kN_{a:\max}$ と $kN_{a:\min}$ の間の開口を通過する平面波のみに制限すればよいので，振幅 A_{ij} を

$$A_{ij} = \begin{cases} 1 & (kN_{a:\min})^2 \leq k_{xi}{}^2 + k_{yj}{}^2 \leq (kN_{a:\max})^2 \\ 0 & \text{それ以外} \end{cases} \quad (\text{B.7})$$

とすればよい。図 B.3 は $0.85 \leq N_a \leq 0.95$ の輪帯開口の場合の集光スポットである。輪帯開口を用いているため，面内の集光スポットの中心ピークの半値幅は円形開口の場合に比べて狭くなるが，副極大の値は大きくなる。z 方向の集光スポットも拡がり，焦点深度が大きくなる。

付録 B 集光スポットの数値計算

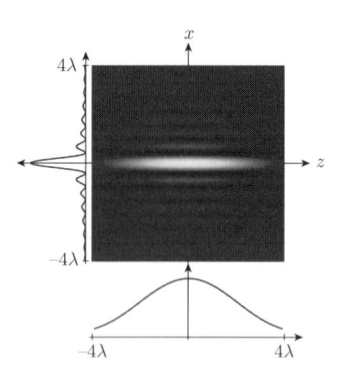

図 B.3 輪帯開口を用いた場合の集光スポット強度分布の x-z 断面 輪帯開口の幅を 0.85〜0.95 の範囲とした。計算した領域は $8\lambda \times 8\lambda$。

付録C
集光スポットのベクトル成分

付録 B に示した数値計算方法では，光の電場はスカラー量として扱い，偏光方向については考慮していない．集光レンズの開口数が大きな場合には，入射する平面波の偏光によりスポットの形状が変化する．集光スポットの偏光成分についても，付録 B と同様に球面波を平面波として展開し，集光による個々の平面波の偏光成分の変化を考えることにより求めることができる．

瞳面に入射する平面波を y 方向の直線偏光とし，その振幅を y 方向の電場分布であることを明示するために E_y とする．瞳面上で (k_{xi}, k_{yj}) の点 P に対応する平面波を考える．この平面波は，レンズにより伝搬方向が変化し，波数ベクトル $\boldsymbol{k}_{ij} = (k_{xi}, k_{yj}, k_{zij})$ の方向に変化する．点 P における入射平面波の偏光成分を面内のベクトル (k_{ix}, k_{yj}) に垂直な成分 E_1 と平行な成分 E_2 とに分離すると，それぞれ

$$E_1 = E_y \cos\alpha \tag{C.1}$$

$$E_2 = E_y \sin\alpha \tag{C.2}$$

となる．ここで，α は x–y 面上でベクトル (k_{xi}, k_{yj}) が x 軸となす角であり，

$$\cos\alpha = \frac{k_{xi}}{\sqrt{k_{xi}^2 + k_{yj}^2}}, \quad \sin\alpha = \frac{k_{yj}}{\sqrt{k_{xi}^2 + k_{yj}^2}} \tag{C.3}$$

と定義される．ベクトル (k_{xi}, k_{yj}) に垂直な偏光成分 E_1 は，レンズにより集光されてその伝搬方向が $\boldsymbol{k}_{ij}$ に変化しても，偏光方向は変化しない．したがって，偏光成分 E_1 の集光スポット上での x 成分および y 成分をそれぞれ E_{1x}, E_{1y} とすると，幾何学的な関係により，

$$E_{1x} = -E_1 \sin\alpha = -E_y \sin\alpha \cos\alpha \tag{C.4}$$

付録 C　集光スポットのベクトル成分

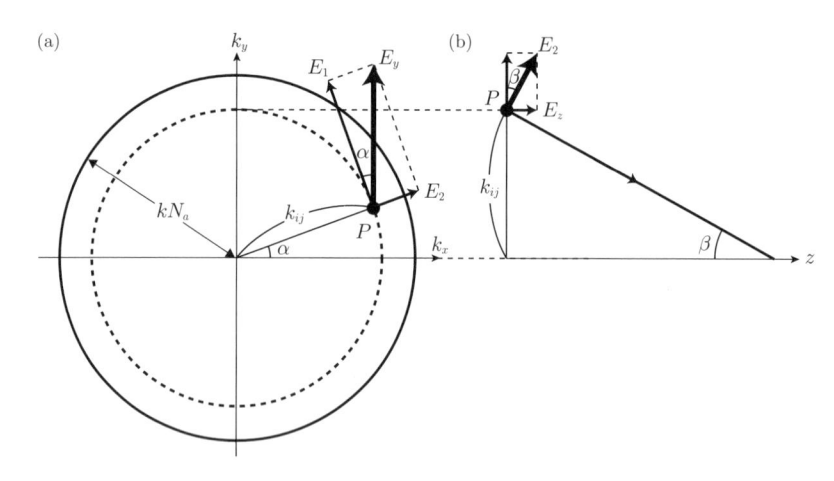

図 C.1　電場のベクトル成分を考慮した場合の集光スポットの強度分布 (a)瞳面上の光の通過位置。点 (k_{xi}, k_{yj}) を通過した平面波の偏光を動径方向と接線方向に分けて考える。(b)レンズの集光による偏光の動径方向成分の回転。

$$E_{1y} = E_1 \cos\alpha = E_y \cos^2\alpha \tag{C.5}$$

と与えられる。

一方，ベクトル (k_{xi}, k_{yj}) に平行な成分 E_2 は，図 C.1 (b)に示すように，集光することによって偏光方向が回転し，E_z 成分を生じ，面内の成分も小さくなる。ここでは原点 O と点 P および z 軸を含む平面での図を示している。平面波の波数ベクトル $\boldsymbol{k}_{ij} = (k_{xi}, k_{yj}, k_{zij})$ と z 軸がなす角を β とおくと，

$$\sin\beta = \frac{\sqrt{k_{xi}^2 + k_{yj}^2}}{k}, \quad \cos\beta = \frac{k_{zij}}{k} \tag{C.6}$$

となる。

偏光成分 E_2 がレンズにより集光されて生じる偏光成分は，それぞれ

$$E_{2x} = (E_2 \cos\beta)\cos\alpha = E_y \sin\alpha \cos\alpha \cos\beta \tag{C.7}$$

$$E_{2y} = (E_2 \cos\beta)\sin\alpha = E_y \sin^2\alpha \cos\beta \tag{C.8}$$

$$E_{2z} = E_2 \sin\beta = E_y \sin\alpha \sin\beta \tag{C.9}$$

と与えられる。したがって，瞳面上で (k_{xi}, k_{yj}) に対応する平面波の集光スポット上での偏光成分は，

$$E_x = E_{1x} + E_{2x} = E_y(\cos\beta - 1)\sin\alpha\cos\alpha \qquad \text{(C.10)}$$

$$E_y = E_{1y} + E_{2y} = E_y(\sin^2\alpha\cos\beta + \cos^2\alpha) \qquad \text{(C.11)}$$

$$E_z = E_{2z} = E_y\sin\alpha\sin\beta \qquad \text{(C.12)}$$

となる．この偏光成分の変化を開口を通過したすべての平面波について考慮することにより，ベクトル的な集光スポットの強度分布を求めることができる．つまり付録 B では，すべての平面波の振幅は A で一定としたが，ベクトル的な集光スポットを考える場合は，その波数および偏光方向により振幅が異なるのである．

ここでは直線偏光の場合のみを示したが，円偏光，楕円偏光などは直交する 2 つの直線偏光の組み合わせで記述できるので，それらの場合を求めることも容易である．

図 C.2 に開口数 0.95 のレンズで y 方向の直線偏光を集光した場合の焦点面での強度分布を示す．図 C.2（a）〜（c）にそれぞれ電場の x 成分，y 成分，z 成分の強度を示し，(d)に全成分の和，つまり集光スポットの強度分布を示した．合わせて(a)には直線 $y = x$ 上の強度分布を示し，(b)には x 軸上，(c)には y 軸上の強度分布を示した．(d)には x 軸および y 軸上の強度分布の両方を示した．電場の大きさは付録 B と同じ規格化（足し合わせた平面波の数で割る）を行った．スカラー量の場合は焦点位置で 1 になるが，ベクトル量の場合は集光によって偏光面が変化した後のベクトルの足し算になるため，焦点位置で 1 とはならず，1 より小さな値をとる．その値はレンズの開口数に依存する．

電場の x 成分および z 成分は焦点で強度が 0 となり，y 成分は集光スポットが偏光方向（つまり y 方向）に長くなっていることがわかる．これは集光する際に x 軸上ではレンズの集光によっても偏光が変化しないが，y 軸上では偏光面が回転し面内成分が小さくなるとともに E_z 成分が生じるためである．

付録 C 集光スポットのベクトル成分

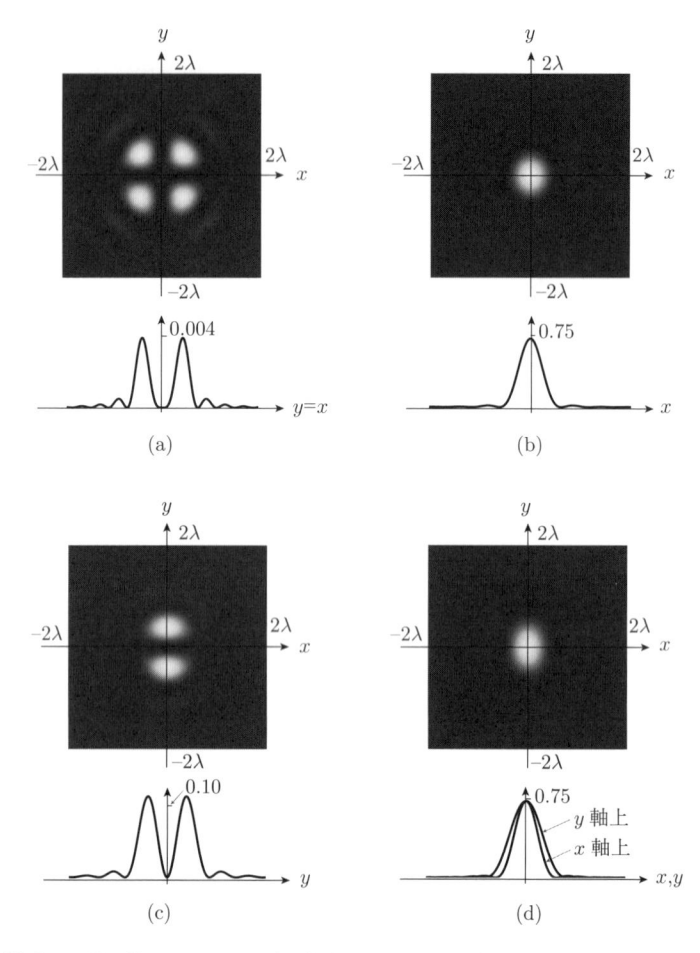

図 C.2 開口数 0.95 のレンズで集光した場合のスポットの電場ベクトル成分 (a) E_x 成分。(b) E_y 成分。(c) E_z 成分。(d) 集光スポット強度分布。y 方向の直線偏光を集光したので y 軸方向に長い形状となる。いずれも計算領域は $4\lambda \times 4\lambda$ である。

付録 D
多層膜からの反射率の計算

第 8 章で表面プラズモンの励起条件を解析するために，多層膜構造の反射率の計算結果を示した（例えば図 8.10）。これは多層膜構造における多重反射および多重干渉を計算することにより，求めることができる。

図 D.1 に示したように N 層からなる膜構造を考える。第 0 層および第 $(N-1)$ 層は両端の半無限に拡がる媒質を示すものとする。それぞれの層を上から第 0 層，第 1 層，$\cdots$，第 $(N-1)$ 層とし，第 1 層から第 $(N-2)$ 層までの間の第 m 層の屈折率を n_m，厚みを d_m とする。第 0 層より波長 λ の平面波が角度 θ で入射したときの反射率 $R(\theta)$ は次式で与えられる。

$$R(\theta) = |r(\theta)|^2 \tag{D.1}$$

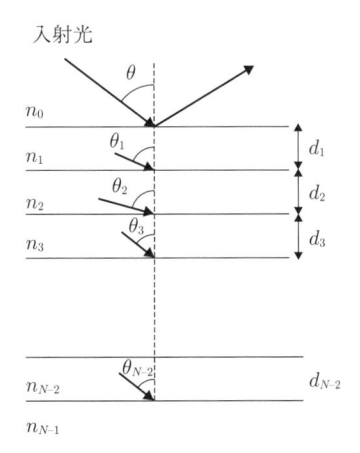

図 D.1 多層膜の構造における多重反射

付録 D　多層膜からの反射率の計算

$$r(\theta) = \frac{r_{01} + r_1 \exp(2i\beta_1)}{1 + r_1 \exp(2i\beta_1)} \tag{D.2}$$

ここで，

$$r_1 = \frac{r_{12} + r_2 \exp(2i\beta_2)}{1 + r_{12} r_2 \exp(2i\beta_2)} \tag{D.3}$$

$$\vdots$$

$$r_m = \frac{r_{m,m+1} + r_{m+1} \exp(2i\beta_{m+1})}{1 + r_{m,m+1} r_{m+1} \exp(2i\beta_{m+1})} \tag{D.4}$$

$$\vdots$$

$$r_{N-3} = \frac{r_{N-3,N-2} + r_{N-2,N-1} \exp(2i\beta_{N-2})}{1 + r_{N-3,N-2} r_{N-2,N-1} \exp(2i\beta_{N-2})} \tag{D.5}$$

である。$r_{l,m}$ はフレネル振幅反射率で，p 偏光の場合，

$$r_{l,m} = \frac{n_m \cos\theta_l - n_l \cos\theta_m}{n_m \cos\theta_l + n_l \cos\theta_m} \tag{D.6}$$

$$\beta_m = \frac{2\pi}{\lambda} n_m d_m \cos\theta_m \tag{D.7}$$

$$\cos^2\theta_m = 1 - \frac{n_0^2}{n_m^2} \sin^2\theta \tag{D.8}$$

で与えられる。これらの計算を行うことにより，多層膜からの反射率 $R(\theta)$ を求めることができる。金属や吸収がある膜では，屈折率が複素屈折率となるので，θ_m も複素数となる。

索 引

■欧文

CARS 171
F 値 117
PALM 173
PALM 顕微鏡 173
p 偏光 50
SHG 168
SHG 顕微鏡 168
STED 175
STED 顕微鏡 175
s 偏光 50
TM 波 183
X 線 1
$\lambda/2$ 板 42
$\lambda/4$ 板 41

■和文

ア

アクロマート対物レンズ 133
アッベの結像理論 120
アッベの正弦条件 116, 126
アポクロマート対物レンズ 133
暗視野照明 145
暗電流 13
アンペール・マクスウェルの法則 17
異常光線 41
異常分散 29
位相差顕微鏡 153
位相差法 128
位相子 42

位相物体 126, 1533
一軸性結晶 39, 41
色収差 132
インコヒーレント照明 129
インターフェログラム 71
インパルス応答 129
ヴァンシッター・ツェルニケの定理 69
ウォラストンプリズム 155, 156
後側主点 114
後側主平面 114
薄い回折格子による回折 106
エアリーディスク 97, 115
エバネッセント波 50, 150
——のしみ出し 51
エバルト球 108
円形の開口による回折 95
オイラーの公式 7
オットー配置 188

カ

開口絞り 113
開口数 115
回折 83
回折限界 103, 123
回折格子 94
回折格子ベクトル 108
回転 15, 18
ガウスの法則 16
ガウスビーム 35
可干渉性 68
角周波数 7
角振動数 7
可視域 1

可視度 64
傾き 21
カットオフ空間角周波数 129
干渉 59
干渉計 65, 79
干渉縞 59
干渉フィルター 150
干渉分光法 71
完全偏光 44
乾燥対物レンズ 147
ガンマ線 1
吸収物体 126
球面収差 134
球面波 34
共焦点レーザー走査顕微鏡 159
共役点 114
共役面 114
局在表面プラズモン 193
局在プラズモン 181, 193
虚数単位 7
キルヒホッフ 86
近軸近似 87
近接場光 176
近接場光学 176
近接場光学顕微鏡 109, 179
金属での反射率 58
空間角周波数 120
空間コヒーレンス 69
空間周波数 88, 120
空間分解能 116, 118, 128
矩形の開口による回折 94
グース・ヘンシェンシフト 50

索　引

屈折　46
屈折角　46
屈折光　46
屈折率　24
屈折率楕円体　41
グラン・トムソンプリズム　156
クレッチマン配置　188
蛍光顕微鏡　148
傾斜因子　86
結像　113
ケラー照明系　144
検光子　155
減衰定数　185
光学軸　41
光学的伝達関数　128, 132
光学的に疎，密　55
光子　10
光軸　66
光速　11
光電子増倍管　12
光波の複素数表示　7
高分解能　1
固体プラズマ　182
コヒーレンス　68
コヒーレントアンチストークスラマン散乱　171
コヒーレント照明　129
コヒーレント長　70
コヒーレントノイズ　155, 157
コマ収差　134
コンボリューション　103, 104

サ

ザイデルの5収差　134
作動距離　147
シア量　155
紫外域　1
自家蛍光　198
時間コヒーレンス　69
磁束密度　14
磁場　14
磁場に関するガウスの法則　16

弱位相物体　126
周期　7
集光スポット　115
周波数　7
シュリーレン法　128
消光係数　38
常光線　41
焦点面　101
常分散　29
ジョーンズ行列　42
ジョーンズベクトル　42
初期位相　7
ショット雑音　12
シンク関数　90
進相軸　40
振動数　7
振幅　6
水浸対物レンズ　148
ストークス・シフト　148
ストークスパラメーター　43
ストークスベクトル　44
スネルの法則　47
スペックル干渉計　157
スペックルノイズ　155, 157
正結晶　41
正弦波状の波　6
正反射　47
赤外域　1
接眼レンズ　143
染色　148
全反射　49
全反射蛍光顕微鏡　152
像面湾曲　134
像を結ぶ　113

タ

大気の窓　4
ダイクロイックミラー　150
退色　151
第2高調波発生　168
ダイノード　12
対物レンズ　143
楕円偏光　39
ダークコントラスト　128

多数のスリットによる回折　92
単一スリットによる回折　89
単色光　22
単色光源　66
遅相軸　40
直進性　3
直線偏光　39
定在波　59
　――の腹　60
　――の節　60
テレセントリック光学系　113
電荷密度　14
電気感受率　169
電気素量　11
電気力線　16
電気伝導率　15
点光源　66
電子線回折　111
電磁波　1
点像分布関数　115, 132
電束電流　17
電束密度　14
伝達関数　129
電場　14
電場に関する波動方程式　22
伝搬型表面プラズモン　193
伝搬光　178
電流密度　15
透過光　46
透磁率　15
等傾角の干渉縞　75
ドルーデモデル　185, 187
等厚の干渉縞　72

ナ

ナブラ　15
2光子励起蛍光顕微鏡　164
二点分解能　119
入射角　46
入射光　46
入射面　46
ニュートンリング　72

索引

ノマルスキープリズム 155, 156

ハ

ハイディンガーの干渉縞 75
倍率 121, 147
波数 7
波数ベクトル 32
波長 6
発散 15, 18
波動方程式 20
腹 60
バルクモード 182
ハロ 154
反射 46
反射角 46
反射光 46
反射防止膜 75
光 1
光の強度 8
光の特徴 1
光の二重性 10
光パラメトリック発振器 171, 173
非侵襲 3
非接触 3
非線形光学過程 162
非点収差 134
非伝搬光 176
比透磁率 23
瞳関数 101
瞳面 113
微分干渉顕微鏡 154
微分コントラスト顕微鏡 158
非偏光 44
ビームウエスト 36
ビーム半径 36
比誘電率 23
表皮厚さ 38
表面プラズモン共鳴 181
表面モード 182
ファラデーの電磁誘導の法則 17
フィゾーの干渉縞 72
フィネス 78
フェーザー表示 9
フォトマルチプライヤー 12
フォトンカウンティング 12
複素振幅 8
複素誘電率 38
負結晶 41
節 60
2つのスリットによる回折 90
部分偏光 44
不遊的 116
フラウンホーファー回折 88
プラズマ 181
プラズマ周波数 29
プラズマ振動数 185
プラズモニクス 177
プラズモン 182
ブラッグ回折 111
ブラッグの回折条件 111
プランク定数 11
プラン対物レンズ 134
フーリエ変換 7, 34, 200
フーリエ変換法 71
フーリエ余弦変換 204
ブリュースター角 54
フレネルの回折公式 86
フレネルの振幅反射・透過係数 53
分極 27
分散 29
分散公式 29
平面波 33
ベッセル関数 96
ヘテロダイン計測法 61, 63
ヘルツ 18
ヘルムホルツの方程式 22
変位電流 17
偏光子 42, 155
偏光プリズム 156
偏射照明 138
ポアソン分布 12
ポアンカレ球 45

ホイヘンスの原理 84
ポインティングベクトル 23
ホログラフィー 81
——の角度選択性 112
ホログラフィックメモリ 111, 112
ホログラム 81

マ

マイクロ波 1
マイケルソン干渉計 79
前側主点 114
前側主平面 114
マクスウェルの方程式 14
マッハ・ツェンダー干渉計 80
明視野照明 145

ヤ

ヤブロンスキーダイアグラム 148
ヤングの干渉実験 66
誘電体多層膜ミラー 76
誘電率 15
油浸対物レンズ 147
横波 34

ラ, ワ

落射照明 150
ラベリング 148
ラマン・ナス回折 109
ランダム偏光 44
リタデーション 40
リモート性 3
臨界角 49
レーザー走査顕微鏡 155, 157
レーリー 119
レーリーの分解能の基準 119
レンズによる回折 98
レンズの焦点距離 101
ロックイン検出法 182
歪曲収差 134

著者紹介

川田 善正（かわた よしまさ） 工学博士
1992 年大阪大学大学院博士後期課程応用物理学専攻修了。工学博士。大阪大学工学部応用物理学科助手，AT&T（現 Lucent Technologies）Bell 研究所，静岡大学工学部機械工学科助教授を経て，2005 年より静岡大学工学部機械工学科教授。現在は改組により静岡大学電子工学研究所教授。趣味は読書，風景写真の撮影など。

NDC425　　223p　　21cm

はじめての光学（こうがく）

2014 年 3 月 30 日　　第 1 刷発行
2025 年 7 月 18 日　　第 6 刷発行

著　者　川田 善正（かわた よしまさ）
発行者　篠木和久
発行所　株式会社　講談社
　　　　〒112-8001　東京都文京区音羽 2-12-21
　　　　販　売　(03)5395-5817
　　　　業　務　(03)5395-3615

編　集　株式会社　講談社サイエンティフィク
　　　　代表　堀越俊一
　　　　〒162-0825　東京都新宿区神楽坂 2-14　ノービィビル
　　　　編　集　(03)3235-3701

本文データ制作　藤原印刷株式会社
印刷所　株式会社平河工業社
製本所　株式会社国宝社

落丁本・乱丁本は，購入書店名を明記のうえ，講談社業務宛にお送りください。送料小社負担にてお取替えします。なお，この本の内容についてのお問い合わせは，講談社サイエンティフィク宛にお願いいたします。定価はカバーに表示してあります。

© Yoshimasa Kawata, 2014

本書のコピー，スキャン，デジタル化等の無断複製は著作権法上での例外を除き禁じられています。本書を代行業者等の第三者に依頼してスキャンやデジタル化することはたとえ個人や家庭内の利用でも著作権法違反です。

Printed in Japan

ISBN978-4-06-153287-8